小浪底工程排沙洞预应力观测资料整编分析与研究

主　编　屈章彬

黄 河 水 利 出 版 社

·郑州·

内 容 提 要

本书全面、系统地介绍了小浪底水利枢纽工程混凝土预应力衬砌排沙洞的观测内容、仪器布置、仪器类型和观测方法，采用基本的数理统计方法对施工期和蓄水运行期排沙洞观测数据进行了整理和分析。在此基础上，分析研究了温度和洞内水压力变化对混凝土和锚索的影响、衬砌混凝土自生体积变形的发展变化规律、运行期排沙洞围岩的变形情况，重点分析研究了张拉过程中混凝土的徐变变化规律，给出了锚索张拉在衬砌混凝土中建立的预压应力大小和分布，对排沙洞衬砌结构的安全状况进行了评价，提出了排沙洞安全运行预警方法。

本书内容翔实、新颖，可供从事建筑结构设计研究、水利水电工程运行管理人员及大专院校师生阅读、参考。

图书在版编目(CIP)数据

小浪底工程排沙洞预应力观测资料整编分析与研究/屈章彬主编．—郑州：黄河水利出版社，2009．12

ISBN 978-7-80734-761-3

Ⅰ．①小…　Ⅱ．①屈…　Ⅲ．①黄河-水利枢纽-水利工程-排沙孔-预应力-研究　Ⅳ．①TV632．61

中国版本图书馆 CIP 数据核字(2009)第 227578 号

策划编辑：岳德军　电话：0371-66022217　E-mail：dejunyue@163．com

出 版 社：黄河水利出版社

地址：河南省郑州市顺河路黄委会综合楼 14 层　邮政编码：450003

发行单位：黄河水利出版社

发行部电话：0371-66026940、66020550、66028024、66022620(传真)

E-mail：hhslcbs@126．com

承印单位：黄河水利委员会印刷厂

开本：787mm×1 092mm　1/16

印张：13

字数：300 千字　　印数：1—1 000

版次：2009 年 12 月第 1 版　　印次：2009 年 12 月第 1 次印刷

定价：35．00 元

序

小浪底水利枢纽工程是黄河治理开发的关键性工程,也是我国部分利用世界银行贷款兴建的最大水利枢纽工程,由拦河大坝、泄洪排沙系统和引水发电系统组成。枢纽总库容126.5亿m^3,其中淤沙库容75.5亿m^3,长期有效库容51亿m^3(防洪库容40.5亿m^3,调水调沙库容10.5亿m^3)。其开发目标是以防洪(包括防凌)、减淤为主,兼顾供水、灌溉和发电,蓄清排浑,除害兴利,综合利用。

小浪底水利枢纽工程于1994年9月12日主体工程开工,1997年10月28日实现大河截流,1999年10月25日水库下闸蓄水,2000年1月9日首台机组并网发电,2001年12月31日最后一台机组投入运行,2009年4月7日通过国家发展和改革委员会、水利部共同主持的竣工验收。小浪底水利枢纽工程投入运行十年来,发挥了显著的社会效益、生态效益和经济效益。

小浪底水利枢纽工程地质条件复杂,水沙条件特殊,工程规模宏大,建筑结构先进,运用条件严格。3条排沙洞担负着排泄高含沙水流,减少过机含沙量和调节径流,保持进水口泥沙淤积漏斗的重要任务,在枢纽泄洪设施中使用几率最高。

小浪底水利枢纽排沙洞是我国首例采用后张法无黏结预应力衬砌技术的水工隧洞。为了监测隧洞的安全状况,特别设置了3个观测段,埋设了混凝土应变计、钢筋计、无应力计、锚索测力计等7种监测仪器。多年来,小浪底的监测人员测得了大量的监测数据。

本书对排沙洞预应力监测数据进行了系统的整编,在此基础上着重分析锚索张拉过程中混凝土徐变的变化规律、衬砌混凝土中建立的预压应力的分布和大小;分析了衬砌混凝土自生体积变形的发展变化规律;建立了每支锚索测力计的应变读数与锚索张拉力之间的关系方程;提出了温度和洞内水压力变化对混凝土应变计、钢筋计和锚索测力计应变读数的影响系数;预测了隧洞在水库最高运行水位时的应力状况;对排沙洞安全运行预警预报方法进行了初步探讨。这些分析研究成果对指导和完善无黏结预应力混凝土水工隧洞的结构设计、施工和运行管理具有重要意义,对类似结构的研究和发展也有着积极作用。

殷保合

2009年10月

前　言

小浪底水利枢纽工程自1999年10月下闸蓄水以来，已安全运行9年，发挥了防洪、防凌、减淤、供水、灌溉、发电和生态修复等功能，效益显著。

小浪底水利枢纽工程共设有9条泄洪隧洞和排沙隧洞，水位275 m时的总泄流能力为13 300 m^3/s，其中3条排沙洞为有压隧洞，进口高程为175 m，直接位于发电洞进水口下方，洞径6.5 m，单洞最大泄流能力675 m^3/s，在实际运用中，控制泄流量不超过500 m^3/s，使洞内平均流速不超过15 m/s，担负着排泄高含沙水流、减少过机含沙量、调节径流和保持进水口泥沙淤积漏斗等重要任务，在枢纽泄洪设施中使用几率最高。

3条排沙洞的设计水头均为120 m，由于排沙洞除宣泄高含沙水流外，要求控泄100~200 m^3/s的小流量，以保持进口淤积漏斗，故要求工作闸门局部开启运用。排沙洞在左岸山体灌浆帷幕前采用普通钢筋混凝土衬砌；帷幕后衬砌结构中须防止内水外渗，经过多个方案比较、研究和现场试验，最终确定采用后张法无黏结预应力混凝土衬砌。

小浪底水利枢纽工程排沙洞是我国首例采用后张法无黏结预应力衬砌技术的水工隧洞。3条排沙洞预应力段全长2 169 m，从1998年5月开始施工，到1999年5月施工完成并具备投入运行条件。

小浪底排沙洞设3个永久仪器观测段。永久观测段的仪器包括混凝土应变计、钢筋计、无应力计、锚索测力计、测缝计、渗压计和多点位移计共7种160支。多年来，这些仪器测得了大量数据，这些数据为分析和评价排沙洞的安全状况提供了条件。

本书应用常规的方法系统地对小浪底排沙洞预应力观测数据进行了整编和分析，得到了一些重要参数，这些参数如能对类似工程结构的应用或研究有所帮助，我们将不胜荣幸。

本书由屈章彬、魏皓、尤相增、杜晓刚等四位合作编写，全书由屈章彬统稿。

本书在编写过程中，得到了天津大学亢景富教授和国务院南水北调工程建设办公室沈凤生总工程师的帮助和指导，在此向两位专家表示衷心的感谢。

鉴于本书数据量大，编者所采用的分析方法有限，不当之处在所难免，恳请广大读者批评指正。

编　者

2009年10月

目　录

第 1 章　小浪底排沙洞永久观测仪器布置

小浪底水利枢纽工程(以下简称小浪底工程)位于黄河中游最后一个峡谷的出口,坝址控制流域面积 69.4 万 km^2,占黄河流域面积的 92.3%,控制黄河流域天然径流总量的 87%,控制黄河输沙量近 100%。小浪底上距三门峡水库 130 km,回水至三门峡坝下,向下俯视黄淮海平原,其处在承上启下的关键部位,是黄河七大骨干工程之一。

小浪底工程的开发目标为“以防洪(包括防凌)、减淤为主,兼顾供水、灌溉和发电,蓄清排浑,除害兴利,综合利用”。小浪底工程的建成,使黄河下游的防洪标准从约 60 年一遇提高到千年一遇;基本解除了黄河下游的凌汛威胁;利用水库 75.5 亿 m^3 的拦沙库容和 10.5 亿 m^3 的调水调沙库容,可使下游河床在 20 ~ 25 年内不淤积抬升;平均每年可增加 20 亿 m^3 的调节水量,提高了黄河下游的用水保证率;小浪底水电站装机容量 1 800 MW,设计多年平均发电量约 50 亿 kW · h。

小浪底工程于 1991 年 9 月开始前期工程建设,1994 年 9 月主体工程开工,1997 年 10 月实现大河截流,1999 年 10 月下闸蓄水,2000 年 1 月首台机组并网发电,2001 年年底主体工程全面完工。截至 2008 年 8 月 31 日,水库最高蓄水位达 265.69 m(2003 年 10 月 15 日),距离设计正常蓄水位(275.00 m)差 9.31 m;水库在较高库水位 260.00 m 以上累计运行 192 d,库水位在 250.00 m 以上累计运行 952 d。工程经受了初期运行的考验,运行正常,初步发挥了防洪(防凌)、减淤、供水、灌溉、发电等显著的综合利用效益。

小浪底工程泄水建筑物及闸门运用情况如表 1-1 所示。

表 1-1　小浪底工程泄水建筑物及闸门运用情况(截至 2008 年 8 月 31 日)

序号	建筑物	闸门启闭次数	累计过流时间(h)	最高运用水头(m)
1	1#排沙洞	852	5 725	90.69
2	2#排沙洞	1 051	11 340	90.69
3	3#排沙洞	1 219	11 246	90.69
4	1#明流洞	355	663	54.06
5	2#明流洞	251	1 803	54.10
6	3#明流洞	188	1 397	37.32
7	1#孔板洞	46	29	74.82
8	2#孔板洞	84	54	79.66
9	3#孔板洞	53	92	85.01
10	正常溢洪道	27	96	7.12

小浪底工程属大(1)型一等工程,主要建筑物为1级建筑物。工程按千年一遇洪水设计,万年一遇洪水校核,百年一遇洪水导流。水库总库容126.5亿m^3(其中长期有效库容51亿m^3和淤沙库容75.5亿m^3),调水调沙库容10.5亿m^3。

小浪底工程由拦河大坝、泄洪排沙系统和引水发电系统组成。拦河大坝为壤土斜心墙堆石坝,最大坝高160 m,坝顶长1 667 m,坝底宽864 m;泄洪排沙系统包括3条孔板消能泄洪洞(前期为导流洞)、3条预应力排沙洞、3条明流泄洪洞和1条正常溢洪道,在洞群进水口布置1座进水塔,在出水口布置1座两级消力塘;引水发电系统包括6条引水发电洞、地下厂房、主变压器室、尾水检修闸门室、3条尾水洞。

小浪底排沙洞担负着排泄高含沙水流、减少过机含沙量、调节径流和保持进水口泥沙淤积漏斗等重要任务,运用最为频繁。排沙洞进口高程175 m,洞径6.5 m,设计水头120 m,单洞最大泄流能力675 m^3/s,在运用中控制下泄流量不超过500 m^3/s,使洞内平均流速不超过15 m/s。根据枢纽建筑物总体布置要求,排沙洞工作闸门布置在下游出口,为防止洞身段高压水外渗影响左岸山体安全稳定,设计上经过多种技术方案比较,最终确定采用预应力混凝土衬砌结构。

小浪底排沙洞是我国第一个采取环锚无黏结预应力混凝土衬砌的水工隧洞工程,该工程3条排沙洞的预应力混凝土衬砌总长度为2 169 m。排沙洞纵剖面如图1-1所示。

小浪底排沙洞设3个永久仪器观测段,其中2#排沙洞的永久仪器观测段ST2位于断层区加强段,桩号为0+888.30~0+900.35,衬砌为钢筋混凝土衬砌加预应力混凝土衬砌双层结构,靠近围岩的是厚度600 mm的钢筋混凝土衬砌;3#排沙洞设2个永久仪器观测段,上游永久仪器观测段为ST3-A,桩号为0+215.55~0+227.60,下游永久仪器观测段为ST3-B,桩号为0+890.35~0+902.40,衬砌结构为环锚无黏结预应力混凝土单层衬砌。

永久仪器观测段的仪器包括混凝土应变计S、钢筋计R、无应力应变计(简称无应力计)N、锚索测力计ST、测缝计J、多点位移计BX和渗压计P共7种160支,小浪底排沙洞永久仪器观测段的仪器种类和数量列于表1-2。

表1-2　小浪底排沙洞永久仪器观测段的仪器种类和数量

永久仪器观测段	混凝土应变计	钢筋计	无应力计	锚索测力计	测缝计	多点位移计	渗压计
2#排沙洞　ST2	12	10	2	0	5	0	0
3#排沙洞　ST3-A	30	20	3	3	10	3	3
3#排沙洞　ST3-B	22	20	3	3	5	3	3
合计	64	50	8	6	20	6	6

1.1　2#排沙洞观测仪器

2#排沙洞共埋设观测仪器29支,其中混凝土应变计12支,钢筋计10支,无应力计2支,测缝计5支。仪器埋设一览表见表1-3~表1-5,安装位置见图1-2。

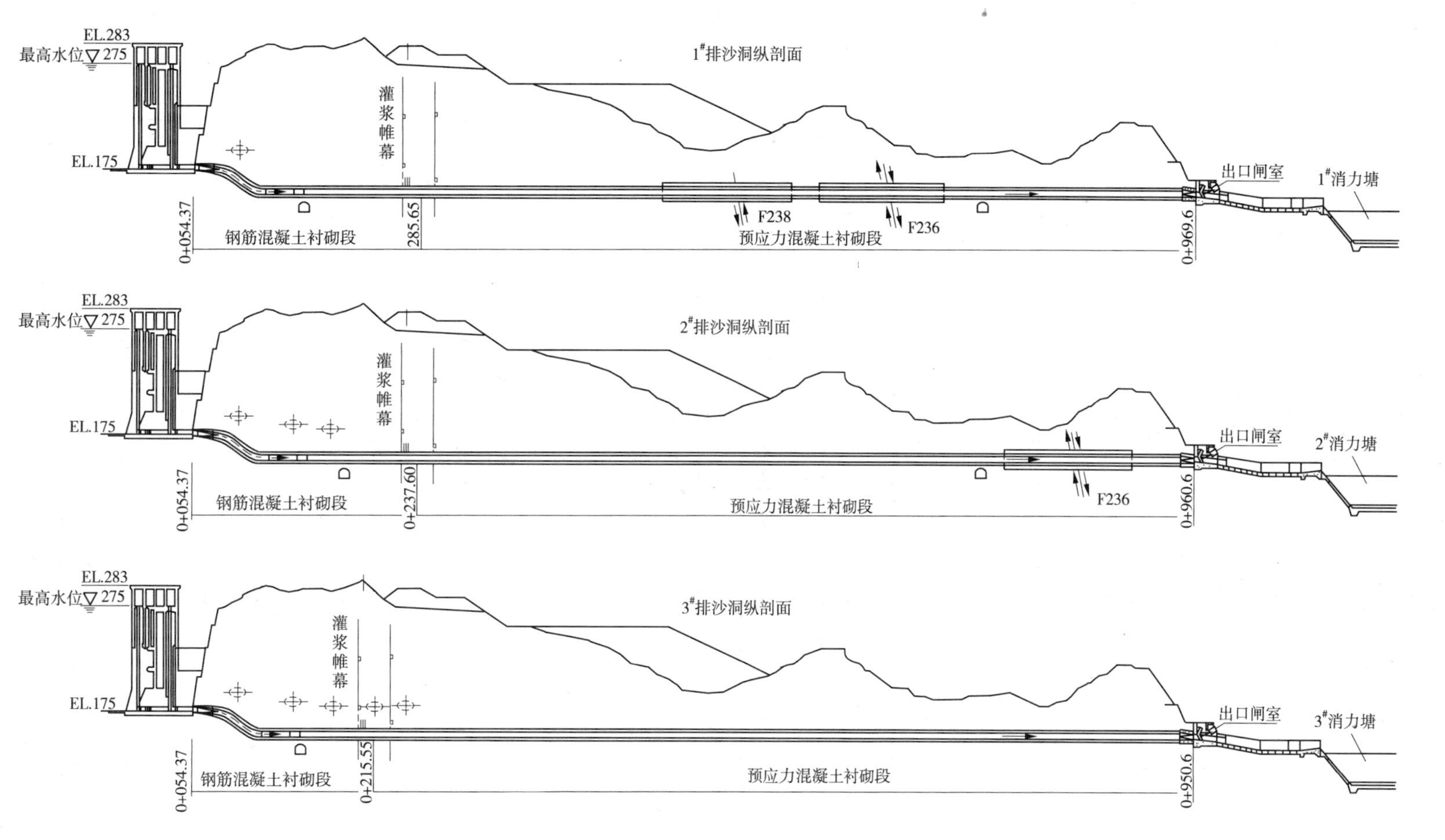

图 1-1　小浪底排沙洞纵剖面图

表 1-3　2#排沙洞观测仪器——钢筋计

仪器编号	仪器出厂序列号	仪器型号	安装位置			安装日期（年-月-日）
			高程(m)	桩号	左右位置	
R－1	98657	VWPRΦ20	152. 57	0＋890. 575	0	1999-01-07
R－2	98658	VWPRΦ20	153. 88	0＋890. 575	L2. 53 m	1999-01-07
R－3	98659	VWPRΦ20	153. 69	0＋890. 575	L2. 72 m	1999-01-07
R－4	98682	VWPRΦ20	154. 61	0＋890. 575	L3. 84 m	1999-01-07
R－5	98684	VWPRΦ20	160. 25	0＋890. 575	0	1999-01-07
R－6	98685	VWPRΦ20	159. 13	0＋890. 575	R2. 53 m	1999-01-07
R－7	98688	VWPRΦ20	153. 69	0＋890. 575	R2. 72 m	1999-01-07
R－8	98665	VWPRΦ20	152. 57	0＋890. 825	0	1999-01-07
R－9	98666	VWPRΦ20	160. 25	0＋890. 825	0	1999-01-07
R－10	98667	VWPRΦ20	156. 41	0＋890. 825	R3. 84 m	1999-01-07

表 1-4　2#排沙洞观测仪器——混凝土应变计和无应力计

仪器编号	仪器出厂序列号	仪器型号	安装位置			安装日期（年-月-日）
			高程(m)	桩号	左右位置	
S－1	3322	VWP	153. 06	0＋890. 575	0	1999-01-07
S－2	3325	VWP	152. 75	0＋890. 575	0	1999-01-07
S－3	3086	VWP	156. 41	0＋890. 575	L3. 35 m	1999-01-07
S－4	3092	VWP	159. 76	0＋890. 575	0	1999-01-07
S－5	3323	VWP	160. 25	0＋890. 575	0	1999-01-07
S－6	3334	VWP	158. 78	0＋890. 575	R2. 37 m	1999-01-07
S－7	3324	VWP	159. 05	0＋890. 575	R2. 64 m	1999-01-07
S－8	3321	VWP	154. 04	0＋890. 575	R2. 37 m	1999-01-07
S－9	3337	VWP	153. 77	0＋890. 575	R2. 364 m	1999-01-07
S－10	3326	VWP	153. 06	0＋890. 825	0	1999-01-07
S－11	3093	VWP	159. 76	0＋890. 825	0	1999-01-07
S－12	3087	VWP	156. 41	0＋890. 825	R3. 35 m	1999-01-07
N－1	3074	VWP	153. 31	0＋890. 575	R1. 24 m	1999-01-07
N－2	3338	VWP	153. 31	0＋891. 075	L1. 24 m	1999-01-07

表 1-5　2#排沙洞观测仪器——测缝计

仪器编号	仪器出厂序列号	仪器型号	安装位置			安装日期（年-月-日）
			高程(m)	桩号	左右位置	
J－1	3430	92636025	153. 65	0＋890. 825	左下 45°	1999-01-07
J－2	3432	92636025	156. 41	0＋890. 825	左中	1999-01-07
J－3	3445	92636025	160. 31	0＋890. 825	顶中	1999-01-07
J－4	3433	92636025	156. 17	0＋890. 825	右上 45°	1999-01-07
J－5	3434	92636025	153. 65	0＋890. 825	右下 45°	1999-01-07

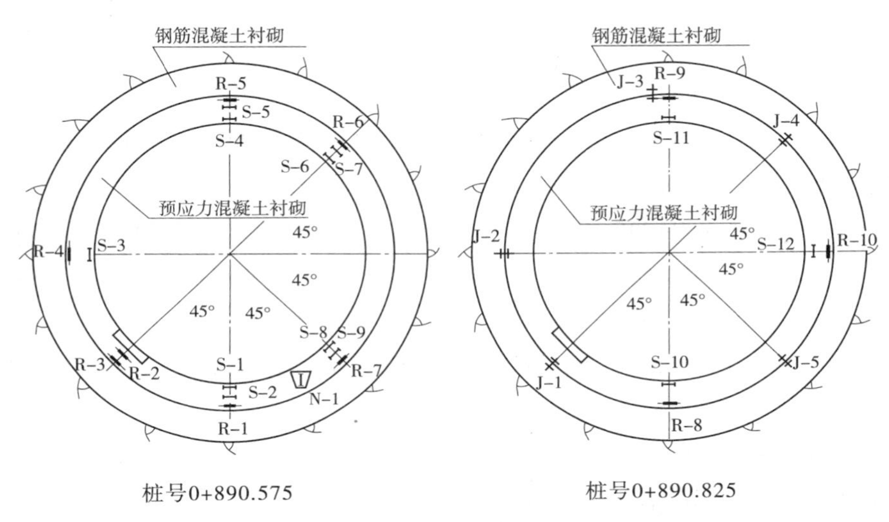

图 1-2　2#排沙洞断层段观测仪器布置图

注：混凝土应变计 S－1、S－3、S－4、S－6、S－8、S－10、S－11、S－12 距衬砌内侧表面约 50 mm，S－2、S－5、S－7、S－9 位于衬砌厚度中心；钢筋计 R－2 位于锚具槽底部，其余钢筋计位于衬砌外侧，与外层钢筋相连，距衬砌外侧表面约 50 mm；另一支无应力计 N－2 在桩号为 0＋891. 075 断面左侧下部。

1. 2　3#排沙洞观测仪器

3#排沙洞共埋设观测仪器 131 支，其中观测段 ST3－A 混凝土应变计 30 支，钢筋计 20 支，无应力计 3 支，锚索测力计 3 支，测缝计 10 支，多点位移计 3 支，渗压计 3 支；观测段 ST3－B 混凝土应变计 22 支，钢筋计 20 支，无应力计 3 支，锚索测力计 3 支，测缝计 5 支，多点位移计 3 支，渗压计 3 支。仪器埋设一览表见表 1-6 ~ 表 1-10，安装位置见图 1-3 ~ 图 1-5。

表 1-6　3#排沙洞观测仪器——钢筋计

仪器编号	仪器出厂序列号	仪器型号	安装位置				安装日期（年-月-日）
			观测段	高程(m)	桩号	左右位置	
R6－1	98623	VWPRΦ20	ST3－A	154. 03	0＋215. 825	0	1998-05-07
R6－2	98622	VWPRΦ20	ST3－A	155. 37	0＋215. 825	L2. 50 m	1998-05-07

续表 1-6

仪器编号	仪器出厂序列号	仪器型号	安装位置				安装日期（年-月-日）
			观测段	高程(m)	桩号	左右位置	
R6 – 3	98624	VWPRΦ20	ST3 – A	155. 15	0 +215. 825	L2. 72 m	1998-05-07
R6 – 4	98625	VWPRΦ20	ST3 – A	157. 87	0 +215. 825	L3. 84 m	1998-05-07
R6 – 5	98626	VWPRΦ20	ST3 – A	161. 71	0 +215. 825	0	1998-05-07
R6 – 6	98627	VWPRΦ20	ST3 – A	160. 58	0 +215. 825	R2. 72 m	1998-05-07
R6 – 7	98628	VWPRΦ20	ST3 – A	155. 15	0 +215. 825	R2. 72 m	1998-05-07
R6 – 8	98629	VWPRΦ20	ST3 – A	154. 03	0 +216. 075	0	1998-05-07
R6 – 9	98630	VWPRΦ20	ST3 – A	161. 71	0 +216. 075	0	1998-05-07
R6 – 10	98631	VWPRΦ20	ST3 – A	157. 87	0 +216. 075	R3. 84 m	1998-05-07
R6 – 11	98632	VWPRΦ20	ST3 – A	154. 01	0 +221. 575	0	1998-05-07
R6 – 12	98633	VWPRΦ20	ST3 – A	161. 69	0 +221. 575	0	1998-05-07
R6 – 13	98642	VWPRΦ20	ST3 – A	157. 85	0 +221. 575	R3. 84 m	1998-05-11
R6 – 14	98635	VWPRΦ20	ST3 – A	154. 01	0 +221. 825	0	1998-05-03
R6 – 15	98693	VWPRΦ20	ST3 – A	155. 36	0 +221. 825	L2. 50 m	1998-05-05
R6 – 16	R637	VWPRΦ20	ST3 – A	155. 14	0 +221. 825	L2. 72 m	—
R6 – 17	98638	VWPRΦ20	ST3 – A	157. 85	0 +221. 825	L3. 84 m	1998-05-07
R6 – 18	98639	VWPRΦ20	ST3 – A	161. 69	0 +221. 825	0	1998-05-08
R6 – 19	98640	VWPRΦ20	ST3 – A	160. 57	0 +221. 825	R2. 72 m	1998-05-09
R6 – 20	98641	VWPRΦ20	ST3 – A	155. 14	0 +221. 825	R2. 72 m	1998-05-10
R6 – 21	98651	VWPRΦ20	ST3 – B	152. 54	0 +891. 625	0	1999-02-05
R6 – 22	98661	VWPRΦ20	ST3 – B	153. 83	0 +891. 625	L2. 50 m	1999-02-04
R6 – 23	98662	VWPRΦ20	ST3 – B	153. 66	0 +891. 625	L2. 72 m	1999-02-04
R6 – 24	98663	VWPRΦ20	ST3 – B	156. 38	0 +891. 625	L3. 84 m	1999-02-04
R6 – 25	98664	VWPRΦ20	ST3 – B	160. 22	0 +891. 625	0	1999-02-04
R6 – 26	98634	VWPRΦ20	ST3 – B	159. 09	0 +891. 625	R2. 72 m	1999-02-05
R6 – 27	98643	VWPRΦ20	ST3 – B	153. 66	0 +891. 625	R2. 72 m	1999-02-05
R6 – 28	98644	VWPRΦ20	ST3 – B	152. 54	0 +891. 875	0	1999-02-05
R6 – 29	98645	VWPRΦ20	ST3 – B	160. 22	0 +891. 875	0	1999-02-05
R6 – 30	98646	VWPRΦ20	ST3 – B	156. 38	0 +891. 875	R3. 84 m	1999-02-05
R6 – 31	98647	VWPRΦ20	ST3 – B	152. 53	0 +897. 375	0	1999-02-05
R6 – 32	98648	VWPRΦ20	ST3 – B	160. 21	0 +897. 375	0	1999-02-05

续表 1-6

仪器编号	仪器出厂序列号	仪器型号	安装位置				安装日期（年-月-日）
			观测段	高程(m)	桩号	左右位置	
R6－33	98649	VWPRΦ20	ST3－B	156. 37	0＋897. 375	R3. 84 m	1999-02-05
R6－34	98650	VWPRΦ20	ST3－B	152. 53	0＋897. 625	0	1999-02-05
R6－35	98672	VWPRΦ20	ST3－B	152. 82	0＋897. 625	L2. 50 m	1999-02-04
R6－36	98652	VWPRΦ20	ST3－B	153. 65	0＋897. 625	L2. 72 m	1999-02-05
R6－37	98653	VWPRΦ20	ST3－B	156. 37	0＋897. 625	L2. 72 m	1999-02-05
R6－38	98654	VWPRΦ20	ST3－B	160. 21	0＋897. 625	L3. 84 m	1999-02-05
R6－39	98655	VWPRΦ20	ST3－B	159. 09	0＋897. 625	0	1999-02-05
R6－40	98656	VWPRΦ32	ST3－B	153. 65	0＋897. 625	R2. 72 m	1999-02-05

表 1-7　3#排沙洞观测仪器——混凝土应变计和无应力计

仪器编号	仪器出厂序列号	仪器型号	安装位置				安装日期（年-月-日）
			观测段	高程(m)	桩号	左右位置	
S6－1	2636	VWP	ST3－A	154. 52	0＋215. 825	0	1998-05-11
S6－2	2637	VWP	ST3－A	154. 13	0＋215. 825	0	1998-05-11
S6－3	2638	VWP	ST3－A	157. 87	0＋215. 825	L3. 35 m	1998-05-11
S6－4	2639	VWP	ST3－A	161. 22	0＋215. 825	0	1998-05-11
S6－5	2640	VWP	ST3－A	161. 60	0＋215. 825	0	1998-05-11
S6－6	2641	VWP	ST3－A	160. 23	0＋215. 825	R2. 37 m	1998-05-11
S6－7	2642	VWP	ST3－A	160. 51	0＋215. 825	R2. 64 m	1998-05-11
S6－8	2643	VWP	ST3－A	155. 50	0＋215. 825	R2. 37 m	1998-05-11
S6－9	2644	VWP	ST3－A	155. 22	0＋215. 825	R2. 64 m	1998-05-11
S6－10	2944	VWP	ST3－A	154. 53	0＋215. 965	L0. 29 m	1998-05-11
S6－11	2945	VWP	ST3－A	154. 03	0＋215. 965	L0. 33 m	1998-05-11
S6－12	2946	VWP	ST3－A	154. 96	0＋215. 965	L1. 68 m	1998-05-11
S6－13	2947	VWP	ST3－A	154. 54	0＋215. 965	L1. 92 m	1998-05-11
S6－14	2948	VWP	ST3－A	161. 20	0＋215. 965	R0. 29 m	1998-05-11
S6－15	2949	VWP	ST3－A	161. 69	0＋215. 965	R0. 33 m	1998-05-11
S6－16	2950	VWP	ST3－A	157. 57	0＋215. 965	R3. 34 m	1998-05-11
S6－17	2951	VWP	ST3－A	157. 57	0＋215. 965	R3. 83 m	1998-05-11
S6－18	2954	VWP	ST3－A	154. 52	0＋216. 075	0	1998-05-11

续表 1-7

仪器编号	仪器出厂序列号	仪器型号	安装位置				安装日期（年-月-日）
			观测段	高程(m)	桩号	左右位置	
S6 – 19	2955	VWP	ST3 – A	161. 22	0 +216. 075	0	1998-05-11
S6 – 20	2957	VWP	ST3 – A	157. 87	0 +216. 075	R3. 35 m	1998-05-12
S6 – 21	3003	VWP	ST3 – A	154. 50	0 +221. 575	0	1998-05-12
S6 – 22	3004	VWP	ST3 – A	161. 20	0 +221. 575	0	1998-05-12
S6 – 23	2952	VWP	ST3 – A	157. 85	0 +221. 575	R3. 35 m	1998-05-12
S6 – 24	2953	VWP	ST3 – A	154. 95	0 +221. 685	L1. 68 m	1998-05-12
S6 – 25	2956	VWP	ST3 – A	156. 18	0 +221. 690	L2. 90 m	1998-05-08
S6 – 26	3005	VWP	ST3 – A	154. 50	0 +221. 825	0	1998-05-12
S6 – 27	3006	VWP	ST3 – A	157. 85	0 +221. 825	L3. 35 m	1998-05-12
S6 – 28	3007	VWP	ST3 – A	161. 20	0 +221. 825	0	1998-05-12
S6 – 29	3008	VWP	ST3 – A	160. 22	0 +221. 825	R2. 37 m	1998-05-12
S6 – 30	3009	VWP	ST3 – A	155. 48	0 +221. 825	R2. 37 m	1998-05-12
S6 – 31	3010	VWP	ST3 – B	153. 03	0 +891. 625	0	1999-02-05
S6 – 32	3011	VWP	ST3 – B	152. 65	0 +891. 625	0	1999-02-05
S6 – 33	3012	VWP	ST3 – B	156. 38	0 +891. 625	L3. 35 m	1999-02-05
S6 – 34	3311	VWP	ST3 – B	159. 73	0 +891. 625	0	1999-02-05
S6 – 35	3014	VWP	ST3 – B	160. 12	0 +891. 625	0	1999-02-05
S6 – 36	3015	VWP	ST3 – B	158. 15	0 +891. 625	R2. 37 m	1999-02-05
S6 – 37	3327	VWP	ST3 – B	159. 02	0 +891. 628	R2. 64 m	1999-02-05
S6 – 38	3017	VWP	ST3 – B	154. 07	0 +891. 625	R2. 37 m	1999-02-05
S6 – 39	3084	VWP	ST3 – B	153. 74	0 +891. 625	R2. 64 m	1999-02-05
S6 – 40	3336	VWP	ST3 – B	154. 71	0 +891. 765	L2. 90 m	1999-02-05
S6 – 88	3097	VWP	ST3	153. 48	0 +891. 765	L1. 68 m	1999-02-05
S6 – 89	3098	VWP	ST3	153. 03	0 +891. 875	0	1999-02-05
S6 – 90	3013	VWP	ST3	159. 73	0 +891. 875	0	1999-02-05
S6 – 91	3312	VWP	ST3	156. 38	0 +891. 875	R3. 35 m	1999-02-05
S6 – 92	3313	VWP	ST3	153. 02	0 +897. 375	0	1999-02-05
S6 – 93	3314	VWP	ST3	159. 72	0 +897. 375	0	1999-02-05
S6 – 94	3315	VWP	ST3	156. 37	0 +897. 375	R3. 35 m	1999-02-05
S6 – 95	3316	VWP	ST3	153. 02	0 +897. 625	0	1999-02-05

续表 1-7

仪器编号	仪器出厂序列号	仪器型号	安装位置				安装日期（年-月-日）
			观测段	高程(m)	桩号	左右位置	
S6－96	3317	VWP	ST3	156. 37	0＋897. 625	L3. 55 m	1999-02-05
S6－97	3318	VWP	ST3	159. 72	0＋897. 625	0	1999-02-05
S6－98	3319	VWP	ST3	158. 74	0＋897. 625	R2. 37 m	1999-02-05
S6－99	2988	VWP	ST3	154. 00	0＋897. 625	R2. 37 m	1999-02-05
N6－1	3067	VWP	ST3－A	154. 75	0＋215. 825	R1. 77 m	1998-05-11
N6－2	3070	VWP	ST3－A	154. 75	0＋216. 325	L1. 77 m	1998-05-11
N6－3	3069	VWP	ST3－A	154. 75	0＋221. 83	R1. 77 m	1998-05-11
N6－4	3636	VWP	ST3－B	153. 28	0＋891. 625	R1. 86 m	1999-02-05
N6－5	3339	VWP	ST3－B	153. 28	0＋892. 125	R1. 86 m	1999-02-05
N6－6	3072	VWP	ST3－B	153. 27	0＋897. 625	L1. 86 m	1999-02-05

表 1-8　3#排沙洞观测仪器——锚索测力计

仪器编号	仪器出厂序列号	仪器型号	安装位置				安装日期（年-月-日）
			观测段	高程(m)	桩号	左右位置	
ST3－1	自制	VWP	ST3－A	155. 39	0＋215. 825	锚具槽内	1998-07-11
ST3－2	自制	VWP	ST3－A	155. 39	0＋216. 325	锚具槽内	1998-07-11
ST3－3	自制	VWP	ST3－A	155. 39	0＋221. 825	锚具槽内	1998-07-11
ST3－4	自制	VWP	ST3－B	153. 91	0＋891. 625	锚具槽内	1999-03-15
ST3－5	自制	VWP	ST3－B	153. 90	0＋897. 625	锚具槽内	1999-03-15
ST3－6	自制	VWP	ST3－B	153. 91	0＋891. 125	锚具槽内	1999-03-15

表 1-9　3#排沙洞观测仪器——测缝计和渗压计

仪器编号	仪器出厂序列号	仪器型号	安装位置				安装日期（年-月-日）
			观测段	高程(m)	桩号	左右位置	
J6－1	3094	TDCVW25	ST3－A	155. 11	0＋215. 825	L2. 76 m	1998-05-12
J6－2	3098	TDCVW25	ST3－A	157. 87	0＋215. 825	L3. 84 m	1998-05-12
J6－3	3099	TDCVW25	ST3－A	161. 77	0＋215. 825	0	1998-05-12
J6－4	3078	TDCVW25	ST3－A	160. 63	0＋215. 825	R2. 76 m	1998-05-12

续表 1-9

仪器编号	仪器出厂序列号	仪器型号	安装位置				安装日期（年-月-日）
			观测段	高程(m)	桩号	左右位置	
J6－5	3079	TDCVW50	ST3－A	155.11	0＋215.825	R2.76 m	1998-05-12
J6－6	3080	TDCVW50	ST3－A	150.10	0＋221.825	L2.76 m	1998-05-12
J6－7	3081	TDCVW50	ST3－A	157.86	0＋221.825	L3.84 m	1998-05-12
J6－8	3082	TDCVW50	ST3－A	161.76	0＋221.825	0	1998-05-12
J6－9	3083	TDCVW50	ST3－A	160.62	0＋221.825	R2.76 m	1998-05-12
J6－10	3084	TDCVW50	ST3－A	155.10	0＋221.825	R2.76 m	1998-05-12
J6－11	2774	TDCVW25	ST3－B	153.61	0＋897.625	L2.76 m	1999-02-04
J6－12	3092	TDCVW25	ST3－B	156.37	0＋897.625	L3.84 m	1999-02-04
J6－13	2241	TDCVW25	ST3－B	160.27	0＋897.625	0	1999-02-04
J6－14	3102	TDCVW25	ST3－B	159.12	0＋897.625	R2.76 m	1999-02-04
J6－15	3093	TDCVW25	ST3－B	153.61	0＋897.625	R2.76 m	1999-02-04
P6－1	63952	VWP	ST3－A	153.97	0＋215.825	0	1998-05-08
P6－2	63950	VWP	ST3－A	154.49	0＋216.330	L2.0 m	1997-05-08
P6－3	65456	VWP	ST3－A	154.49	0＋221.830	0	1998-05-08
P6－4	66452	VWP	ST3－B	152.48	0＋891.625	0	1999-02-04
P6－5	67265	VWP	ST3－B	153.00	0＋892.125	L2.0 m	1999-02-04
P6－6	67266	VWP	ST3－B	152.47	0＋897.625	0	1999-02-04

表 1-10　3#排沙洞观测仪器——多点位移计

仪器编号	仪器出厂序列号	仪器型号	安装位置				安装日期（年-月-日）
			观测段	高程(m)	桩号	左右位置	
BX6－1	95.409	LPT	ST3－A	162.113	0＋214.00	洞顶	1997-09-19
BX6－2	96.430	LPT	ST3－A	160.019	0＋214.00	左上 45°	1997-09-25
BX6－3	96.416	LPT	ST3－A	157.869	0＋214.00	左洞腰	1997-09-21
BX6－4	95.414	LPT	ST3－B	160.461	0＋894.00	洞顶	1997-09-29
BX6－5	96.428	LPT	ST3－B	158.418	0＋894.00	右上 45°	1997-09-28
BX6－6	96.427	LPT	ST3－B	156.377	0＋894.00	右洞腰	1997-09-30

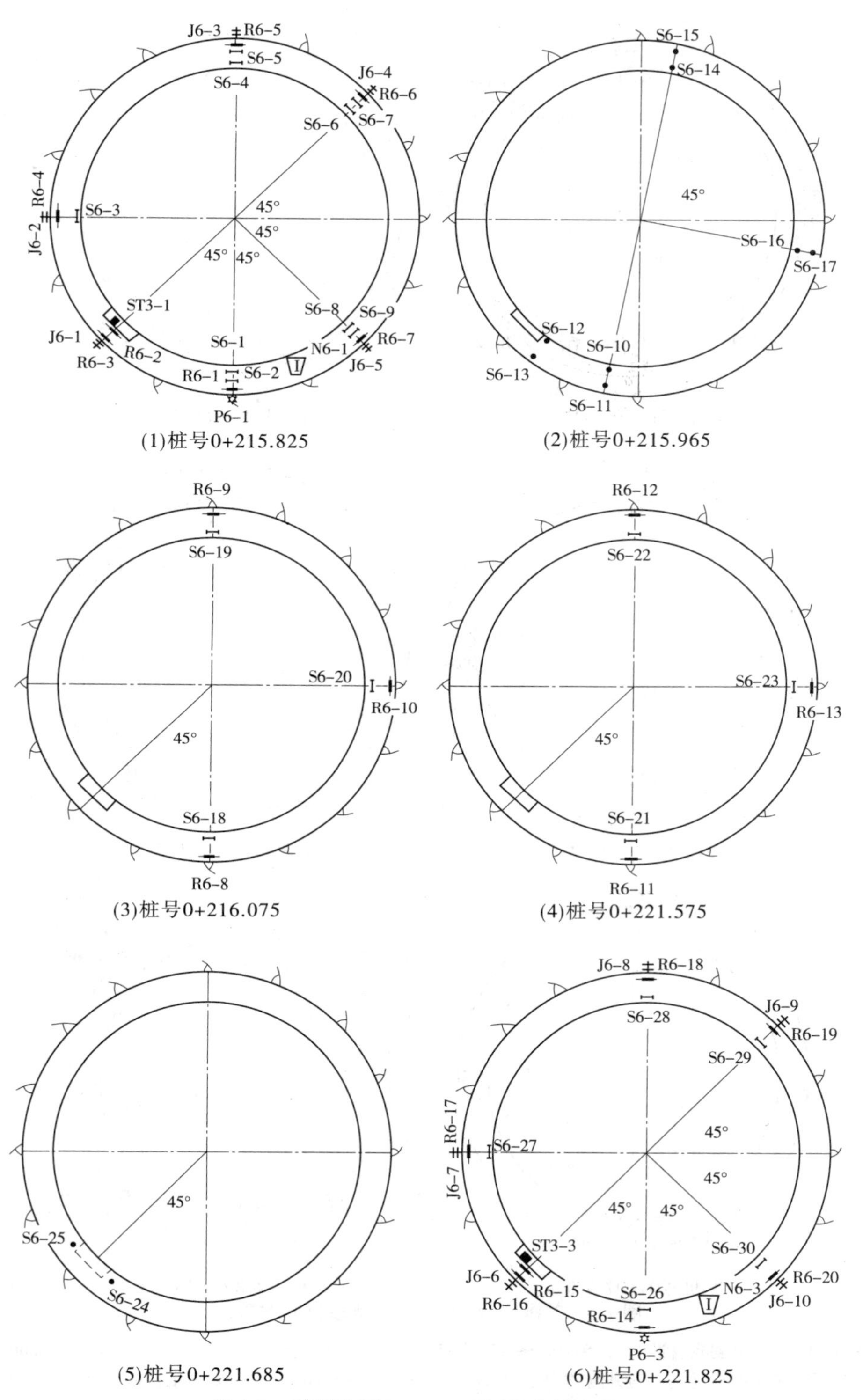

图 1-3　3#排沙洞 ST3－A 观测段仪器布置图

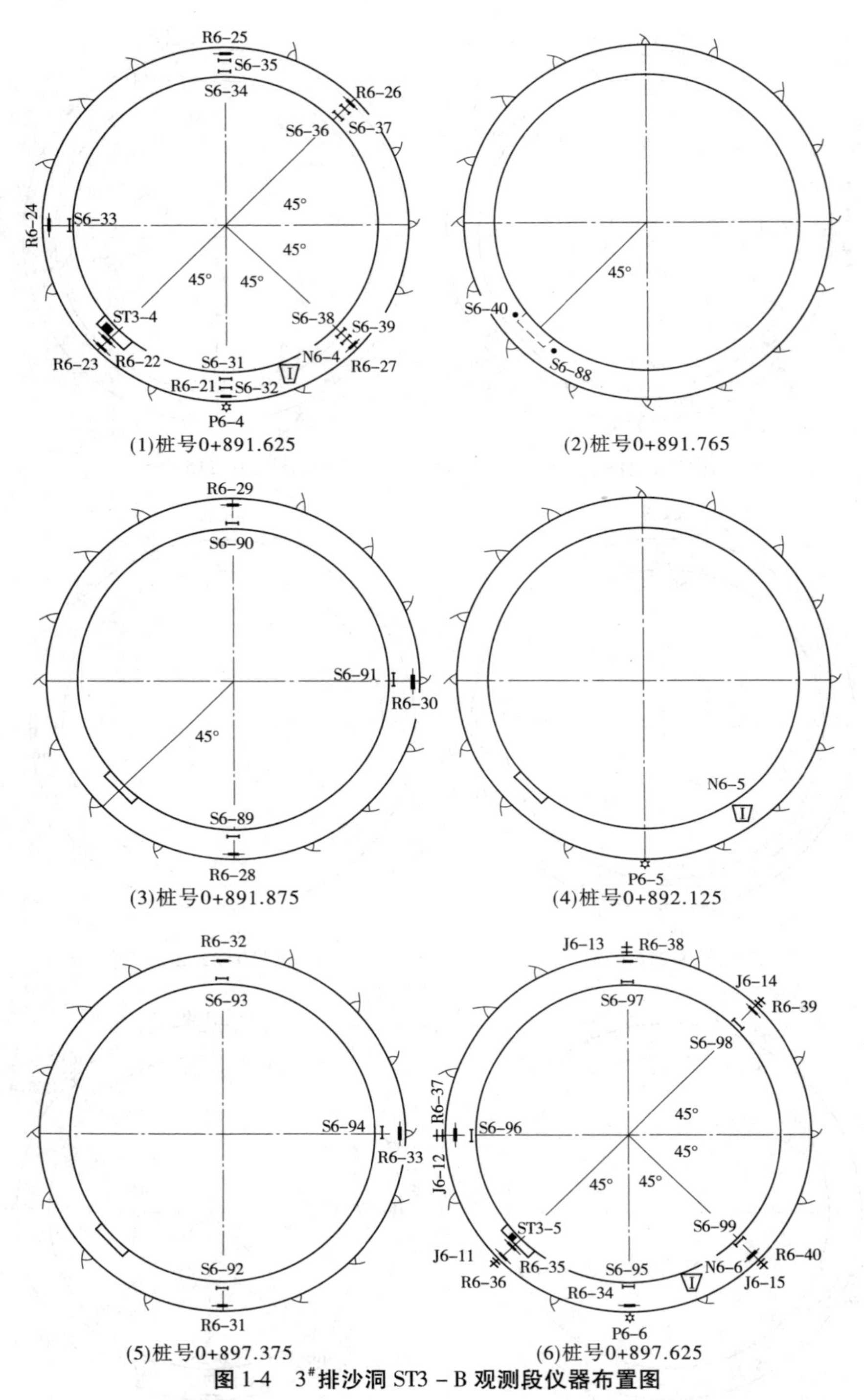

图 1-4　3[#]排沙洞 ST3－B 观测段仪器布置图

注:内侧混凝土应变计距衬砌内侧表面约 50 mm;S6－2、S6－5、S6－7、S6－9 位于衬砌厚度中心;钢筋计 R6－2 和 R6－15 位于锚具槽底部,其余钢筋计位于衬砌外侧,与外层钢筋相连,距衬砌外侧表面约 50 mm;无应力计 N6－2 在桩号为 0＋216.325 断面左侧下部;渗压计 P6－2 位于桩号为 0＋221.83 断面的衬砌底部;锚索测力计 ST3－2 位于 0＋216.325 断面;S6－10～S6－17 和 S6－24、S6－25 沿隧洞轴向方向布置;锚索测力计 ST3－6 位于 0＋891.125 断面。

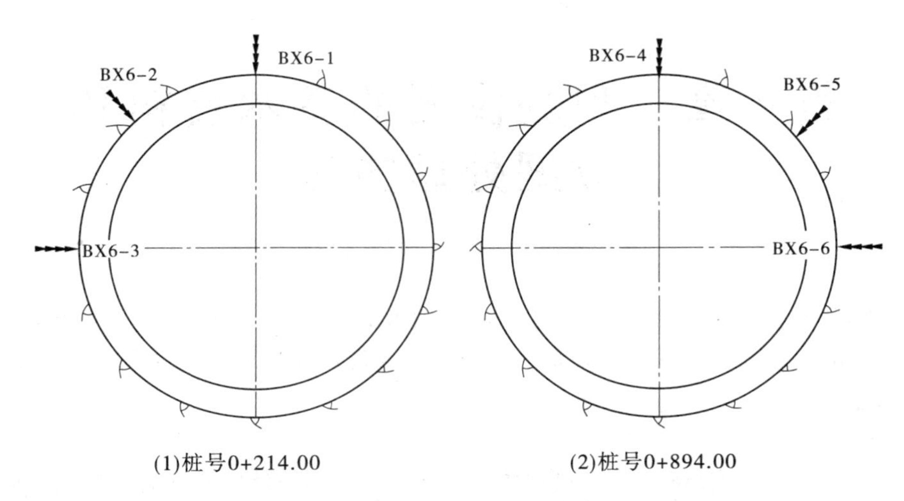

图 1-5　3#排沙洞多点位移计布置图

1.3　预应力锚索和混凝土衬砌的基本资料

小浪底排沙洞横剖面图如图 1-6 所示，其为双圈环绕无黏结预应力混凝土衬砌结构，衬砌内径为 6.50 m，设计厚度为 650 mm，由于超挖，实际衬砌厚度为 700 ~ 1 000 mm；内圈钢绞线距衬砌内侧表面 420 mm，外圈钢绞线距衬砌内侧表面 550 mm，二者间隔为 130 mm；衬砌混凝土设计强度为 C40，骨料最大粒径为 40 mm，泵送浇筑；锚具槽沿隧洞轴线方向分左右两排相间布置在衬砌下方，相邻两个锚具槽的夹角为 90°（3#排沙洞部分为 120°）。锚具槽尺寸长 × 宽 × 深 = 1 540 mm × 300 mm × 250 mm，锚索张拉锁定后用微膨胀混凝土回填。预应力锚索由 8 根 7 × Φ 5 的高强低松弛无黏结预应力钢绞线组成，标准强度为 1 860 MPa，弹性模量（简称弹模）为 1.85×10^5 MPa，锚索间距 500 mm，有关锚索的设计参数如下：

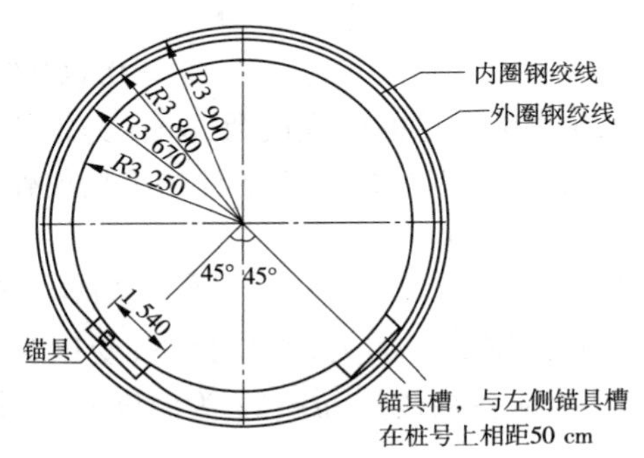

图 1-6　排沙洞横剖面图　（单位：mm）

控制张拉应力 σ_{con} = 1 860 × 75% = 1 395（MPa）；

张拉千斤顶和偏转器的摩擦损失为 8% σ_{con}；

钢绞线的摩擦系数 μ = 0.032；摆动摩擦系数 k = 0.000 7；

钢绞线锚固回缩 3 mm；

锚索锁定前锚具端的张拉应力 σ = 1 395 ×（1 − 8%）= 1 283.4（MPa）。

第2章　观测仪器的基本资料和数据处理方法

小浪底排沙洞永久观测仪器由瑞士 HUGGENBUGER 公司提供，并负责安装。仪器运达现场后由南京水利科学研究院负责率定。所有仪器参数均以现场率定值为准。

2.1　钢筋计

钢筋计主要用来测试存在于钢筋中的力，排沙洞的钢筋计由两支对称焊接在Φ 20 钢筋上振弦式应变计组成，应变计的型号为 VWP，分别定义为 Sensor A 和 Sensor B，安装时首先把钢筋切断，再把钢筋计焊接在切断钢筋的位置。钢筋计所测应力是外荷载引起的应力以及混凝土干缩、徐变、自生体积变形和温、湿度变形引起的内应力总和，钢筋计观测结果直接反映了这一综合应力。

钢筋计的观测数据包括应变读数、频率读数和温度读数三项内容，其频率读数和应变读数之间有下列关系：

$$S = 0.000\ 757\ 6f^2 - 2\ 030.1 \tag{2-1}$$

式中：S 为钢筋计的应变读数，με；f 为钢筋计的频率读数，Hz。

数据处理时取两支应变计的平均值作为该钢筋计的应变读数，钢筋所受拉力或压力按式(2-2)计算：

$$F = K(S - S_0) - T_C(T - T_0) \tag{2-2}$$

式中：F 为钢筋中的力，受拉为正，受压为负，kN；K 为仪器参数；S 为钢筋计的应变读数 με；S_0 为应变初读数，με；T_C 为温度修正系数；T 为温度测值，℃；T_0 为温度初读数，℃。

2.2　混凝土应变计和无应力计

混凝土应变计为振弦式应变计（VWP 型），主要用来测定其周围混凝土的应变变化情况。观测数据包括应变读数、频率读数和温度读数。频率读数和应变读数之间有下列关系：

$$\varepsilon_S = 0.001\ 406f^2 + 0.231\ 65f \tag{2-3}$$

式中：ε_S 为混凝土应变计的应变读数，με；f 为混凝土应变计的频率读数，Hz。

混凝土应变计的应变读数 ε_S 由仪器初始读数 ε_{in} 及混凝土自由应变 ε_0、徐变应变 ε_c 和弹性应变 ε_e 四部分组成，即：

$$\varepsilon_S = \varepsilon_{in} + \varepsilon_0 + \varepsilon_c + \varepsilon_e \tag{2-4}$$

其中，自由应变 ε_0 由化学变形 ε_h、温度变化引起的应变 ε_T 和湿度变化引起的应变 ε_w 三部分组成，即：$\varepsilon_0 = \varepsilon_h + \varepsilon_T + \varepsilon_w$，$\varepsilon_0$ 的数值由无应力计直接给出。根据弹性应变 ε_e 和混凝土的弹模可计算出应变计所在部位混凝土的弹性应力 $\sigma_e = E\varepsilon_e$，$E$ 为弹模。

表 2-1 为钢筋计的仪器参数 K 和温度修正系数 T_C。

表 2-1　钢筋计的仪器参数 K 和温度修正系数 T_C

仪器编号	K	T_C	仪器编号	K	T_C	仪器编号	K	T_C
R－1	0.053	0.072 8	R6－8	0.051	0.059 3	R6－25	0.054	0.078 1
R－2	0.052	0.092 1	R6－9	0.052	0.068 1	R6－26	0.052	0.094 7
R－3	0.053	0.078 3	R6－10	0.051	0.071 6	R6－27	0.054	0.070 4
R－4	0.054	0.065 9	R6－11	0.052	0.076 2	R6－28	0.053	0.069 9
R－5	0.054	0.071 3	R6－12	0.052	0.075 0	R6－29	0.053	0.079 1
R－6	0.051	0.068 9	R6－13	0.053	0.079 2	R6－30	0.052	0.074 1
R－7	0.052	0.107 6	R6－14	0.053	0.085 7	R6－31	0.054	0.159 8
R－8	0.052	0.072 3	R6－15	0.053	0.086 1	R6－32	0.053	0.052 9
R－9	0.053	0.084 2	R6－16	0.053	0.104 4	R6－33	0.053	0.066 8
R－10	0.053	0.072 8	R6－17	0.052	0.095 4	R6－34	0.053	0.065 8
R6－1	0.053	0.072 7	R6－18	0.052	0.076 9	R6－35	0.053	0.079 4
R6－2	0.053	0.098 6	R6－19	0.051	0.081 7	R6－36	0.053	0.062 2
R6－3	0.053	0.079 3	R6－20	0.052	0.071 4	R6－37	0.053	0.064 1
R6－4	0.053	0.070 0	R6－21	0.052	0.064 1	R6－38	0.053	0.007 0
R6－5	0.053	0.085 9	R6－22	0.053	0.077 1	R6－39	0.053	0.072 5
R6－6	0.052	0.073 3	R6－23	0.054	0.423 7	R6－40	0.053	0.081 8
R6－7	0.052	0.078 1	R6－24	0.053	0.104 8			

无应力计实际上也是混凝土应变计，只是由于埋设方法不同，其应变读数中不含外力引起的应变和徐变。无应力计的应变读数通常又称为自由应变 ε_0，包括化学变形 ε_h、温度变化引起的应变 ε_T 和湿度变化引起的应变 ε_w 三部分。无应力计通常埋设在混凝土应变计附近，其应变读数主要在分析混凝土弹性应力时使用。无应力计的观测数据也包括应变读数、频率读数和温度读数三项。频率读数和应变读数之间的关系与混凝土应变计相同。

2.3　锚索测力计

锚索测力计主要用来测定存在于预应力锚索中的张拉力。它由安装在锚具表面的 3 支振弦式应变计组成，其中锚具顶面 1 支，两个侧表面各 1 支，应变计的方向与锚索受力方向相同，如图 2-1 所示。其基本工作原理为：锚索锁定后锚具沿锚索受力方向为受压状态，当锚索中的张拉力发生变化时，锚具测力计的读数也会相应变化，根据 3 支应变计平均读数的变化即可判断锚索中的张拉力变化量。

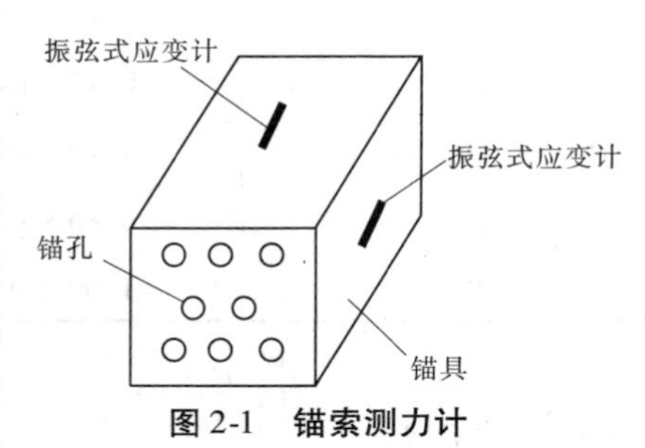

图 2-1　锚索测力计

2.4 测缝计

排沙洞所埋测缝计为 TDCW 型，测试量程有 25 mm 和 50 mm 两种，主要为了测试锚索张拉过程中衬砌与围岩结合面的张开变化，其读数包括频率和温度两项内容。测缝计的裂缝张开值计算公式如下：

$$\delta = A(f^2 - f_0^2) + B(f - f_0) + K(T - T_0) \tag{2-5}$$

式中：δ 为裂缝张开值，mm；A、B、K 为测缝计的仪器参数；f、T 为任一时刻的频率读数、温度读数；f_0、T_0 为测缝计频率、温度的初始值。

小浪底排沙洞 15 支测缝计的仪器参数列于表 2-2。

表 2-2　小浪底排沙洞测缝计的仪器参数

测缝计	A	B	K
J－1	0.718×10^{-5}	0.021 56	－0.020 2
J－2	1.21×10^{-5}	－0.003 96	－0.019 6
J－3	1.21×10^{-5}	0.000 15	－0.023 9
J－4	0.86×10^{-5}	0.013 33	－0.019 2
J－5	1.19×10^{-5}	－0.002 97	－0.017 6
J6－1	1.19×10^{-5}	-1.28×10^{-3}	-3.19×10^{-2}
J6－2	1.35×10^{-5}	-8.45×10^{-3}	-2.98×10^{-2}
J6－3	1.16×10^{-5}	-3.28×10^{-3}	-2.05×10^{-2}
J6－4	1.07×10^{-5}	0.429×10^{-3}	-1.25×10^{-2}
J6－5	1.11×10^{-5}	0.476×10^{-3}	-0.72×10^{-2}
J6－6	1.07×10^{-5}	0.864×10^{-3}	-1.25×10^{-2}
J6－7	1.06×10^{-5}	-0.834×10^{-3}	-0.69×10^{-2}
J6－8	1.03×10^{-5}	0.713×10^{-3}	-1.05×10^{-2}
J6－9	1.10×10^{-5}	0.341×10^{-3}	-0.47×10^{-2}
J6－10	1.04×10^{-5}	0.282×10^{-3}	-0.76×10^{-2}
J6－11	1.13×10^{-5}	-1.41×10^{-3}	-2.26×10^{-2}
J6－12	0.12×10^{-5}	-4.02×10^{-3}	-2.21×10^{-2}
J6－13	1.19×10^{-5}	-4.40×10^{-3}	-1.99×10^{-2}
J6－14	0.86×10^{-5}	1.28×10^{-3}	-1.92×10^{-2}
J6－15	1.00×10^{-5}	-6.11×10^{-3}	-2.06×10^{-2}

2.5 渗压计

排沙洞所埋渗压计为振弦式仪器（VWP），量程为 50～250 kPa，观测读数包括频率读数和温度读数两项。渗压计埋设在不同断面靠近衬砌底部岩石中，主要用于测试外水压力的大小。若衬砌出现渗漏，渗压计的观测读数会有显著增加。渗水压力值计算公式如下：

$$P = Af^2 + Bf + C + K(T - T_0) \tag{2-6}$$

式中：P 为渗水压力，kPa；A、B、C、K 为渗压计的仪器参数；f、T 为任一时刻的频率读数、温度读数；T_0 为温度初始值。

小浪底排沙洞 6 支渗压计的仪器参数列于表 2-3。

表 2-3　小浪底排沙洞渗压计的仪器参数

仪器编号	量程(kPa)	A	B	C	K
P6－1	250	－0.000 32	0.079 8	2 850.3	0.048 8
P6－2	250	－0.000 35	0.073 7	2 670.5	－0.398
P6－3	100	－0.000 154	－0.001 87	1 513.2	－0.026 1
P6－4	50	－0.000 08	－0.147 2	1 204.6	－ 0.063 9
P6－5	50	－0.000 089	0.009 87	794.8	－0.014 7
P6－6	50	－0.000 11	0.047 73	870.6	－0.096 1

2.6　多点位移计

3#排沙洞在 ST3－A 和 ST3－B 两个观测段分别埋设了 3 支多点位移计，位置为顶部、腰部和二者之间大约 45°的围岩中。多点位移计的型号为 LPT 型，观测读数为位移读数。多点位移计主要是为了测试施工过程中围岩的稳定情况，根据各测点的位移值可确定各测点间的相对变形，每个测点的位移计算公式如下：

$$\delta = K\Delta S/1\,000 \tag{2-7}$$

式中：δ 为位移量，mm；K 为仪器的量程，排沙洞多点位移计的量程为 50 mm；ΔS 为读数变化值。

第3章　观测资料的整理

本章通过对观测资料的整理分析，首先给出观测仪器（钢筋计、混凝土应变计、无应力计和锚索测力计）应变读数的发展变化过程线、频率变化（测缝计、渗压计）发展变化过程线和洞内水压发展变化过程线，在此基础上，通过对观测资料的数学处理，从应变读数中分离出温度变化、湿度变化和内水压力变化对应变读数的影响，进而对排沙洞运行状态进行评价和分析。

3.1　观测资料的整理方法

小浪底排沙洞预应力混凝土衬砌3个仪器观测段共埋设各类观测仪器160支，到现在已积累了数万组观测数据。原始观测数据中，既有手工记录的观测数据，又有仪器自动记录的数据。为了消除观测误差、偶然误差和数据记录笔误，按以下方法和步骤对原始观测资料进行处理：

（1）按观测日期对每支观测仪器的观测数据重新排序，消除原始数据的时间顺序错误。

（2）绘制日期—观测读数的发展变化过程线，从过程线上找出异常数据。

（3）对于每个异常数据，从以下几个方面进行检查：①根据观测数据的连续变化特性检查是否存在记录笔误，如将“1623”误录为“1263”；②根据应变读数与频率读数的对应关系检查数据的正确性；③根据内水压力和温度变化进一步检查。

（4）若能找出原因，则对原始数据进行更正；若不能找出原因，则可能是由于仪器故障或接线错误，数据整理时剔除该组数据。

（5）原始数据中存在大量数据不全的现象，最为突出的是温度读数。处理方法为：若为个别数据，根据其变化连续性予以补全；若为较长时间段的连续数据，则按无数据处理。

3.2　排沙洞挡水过流情况

2#、3#排沙洞洞内水位变化情况见图3-1，图中的横坐标为日期，纵坐标为洞内水位，其值根据闸门开启情况确定：当出口工作闸门处于关闭状态时，由于工作闸门封水效果较上游检修闸门和事故闸门好，因此无论上游检修闸门或事故闸门是处于关闭状态还是开启状态，均认为洞内水位与坝前库水位相同；当上游事故闸门或检修闸门处于关闭状态且工作闸门处于开启状态时，认为洞内无水，过流按洞内无水处理。

3.3　观测仪器的读数发展变化

由于数据量过于庞大，本书主要以观测读数发展过程线的方式提供观测数据的发展变化情况。过程线中包括了从混凝土浇筑后到2006年7月底的所有数据，其中的温度读数和频率读数均为实测值，而应变变化由式（3-1）得出：

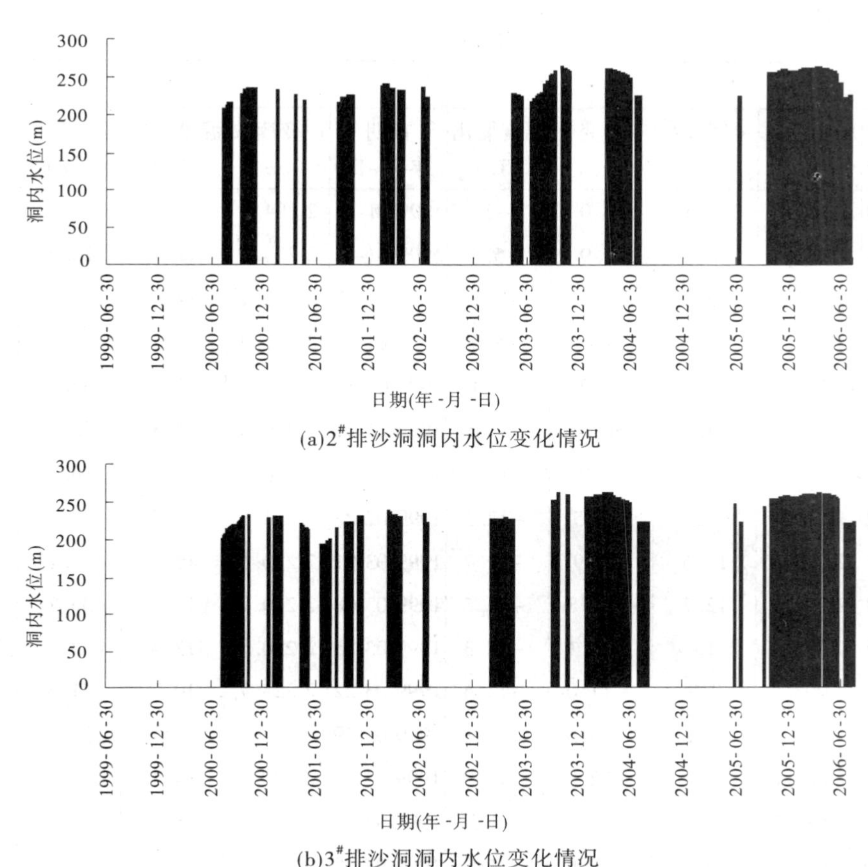

(a)2#排沙洞洞内水位变化情况

(b)3#排沙洞洞内水位变化情况

图 3-1 排沙洞洞内水位变化情况

$$\Delta S = \varepsilon_T - \varepsilon_{in} \tag{3-1}$$

式中：ε_T 为任一时刻的应变读数；ε_{in}为初始读数，选择混凝土浇筑 1 d 后的应变读数为初始读数。

为了便于对比，把位于相近位置的仪器放在一起，同时给出温度和应变的发展过程线。

3.3.1 无应力计的应变和温度读数发展变化

2#排沙洞共埋设两支无应力计，无应力计的温度读数、应变读数及应变变化、温度变化计算见表 3-1，无应力计的温度和应变变化发展过程线如图 3-2 所示。

表 3-1 2#排沙洞无应力计的温度读数、应变读数及应变变化、温度变化计算

N－1					N－2				
日期(年-月-日)	应变读数(με)	温度读数(℃)	应变变化(με)	温度变化(℃)	日期(年-月-日)	应变读数(με)	温度读数(℃)	应变变化(με)	温度变化(℃)
1999-01-08	2 109.5	24.3	0	0	1999-01-08	2 183.4	24.2	0	0
1999-01-09	2 125.5	20.1	16.0	－4.2	1999-01-09	2 199.2	20.1	15.8	－4.1

续表 3-1

N-1					N-2				
日期（年-月-日）	应变读数（με）	温度读数（℃）	应变变化（με）	温度变化（℃）	日期（年-月-日）	应变读数（με）	温度读数（℃）	应变变化（με）	温度变化（℃）
1999-01-10	2 129.5	19.3	20.0	-5	1999-01-10	2 204.5	19.1	21.1	-5.1
1999-01-11	2 131.4	18.9	21.9	-5.4	1999-01-11	2 204.3	18.7	20.9	-5.5
1999-01-12	2 139.6	15.5	30.1	-8.8	1999-01-12	2 215.1	14.9	31.7	-9.3
1999-01-18	2 141.8	16	32.3	-8.3	1999-01-18	2 213.9	16.5	30.5	-7.7
1999-01-25	2 144.7	15.2	35.2	-9.1	1999-01-25	2 217.7	15.7	34.3	-8.5
1999-02-01	2 145.9	14.3	36.4	-10	1999-02-01	2 219.3	14.8	35.9	-9.4
1999-02-08	2 150.5	12.5	41.0	-11.8	1999-02-08	2 220.1	14	36.7	-10.2
1999-02-22	2 105	12	-4.5	-12.3	1999-02-22	2 221.8	12.7	38.4	-11.5
1999-03-01	2 099.6	12.6	-9.9	-11.7	1999-03-01	2 220.6	13.2	37.2	-11
1999-03-08	2 096.7	12.7	-12.8	-11.6	1999-03-08	2 220.2	13.8	36.8	-10.4
1999-03-15	2 094.4	13	-15.1	-11.3	1999-03-15	2 220.4	13.4	37	-10.8
1999-03-22	2 098.5	9.9	-11.0	-14.4	1999-03-22	2 224.7	10.7	41.3	-13.5
1999-03-29	2 089	12.5	-20.5	-11.8	1999-03-29	2 222	13.1	38.6	-11.1
1999-04-05	2 086.8	13.4	-22.7	-10.9	1999-04-05	2 220.3	14.1	36.9	-10.1
1999-04-12	2 080.7	15	-28.8	-9.3	1999-04-12	2 217.8	16.1	34.4	-8.1
1999-04-19	2 079.6	16.2	-29.9	-8.1	1999-04-19	2 214.3	16.8	30.9	-7.4
1999-04-26	2 077.7	16.7	-31.8	-7.6	1999-04-26	2 213.1	17.4	29.7	-6.8
1999-05-06	2 077	17.1	-32.5	-7.2	1999-05-06	2 211.8	17.7	28.4	-6.5
1999-05-13	2 075.7	17.3	-33.8	-7	1999-05-13	2 210.7	18.1	27.3	-6.1
1999-05-20	2 074.9	17.7	-34.6	-6.6	1999-05-20	2 217	18.4	33.6	-5.8
1999-05-27	2 073.7	18.1	-35.8	-6.2	1999-05-27	2 218.7	18.7	35.3	-5.5
1999-06-03	2 072.8	18.4	-36.7	-5.9	1999-06-03	2 219	19.1	35.6	-5.1
1999-06-09	2 072.4	18.7	-37.1	-5.6	1999-06-09	2 219	19.3	35.6	-4.9
1999-06-17	2 070	19.1	-39.5	-5.2	1999-06-17	2 219.9	19.8	36.5	-4.4
1999-06-24	2 069.5	19.8	-40.0	-4.5	1999-06-24	2 218.5	20.4	35.1	-3.8
1999-07-01	2 067.2	20.3	-42.3	-4	1999-07-01	2 219.3	21	35.9	-3.2
1999-07-08	2 068.8	20	-40.7	-4.3	1999-07-08	2 218.3	20.5	34.9	-3.7
1999-07-15	2 067.1	21	-42.4	-3.3	1999-07-15	2 218.9	21.7	35.5	-2.5
1999-07-22	2 066.4	21.3	-43.1	-3	1999-07-22	2 217.5	22.1	34.1	-2.1
1999-07-29	2 065.5	21.7	-44.0	-2.6	1999-07-29	2 217.8	22.4	34.4	-1.8

续表 3-1

N－1					N－2				
日期（年-月-日）	应变读数（με）	温度读数（℃）	应变变化（με）	温度变化（℃）	日期（年-月-日）	应变读数（με）	温度读数（℃）	应变变化（με）	温度变化（℃）
1999-08-11	2 066	21.5	－43.5	－2.8	1999-08-11	2 218.2	21.8	34.8	－2.4
1999-08-19	2 064.7	22.2	－44.8	－2.1	1999-08-19	2 219.8	23	36.4	－1.2
1999-08-25	2 067.1	21.7	－42.4	－2.6	1999-08-25	2 219.4	22.5	36	－1.7
1999-09-16	2 069.1	21.5	－40.4	－2.8	1999-09-16	2 221.8	22	38.4	－2.2
1999-10-07	2 074.7	18.3	－34.8	－6	1999-10-07	2 229.7	18.9	46.3	－5.3
1999-10-15	2 075	18.5	－34.5	－5.8	1999-10-15	2 230.5	19.1	47.1	－5.1
1999-11-11	2 090.3	16.2	－19.2	－8.1	1999-11-11	2 238.1	16.8	54.7	－7.4
1999-11-18	2 091.2	14.9	－18.3	－9.4	1999-11-18	2 241.8	15.3	58.4	－8.9
1999-11-25	2 093.6	14.4	－15.9	－9.9	1999-11-25	2 244.7	14.7	61.3	－9.5
1999-11-29	2 099.2	13.7	－10.3	－10.6	1999-11-29	2 246.7	14.3	63.3	－9.9
1999-12-02	2 100.2	13.4	－9.3	－10.9	1999-12-02	2 249.3	13.4	65.9	－10.8
1999-12-13	2 107.7	10.6	－1.8	－13.7	1999-12-13	2 250.9	10.9	67.5	－13.3
1999-12-16	2 108.3	10.5	－1.2	－13.8	1999-12-16	2 253.3	10.5	69.9	－13.7
1999-12-20	2 114.1	10	4.6	－14.3	1999-12-20	2 250	9.3	66.6	－14.9
1999-12-22	2 109.8	9.3	0.3	－15	1999-12-22	2 255.8	9.1	72.4	－15.1
1999-12-27	2 114.8	8.5	5.3	－15.8	1999-12-27	2 258	8.3	74.6	－15.9
1999-12-30	2 117.8	7.8	8.3	－16.5	1999-12-30	2 259.1	8.2	75.7	－16
2000-01-03	2 118.6	7.2	9.1	－17.1	2000-01-03	2 260.7	7.3	77.3	－16.9
2000-01-10	2 120.7	6.4	11.2	－17.9	2000-01-10	2 264.3	8.7	80.9	－15.5
2000-01-17	2 124.1	5.4	14.6	－18.9	2000-01-17	2 265.8	6.7	82.4	－17.5
2000-02-14	2 128.6	4.5	19.1	－19.8	2000-02-14	2 271.3	6.6	87.9	－17.6
2000-02-21	2 130.3	4.1	20.8	－20.2	2000-02-21	2 274.1	7.3	90.7	－16.9
2000-02-28	2 128.1	5.5	18.6	－18.8	2000-02-28	2 273.3	7	89.9	－17.2
2000-03-06	2 130.4	4.6	20.9	－19.7	2000-03-06	2 275.6	5	92.2	－19.2
2000-03-21	2 127	6.6	17.5	－17.7	2000-03-21	2 271.6	7.1	88.2	－17.1
2000-03-27	2 121.3	8.9	11.8	－15.4	2000-03-27	2 268.1	9.4	84.7	－14.8
2000-04-03	2 119.1	9.5	9.6	－14.8	2000-04-03	2 267.3	10	83.9	－14.2
2000-04-10	2 117.6	11	8.1	－13.3	2000-04-10	2 264.7	11.6	81.3	－12.6
2000-04-17	2 116.1	11.6	6.6	－12.7	2000-04-17	2 265	12.1	81.6	－12.1
2000-04-24	2 113.7	12.8	4.2	－11.5	2000-04-24	2 263.2	13.5	79.8	－10.7

续表 3-1

N－1					N－2				
日期（年-月-日）	应变读数（με）	温度读数（℃）	应变变化（με）	温度变化（℃）	日期（年-月-日）	应变读数（με）	温度读数（℃）	应变变化（με）	温度变化（℃）
2000-05-01	2 108.3	14.4	－1.2	－9.9	2000-05-01	2 258.9	15.1	75.5	－9.1
2000-05-08	2 104.2	15.8	－5.3	－8.5	2000-05-08	2 256.6	16.5	73.2	－7.7
2000-05-15	2 116.1	13	6.6	－11.3	2000-05-15	2 262.2	13.5	78.8	－10.7
2000-05-22	2 115.8	15.9	6.3	－8.4	2000-05-22	2 264.5	16.4	81.1	－7.8
2000-05-29	2 113.3	13.7	3.8	－10.6	2000-05-29	2 263	14.2	79.6	－10
2000-06-05	2 114.6	13.5	5.1	－10.8	2000-06-05	2 262.8	14.1	79.4	－10.1
2000-06-12	2 105.6	14.6	－3.9	－9.7	2000-06-12	2 261.1	15.3	77.7	－8.9
2000-06-19	2 095.8	19.4	－13.7	－4.9	2000-06-19	2 253.2	20.2	69.8	－4
2000-06-27	2 096.6	19.4	－12.9	－4.9	2000-06-27	2 251.6	20	68.2	－4.2
2000-07-10	2 092.3	21.4	－17.2	－2.9	2000-07-10	2 248.3	22.1	64.9	－2.1
2000-07-17	2 086.8	23.6	－22.7	－0.7	2000-07-17	2 243.9	24.4	60.5	0.2
2000-07-27	2 083.8	22.9	－25.7	－1.4	2000-07-27	2 246.2	23.6	62.8	－0.6
2000-08-07	2 082.8	25.2	－26.7	0.9	2000-08-07	2 239.8	25.8	56.4	1.6
2000-08-17	2 084.5	25.1	－25.0	0.8	2000-08-17	2 240.3	25.8	56.9	1.6
2000-08-28	2 082.9	25.2	－26.6	0.9	2000-08-28	2 241.2	26.2	57.8	2
2000-09-08	2 084.5	25.8	－25.0	1.5	2000-09-08	2 240	26.4	56.6	2.2
2000-09-19	2 088.6	24.5	－20.9	0.2	2000-09-19	2 243.6	25	60.2	0.8
2000-09-29	2 090.9	23.8	－18.6	－0.5	2000-09-29	2 244.5	24.5	61.1	0.3
2000-10-10	2 095.7	21.9	－13.8	－2.4	2000-10-10	2 249.3	22.6	65.9	－1.6
2000-10-20	2 104.2	19.1	－5.3	－5.2	2000-10-20	2 254	19.6	70.6	－4.6
2000-10-31	2 109	18.4	－0.5	－5.9	2000-10-31	2 257.3	19	73.9	－5.2
2000-11-22	2 112.7	16.6	3.2	－7.7	2000-11-22	2 261.7	17.1	78.3	－7.1
2000-12-05	2 108.3	12.5	－1.2	－11.8	2000-12-05	2 266.6	13	83.2	－11.2
2001-01-02	2 114.6	9.6	5.1	－14.7	2001-01-02	2 276.1	10	92.7	－14.2
2001-02-05	2 138.1	7.2	28.6	－17.1	2001-02-05	2 282.9	7.6	99.5	－16.6
2001-02-26	2 142	5.8	32.5	－18.5	2001-02-26	2 285.9	6.1	102.5	－18.1
2001-03-14	2 139.6	6.1	30.1	－18.2	2001-03-14	2 289.4	6.5	106	－17.7
2001-03-27	2 137.9	6.7	28.4	－17.6	2001-03-27	2 288.3	7.2	104.9	－17
2001-04-10	2 136.9	8.2	27.4	－16.1	2001-04-10	2 288.6	8.6	105.2	－15.6
2001-04-24	2 138.4	8.6	28.9	－15.7	2001-04-24	2 286.7	9.1	103.3	－15.1

续表 3-1

N－1					N－2				
日期 (年-月-日)	应变读数 (με)	温度读数 (℃)	应变变化 (με)	温度变化 (℃)	日期 (年-月-日)	应变读数 (με)	温度读数 (℃)	应变变化 (με)	温度变化 (℃)
2001-05-08	2 133.1	10	23.6	－14.3	2001-05-08	2 286.9	10.6	103.5	－13.6
2001-05-22	2 124.7	10.9	15.2	－13.4	2001-05-22	2 219.9	11.6	36.5	－12.6
2001-06-05	2 118.8	13.5	9.3	－10.8	2001-06-05	2 217.2	14.2	33.8	－10
2001-06-19	2 115	15	5.5	－9.3	2001-06-19	2 213.6	15.8	30.2	－8.4
2001-07-17	2 108.9	18.4	－0.6	－5.9	2001-07-17	2 209.1	19.1	25.7	－5.1
2001-08-14	2 108.2	18.7	－1.3	－5.6	2001-08-14	2 209.1	19.5	25.7	－4.7
2001-08-28	2 109.3	20.4	－0.2	－3.9	2001-08-28	2 208.5	21.3	25.1	－2.9
2001-09-11	2 105.9	22.2	－3.6	－2.1	2001-09-11	2 213.1	22.9	29.7	－1.3
2001-09-25	2 106.2	21.6	－3.3	－2.7	2001-09-25	2 213.9	22.4	30.5	－1.8
2001-10-09	2 108.7	20.3	－0.8	－4	2001-10-09	2 213.6	20.9	30.2	－3.3
2001-10-23	2 116.1	18.1	6.6	－6.2	2001-10-23	2 222.3	18.7	38.9	－5.5
2001-11-13	2 120	17.3	10.5	－7	2001-11-13	2 231.8	17.9	48.4	－6.3
2001-11-27	2 120.4	17.1	10.9	－7.2	2001-11-27	2 241.5	17.6	58.1	－6.6
2001-12-20	2 132.9	11.7	23.4	－12.6	2001-12-20	2 254.7	12.2	71.3	－12
2002-01-05	2 131.9	12.4	22.4	－11.9	2002-01-05	2 274.8	12.8	91.4	－11.4
2002-01-17	2 130.9	12.9	21.4	－11.4	2002-01-17	2 275.7	13.4	92.3	－10.8
2002-02-01	2 123	10.2	13.5	－14.1	2002-02-01	2 279.2	10.6	95.8	－13.6
2002-02-07	2 140.9	8.4	31.4	－15.9	2002-02-07	2 280.2	8.8	96.8	－15.4
2002-02-22	2 144.4	6.9	34.9	－17.4	2002-02-22	2 285.1	7.3	101.7	－16.9
2002-03-08	2 143.5	6.5	34.0	－17.8	2002-03-08	2 287.6	6.9	104.2	－17.3
2002-03-22	2 145.5	6.9	36.0	－17.4	2002-03-22	2 287.9	7.5	104.5	－16.7
2002-04-05	2 144	7.5	34.5	－16.8	2002-04-05	2 284.4	8	101	－16.2
2002-04-19	2 143.8	7.6	34.3	－16.7	2002-04-19	2 285.1	8.2	101.7	－16
2002-05-02	2 143.3	9	33.8	－15.3	2002-05-02	2 284.7	8.7	101.3	－15.5
2002-05-17	2 143.6	8.3	34.1	－16	2002-05-17	2 284.7	8.8	101.3	－15.4
2002-05-31	2 125.2	12.7	15.7	－11.6	2002-05-31	2 279.7	13.4	96.3	－10.8
2002-06-14	2 136.6	11.4	27.1	－12.9	2002-06-14	2 279.5	12.1	96.1	－12.1
2002-06-28	2 125.3	16.6	15.8	－7.7	2002-06-28	2 273.6	17.4	90.2	－6.8
2002-07-26	2 114.1	17.4	4.6	－6.9	2002-07-26	2 269.3	18.3	85.9	－5.9
2002-08-09	2 115.7	16.5	6.2	－7.8	2002-08-09	2 271.1	17.2	87.7	－7

续表 3-1

N－1					N－2				
日期（年-月-日）	应变读数（με）	温度读数（℃）	应变变化（με）	温度变化（℃）	日期（年-月-日）	应变读数（με）	温度读数（℃）	应变变化（με）	温度变化（℃）
2002-08-23	2 120. 7	17. 3	11. 2	－7	2002-08-23	2 270. 4	17. 9	87	－6. 3
2002-09-06	2 112. 7	20. 2	3. 2	－4. 1	2002-09-06	2 266. 6	20. 8	83. 2	－3. 4
2002-09-19	2 113. 6	19. 9	4. 1	－4. 4	2002-09-19	2 264. 5	20. 8	81. 1	－3. 4
2002-10-03	2 109. 5	19. 2	0. 0	－5. 1	2002-10-03	2 266. 6	20	83. 2	－4. 2
2002-10-18	2 111. 4	18. 4	1. 9	－5. 9	2002-10-18	2 268. 5	18. 9	85. 1	－5. 3
2002-11-01	2 113	17. 7	3. 5	－6. 6	2002-11-01	2 269. 8	18. 4	86. 4	－5. 8
2002-11-15	2 116	15. 4	6. 5	－8. 9	2002-11-15	2 271. 1	16	87. 7	－8. 2
2002-11-29	2 117. 9	14. 5	8. 4	－9. 8	2002-11-29	2 276. 1	15. 6	92. 7	－8. 6
2002-12-12	2 118	15	8. 5	－9. 3	2002-12-12	2 275. 9	15. 7	92. 5	－8. 5
2002-12-27	2 118. 8	14. 7	9. 3	－9. 6	2002-12-27	2 277. 1	15. 3	93. 7	－8. 9
2003-01-10	2 131. 6	12. 9	22. 1	－11. 4	2003-01-10	2 278. 7	13. 5	95. 3	－10. 7
2003-01-24	2 127. 6	9. 2	18. 1	－15. 1	2003-01-24	2 281. 2	9. 7	97. 8	－14. 5
2003-02-09	2 138. 2	9. 4	28. 7	－14. 9	2003-02-09	2 285. 7	9. 8	102. 3	－14. 4
2003-02-19	2 139. 3	10	29. 8	－14. 3	2003-02-19	2 286. 2	10. 8	102. 8	－13. 4
2003-03-05	2 141. 8	8	32. 3	－16. 3	2003-03-05	2 287. 9	8. 6	104. 5	－15. 6
2003-03-18	2 128. 3	8. 3	18. 8	－16	2003-03-18	2 289. 1	9. 4	105. 7	－14. 8
2003-04-03	2 143. 5	7. 9	34. 0	－16. 4	2003-04-03	2 288. 9	8. 4	105. 5	－15. 8
2003-04-17	2 129. 5	9. 1	20. 0	－15. 2	2003-04-17	2 288. 9	9. 7	105. 5	－14. 5
2003-04-30	2 128. 5	10. 2	19. 0	－14. 1	2003-04-30	2 287. 3	10. 9	103. 9	－13. 3
2003-05-15	2 142. 3	9. 1	32. 8	－15. 2	2003-05-15	2 287. 4	9. 6	104	－14. 6
2003-05-30	2 144	8. 5	34. 5	－15. 8	2003-05-30	2 290. 4	9	107	－15. 2
2003-06-12	2 143. 2	8. 9	33. 7	－15. 4	2003-06-12	2 290. 6	9. 2	107. 2	－15
2003-06-26	2 123. 2	14. 6	13. 7	－9. 7	2003-06-26	2 284. 7	14	101. 3	－10. 2
2003-07-10	2 124. 4	16. 4	14. 9	－7. 9	2003-07-10	2 279. 2	17. 2	95. 8	－7
2003-08-01	2 129. 7	14. 7	20. 2	－9. 6	2003-08-01	2 283	15. 4	99. 6	－8. 8
2003-08-14	2 128. 5	15. 7	19. 0	－8. 6	2003-08-14	2 280. 9	16. 4	97. 5	－7. 8
2003-08-28	2 128. 6	15. 7	19. 1	－8. 6	2003-08-28	2 280. 1	16. 4	96. 7	－7. 8
2003-09-11	2 114. 1	21. 4	4. 6	－2. 9	2003-09-11	2 269. 8	22. 3	86. 4	－1. 9
2003-09-25	2 118. 6	20. 1	9. 1	－4. 2	2003-09-25	2 269. 5	21	86. 1	－3. 2
2003-11-26	2 119. 8	13	10. 3	－11. 3	2003-11-26	2 280. 7	13. 7	97. 3	－10. 5

续表 3-1

N－1					N－2				
日期（年-月-日）	应变读数（με）	温度读数（℃）	应变变化（με）	温度变化（℃）	日期（年-月-日）	应变读数（με）	温度读数（℃）	应变变化（με）	温度变化（℃）
2003-12-11	2 123.5	10.6	14.0	－13.7	2003-12-11	2 287.8	11	104.4	－13.2
2003-12-24	2 125	10.8	15.5	－13.5	2003-12-24	2 287.6	11.2	104.2	－13
2004-01-07	2 142.1	9.8	32.6	－14.5	2004-01-07	2 288.4	10.2	105	－14
2004-02-12	2 148.5	6.9	39.0	－17.4	2004-02-12	2 295	7.3	111.6	－16.9
2004-02-13	2 148.5	6.8	39.0	－17.5	2004-02-13	2 295	7.2	111.6	－17
2004-02-27	2 131.8	6.6	22.3	－17.7	2004-02-27	2 296.8	7.1	113.4	－17.1
2004-03-11	2 130.3	9.2	20.8	－15.1	2004-03-11	2 295.8	—	112.4	—
2004-03-24	2 130.5	8.5	21.0	－15.8	2004-03-24	2 295.8	8.9	112.4	－15.3
2004-04-07	2 150.2	6.9	40.7	－17.4	2004-04-07	2 296.3	7.4	112.9	－16.8
2004-04-20	2 150	7.3	40.5	－17	2004-04-20	2 297.2	7.8	113.8	－16.4
2004-05-02	2 149.2	7.4	39.7	－16.9	2004-05-02	2 297.2	8	113.8	－16.2
2004-05-18	2 130.1	10.7	20.6	－13.6	2004-05-18	2 295.5	12.3	112.1	－11.9
2004-06-01	2 127.3	12.6	17.8	－11.7	2004-06-01	2 291.7	13.3	108.3	－10.9
2004-06-18	2 144.4	9.9	34.9	－14.4	2004-06-18	2 293.3	10.7	109.9	－13.5
2004-06-24	2 138.2	11.3	28.7	－13	2004-06-24	2 292.8	11.9	109.4	－12.3
2004-06-30	2 139.3	12	29.8	－12.3	2004-06-30	2 290.7	12.5	107.3	－11.7
2004-07-06	2 130.7	14.8	21.2	－9.5	2004-07-06	2 286.9	15.5	103.5	－8.7
2004-07-13	2 115.4	19.9	5.9	－4.4	2004-07-13	2 276.7	20.6	93.3	－3.6
2004-07-22	2 116.7	17.7	7.2	－6.6	2004-07-22	2 279	18.5	95.6	－5.7
2004-08-05	2 115.2	18.1	5.7	－6.2	2004-08-05	2 277.6	18.9	94.2	－5.3
2004-08-17	2 117.1	16.8	7.6	－7.5	2004-08-17	2 280.7	17.5	97.3	－6.7
2004-09-02	2 119.2	19	9.7	－5.3	2004-09-02	2 277.2	20	93.8	－4.2
2004-09-09	2 110.4	19.7	0.9	－4.6	2004-09-09	2 275.6	20.5	92.2	－3.7
2004-09-21	2 115.4	17.8	5.9	－6.5	2004-09-21	2 276.9	18.6	93.5	－5.6
2004-10-02	2 117	17	7.5	－7.3	2004-10-02	2 278.2	17.7	94.8	－6.5
2004-10-21	2 123.7	18.2	14.2	－6.1	2004-10-21	2 279.2	18.9	95.8	－5.3
2004-11-04	2 118.4	15.3	8.9	－9	2004-11-04	2 283.7	16	100.3	－8.2
2004-11-18	2 127	15.8	17.5	－8.5	2004-11-18	2 284.2	16.2	100.8	－8
2004-12-01	2 125.8	17.7	16.3	－6.6	2004-12-01	2 280.9	18.3	97.5	－5.9
2004-12-14	2 126.1	17.6	16.6	－6.7	2004-12-14	2 279.6	18.3	96.2	－5.9

续表 3-1

N－1					N－2				
日期（年-月-日）	应变读数（με）	温度读数（℃）	应变变化（με）	温度变化（℃）	日期（年-月-日）	应变读数（με）	温度读数（℃）	应变变化（με）	温度变化（℃）
2005-01-03	2 125.9	17.5	16.4	－6.8	2005-01-03	2 281.1	18.23	97.7	－5.97
2005-01-18	2 126.7	17.4	17.2	－6.9	2005-01-18	2 280.1	18.2	96.7	－6
2005-02-03	2 127.1	17.4	17.6	－6.9	2005-02-03	2 280.2	18.1	96.8	－6.1
2005-02-17	2 126.4	17.3	16.9	－7	2005-02-17	2 281.8	18.8	98.4	－5.4
2005-03-01	2 119.8	11.6	10.3	－12.7	2005-03-01	2 284.1	12.4	100.7	－11.8
2005-03-17	2 124.4	10.6	14.9	－13.7	2005-03-17	2 290.6	11.2	107.2	－13
2005-04-09	2 124.4	11.9	14.9	－12.4	2005-04-09	2 291.7	12.7	108.3	－11.5
2005-04-22	2 123.9	13.1	14.4	－11.2	2005-04-22	2 290.2	13.6	106.8	－10.6
2005-05-08	2 122.5	13.9	13.0	－10.4	2005-05-08	2 289.9	14.7	106.5	－9.5
2005-05-26	2 121.3	14.3	11.8	－10	2005-05-26	2 290.4	14.9	107	－9.3
2005-06-09	2 142.4	8.7	32.9	－15.6	2005-06-09	2 295.6	9.2	112.2	－15
2005-06-16	2 139.6	9.8	30.1	－14.5	2005-06-16	2 295.5	10.2	112.1	－14
2005-06-23	2 133	12.5	23.5	－11.8	2005-06-23	2 295.3	13.1	111.9	－11.1
2005-06-30	2 126.7	17.4	17.2	－6.9	2005-06-30	2 286.6	18.3	103.2	－5.9
2005-07-07	2 111.5	20.9	2.0	－3.4	2005-07-07	2 278.4	21.9	95	－2.3
2005-07-19	2 113.3	18.9	3.8	－5.4	2005-07-19	2 280.1	19.6	96.7	－4.6
2005-08-01	2 114.9	18.4	5.4	－5.9	2005-08-01	2 281.2	19.1	97.8	－5.1
2005-08-17	2 111.1	19.8	1.6	－4.5	2005-08-17	2 278.4	20.6	95	－3.6
2005-09-06	2 114.1	18.3	4.6	－6	2005-09-06	2 279.2	19.1	95.8	－5.1
2005-09-20	2 112.6	18.6	3.1	－5.7	2005-09-20	2 281.4	19.3	98	－4.9
2005-10-08	2 120.6	18.6	11.1	－5.7	2005-10-08	2 282.1	19.3	98.7	－4.9
2005-10-25	2 123.4	18.1	13.9	－6.2	2005-10-25	2 280.7	18.7	97.3	－5.5
2005-11-08	2 127.3	16.7	17.8	－7.6	2005-11-08	2 283.4	17.4	100	－6.8
2005-11-22	2 118.2	13.3	8.7	－11	2005-11-22	2 287.1	13.9	103.7	－10.3
2005-12-06	2 120.9	9.2	11.4	－15.1	2005-12-06	2 291.1	9.7	107.7	－14.5
2005-12-20	2 125	9.1	15.5	－15.2	2005-12-20	2 296.6	8.7	113.2	－15.5
2006-01-10	2 142.6	9.3	33.1	－15	2006-01-10	2 297.2	10	113.8	－14.2
2006-01-21	2 144.5	8.7	35.0	－15.6	2006-01-21	2 298.3	9.3	114.9	－14.9
2006-02-07	2 148.9	6.3	39.4	－18	2006-02-07	2 302	6.7	118.6	－17.5
2006-03-07	2 150.6	5.9	41.1	－18.4	2006-03-07	2 305.3	6.4	121.9	－17.8
2006-03-21	2 151.4	6.1	41.9	－18.2	2006-03-21	2 304.8	6.6	121.4	－17.6
2006-04-04	2 149.8	6.7	40.3	－17.6	2006-04-04	2 306.3	7.2	122.9	－17
2006-04-18	2 149.2	7.3	39.7	－17	2006-04-18	2 305.9	7.6	122.5	－16.6

续表 3-1

N－1					N－2				
日期 (年-月-日)	应变读数 (με)	温度读数 (℃)	应变变化 (με)	温度变化 (℃)	日期 (年-月-日)	应变读数 (με)	温度读数 (℃)	应变变化 (με)	温度变化 (℃)
2006-05-16	2 147.4	8	37.9	－16.3	2006-05-16	2 305.6	8.6	122.2	－15.6
2006-05-18	2 148.5	8.2	39.0	－16.1	2006-05-18	2 304.4	8.8	121	－15.4
2006-06-07	2 146.4	9.6	36.9	－14.7	2006-06-07	2 301.9	10.2	118.5	－14
2006-06-19	2 139	12.4	29.5	－11.9	2006-06-19	2 298.7	13.1	115.3	－11.1

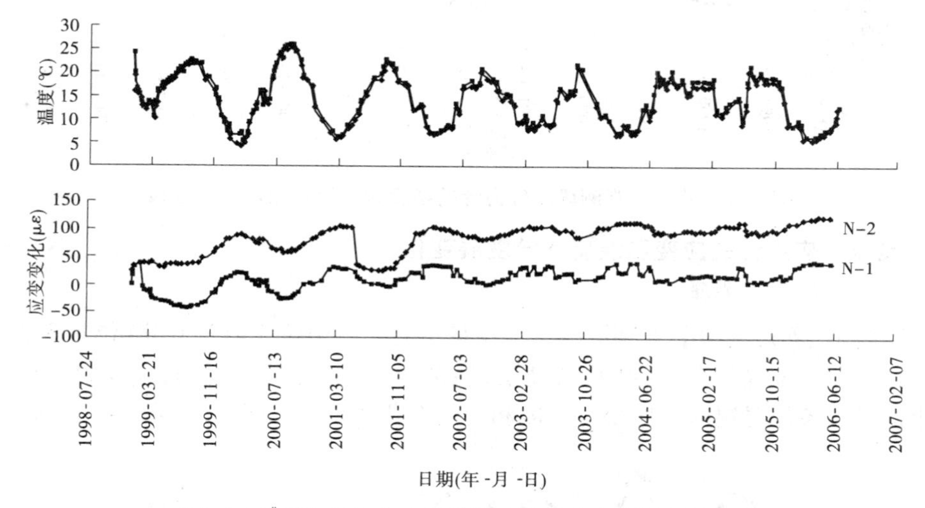

图 3-2　2#排沙洞无应力计的温度和应变变化发展过程线

3#排沙洞 ST3－A 观测段和 ST3－B 观测段各埋设 3 支无应力计，无应力计的温度和应变变化发展过程线如图 3-3 和图 3-4 所示。

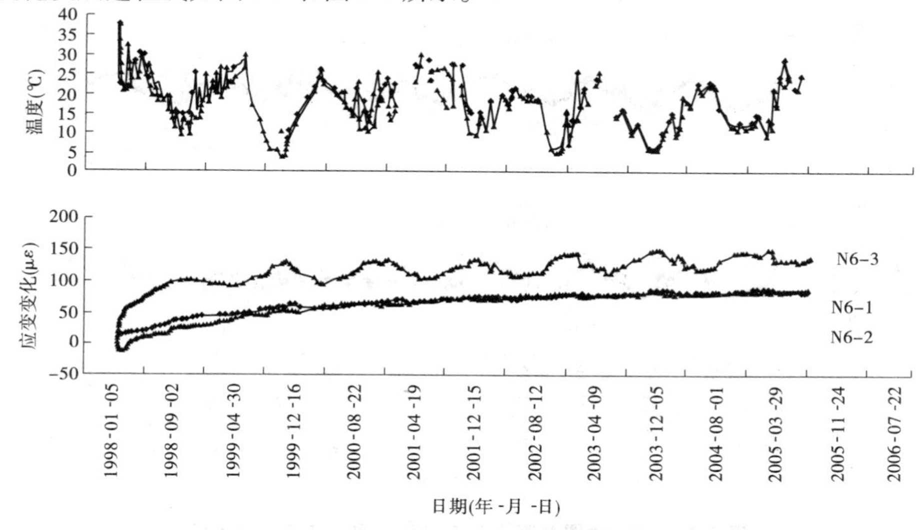

图 3-3　ST3－A 观测段无应力计的温度和应变变化发展过程线

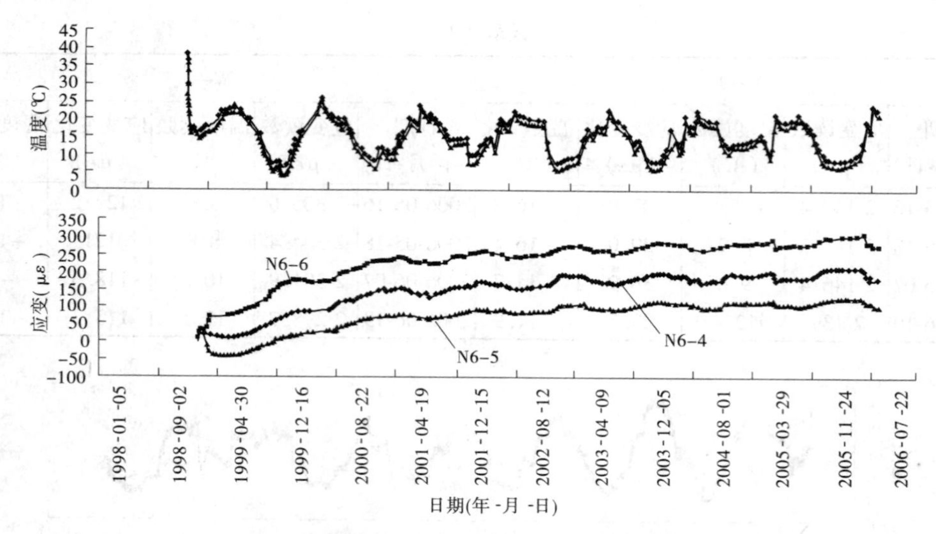

图 3-4　ST3－B 观测段无应力计的温度和应变变化发展过程线

3.3.2　混凝土应变计的应变和温度读数发展变化

3.3.2.1　2# 排沙洞观测段

2# 排沙洞仪器观测段共安装混凝土应变计 12 支，其中位于时钟 6:00 位置 3 支，9:00 位置 1 支，12:00 位置 3 支，1:30 位置 2 支，3:00 位置 1 支，4:30 位置 2 支，但 S－12 在 2000 年损坏。各位置混凝土应变计温度和应变变化过程线如图 3-5～图 3-9 所示。

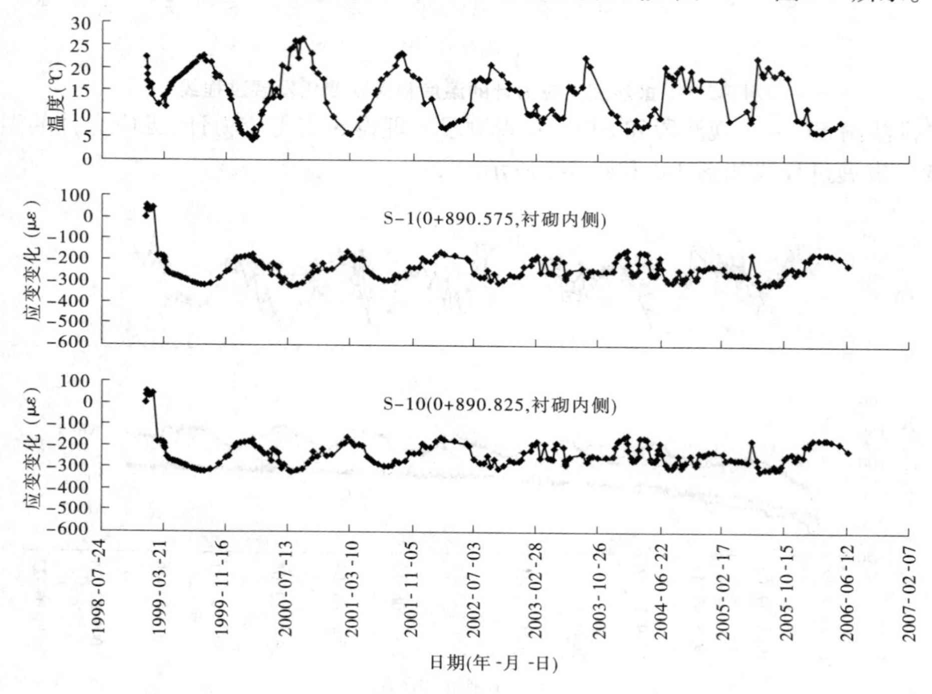

图 3-5　6:00 位置混凝土应变计温度和应变变化过程线

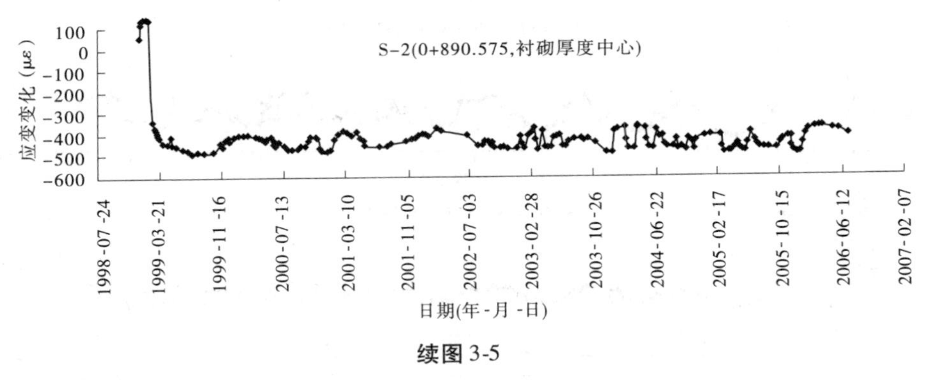

续图 3-5

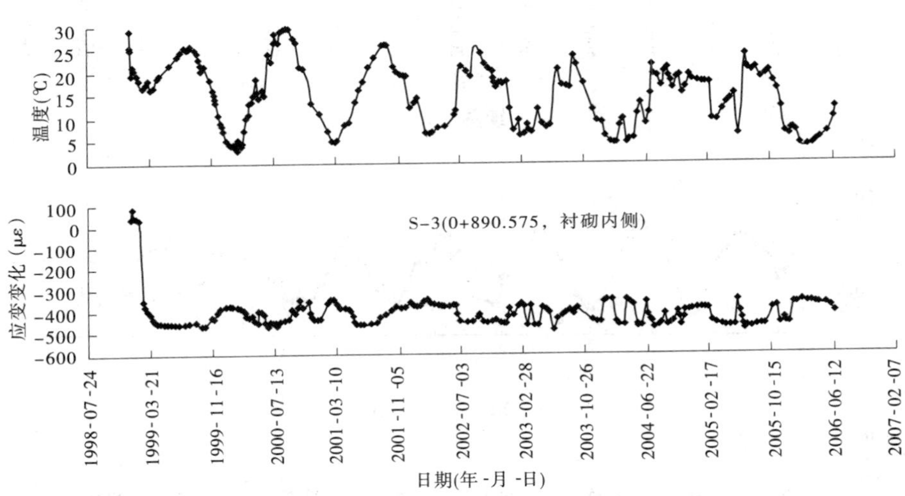

图 3-6　9:00 位置混凝土应变计温度和应变变化过程线

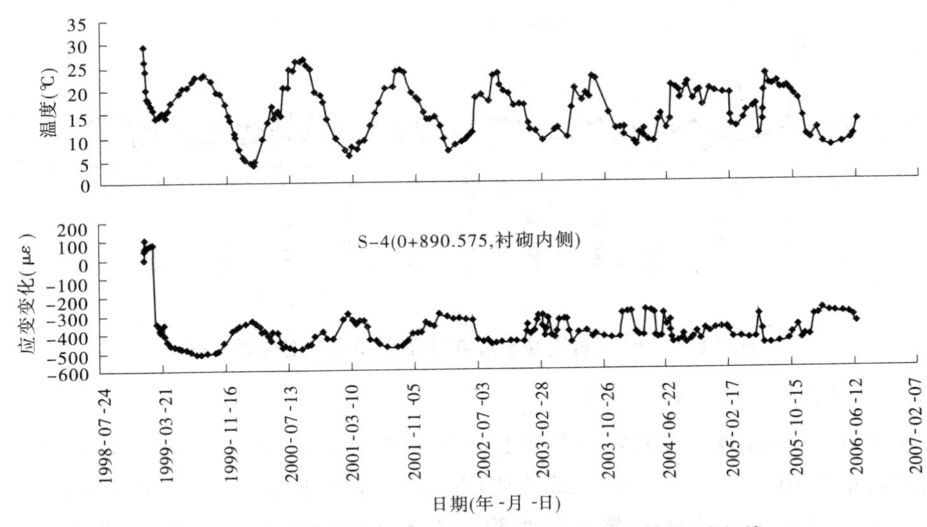

图 3-7　12:00 位置混凝土应变计温度和应变变化过程线

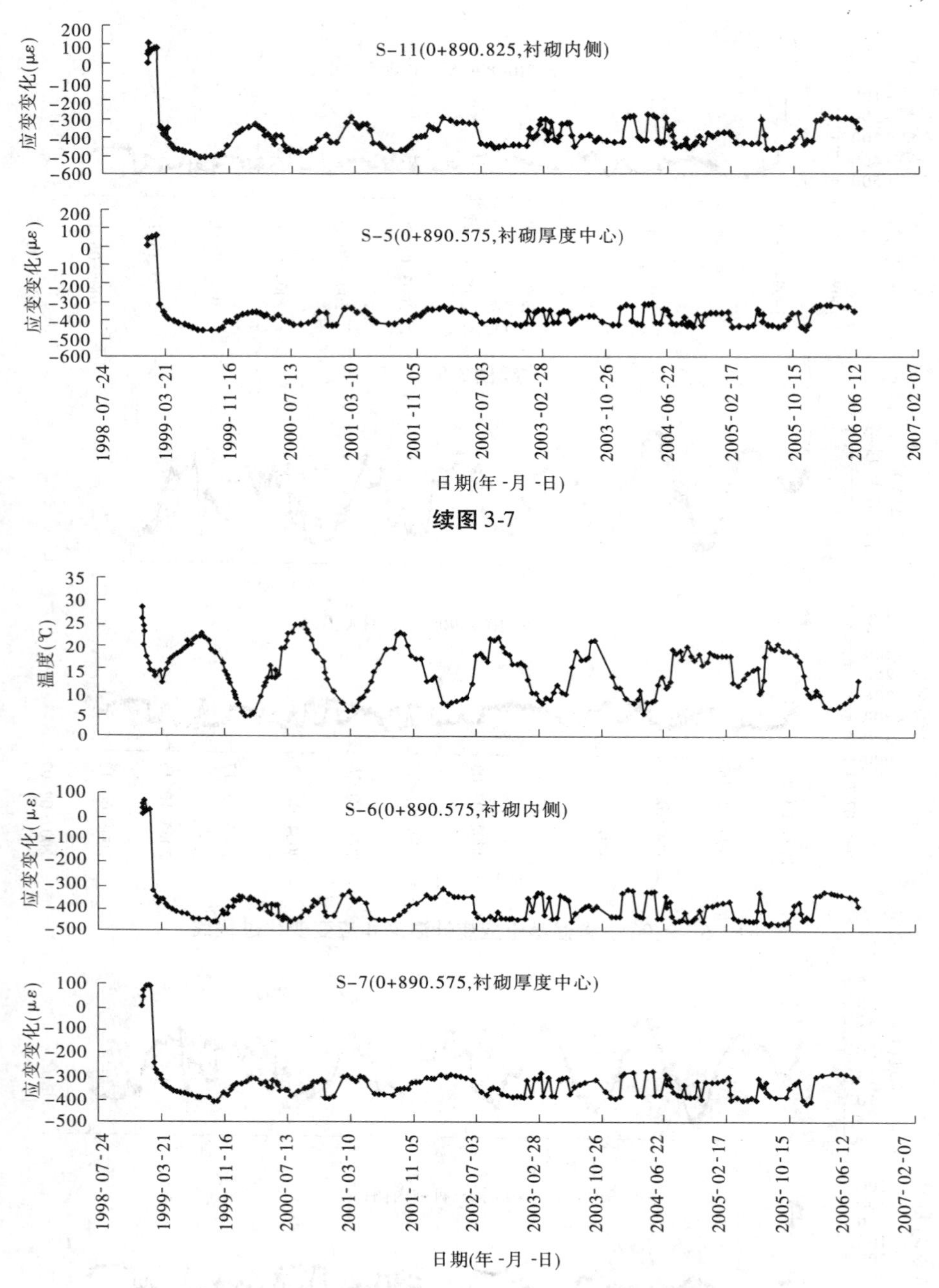

续图 3-7

图 3-8　1:30 位置混凝土应变计温度和应变变化过程线

3.3.2.2　3#排沙洞 ST3－A 观测段

3#排沙洞 ST3－A 观测段共安装混凝土应变计 30 支,其中沿衬砌环向布置 20 支,沿隧洞轴线方向布置 10 支。环向布置的 20 支中位于时钟 6:00 位置 5 支,9:00 位置 2 支,12:00 位置 5 支,1:30 位置 3 支,3:00 位置 2 支,4:30 位置 3 支;沿隧洞轴线方向布置的 10 支中,有 4 支布置在锚具槽长度方向两侧,2 支布置在时钟 6:00 附近,2 支布置在时钟 12:00 附近,2 支布置在时钟 3:00 附近。各位置混凝土应变计温度和应变变化过程线如图 3-10 ~ 图 3-17 所示。

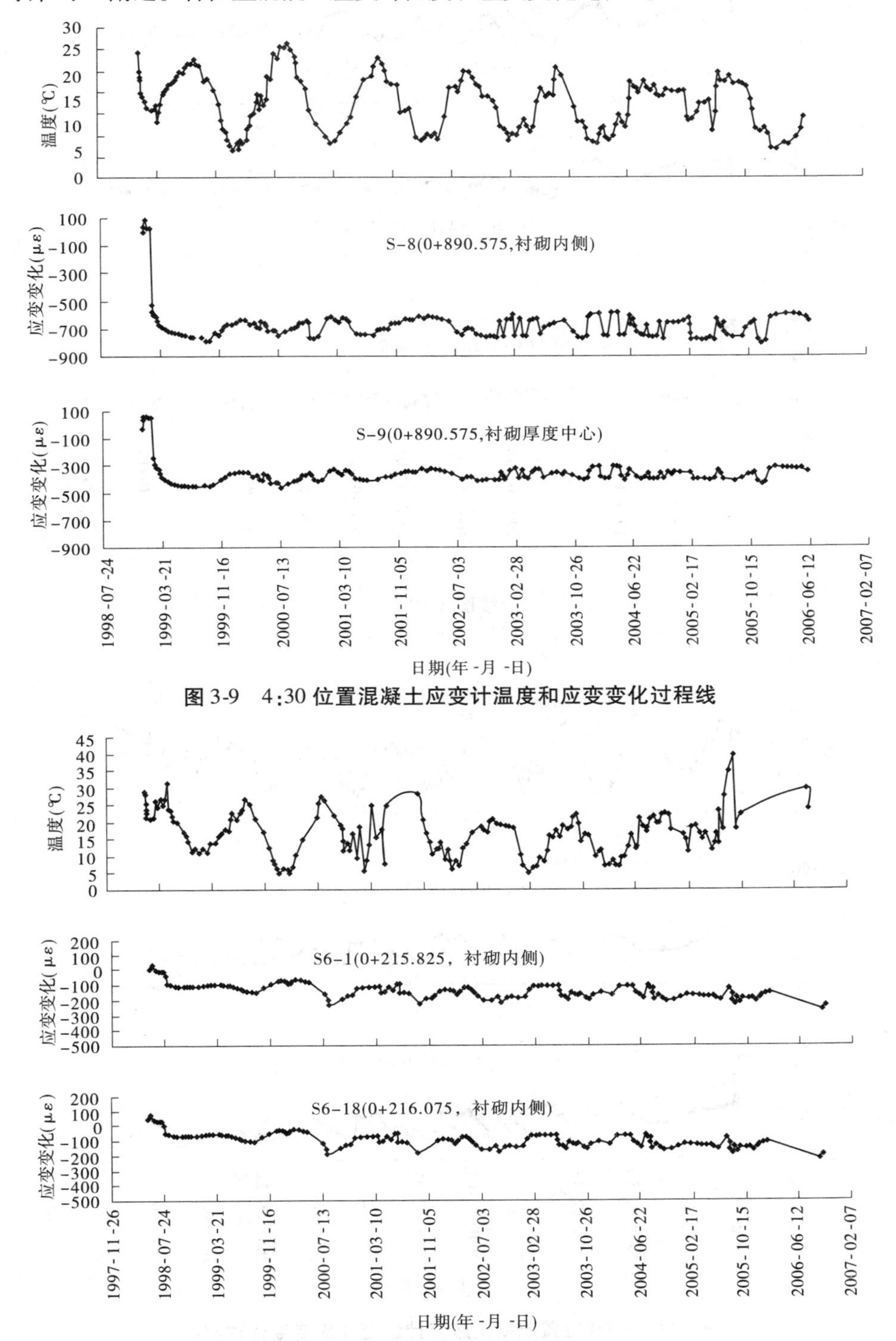

图 3-9　4:30 位置混凝土应变计温度和应变变化过程线

图 3-10　6:00 位置混凝土应变计温度和应变变化过程线

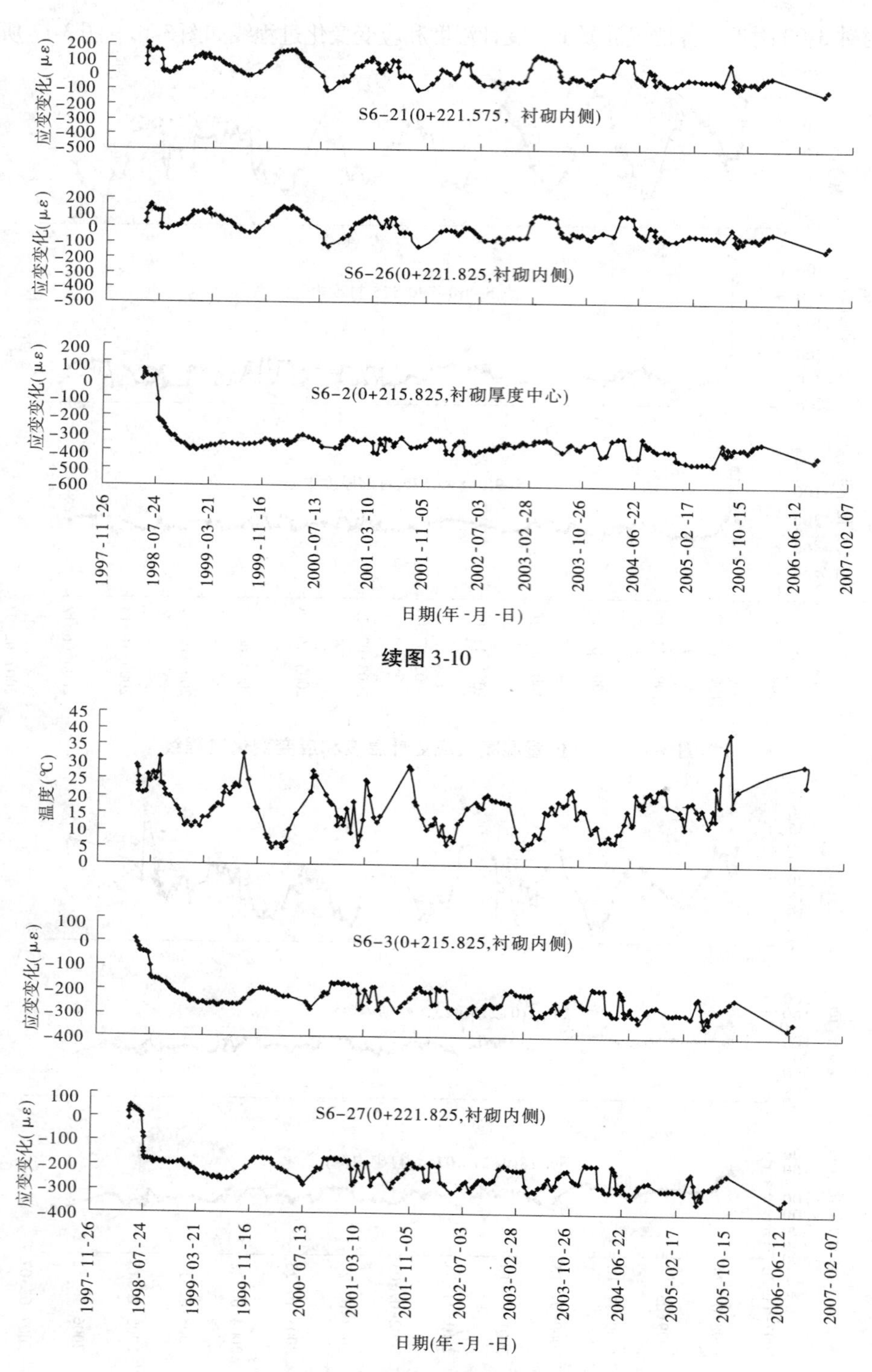

续图 3-10

图 3-11　9:00 位置混凝土应变计温度和应变变化过程线

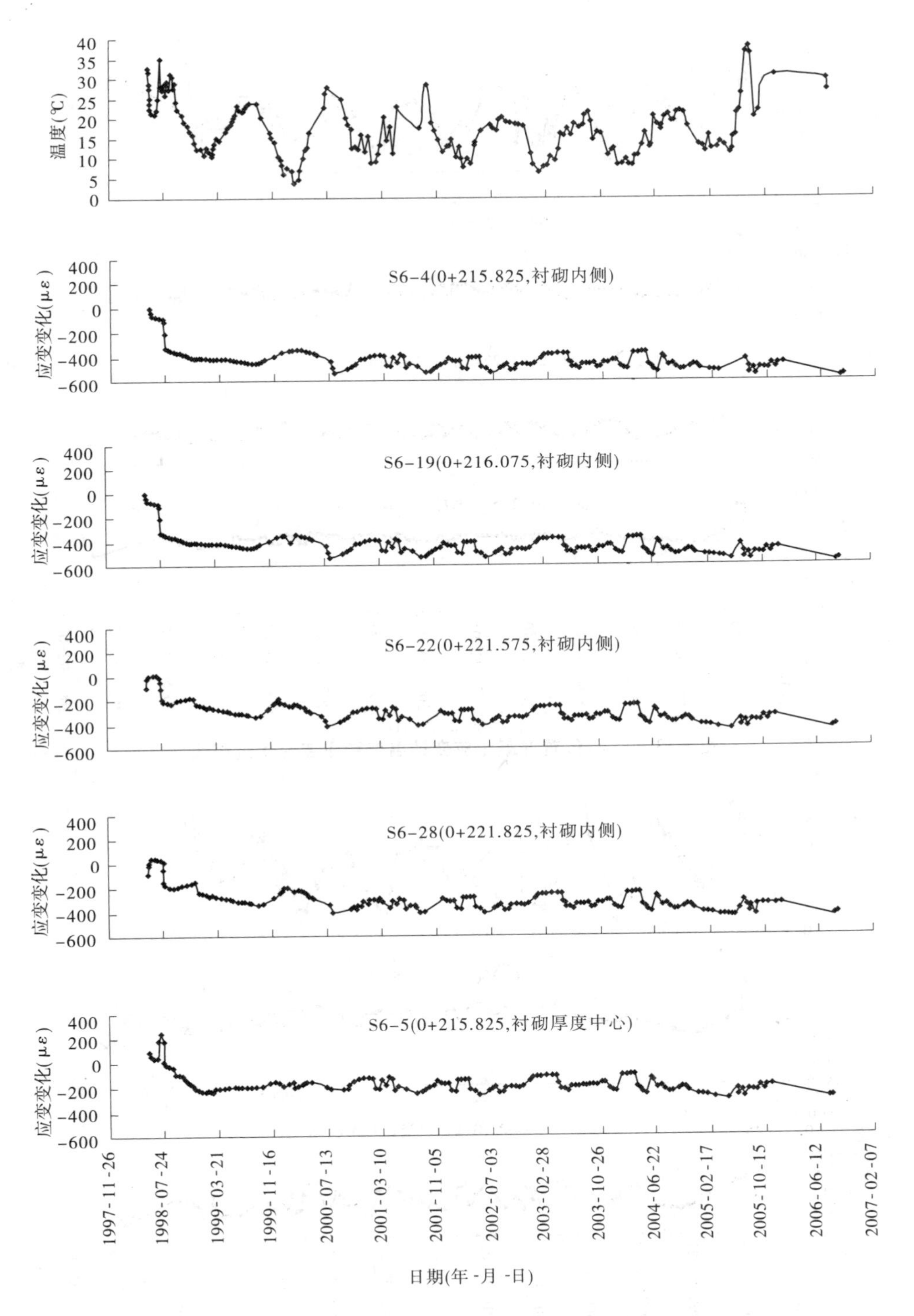

图 3-12　12:00 位置混凝土应变计温度和应变变化过程线

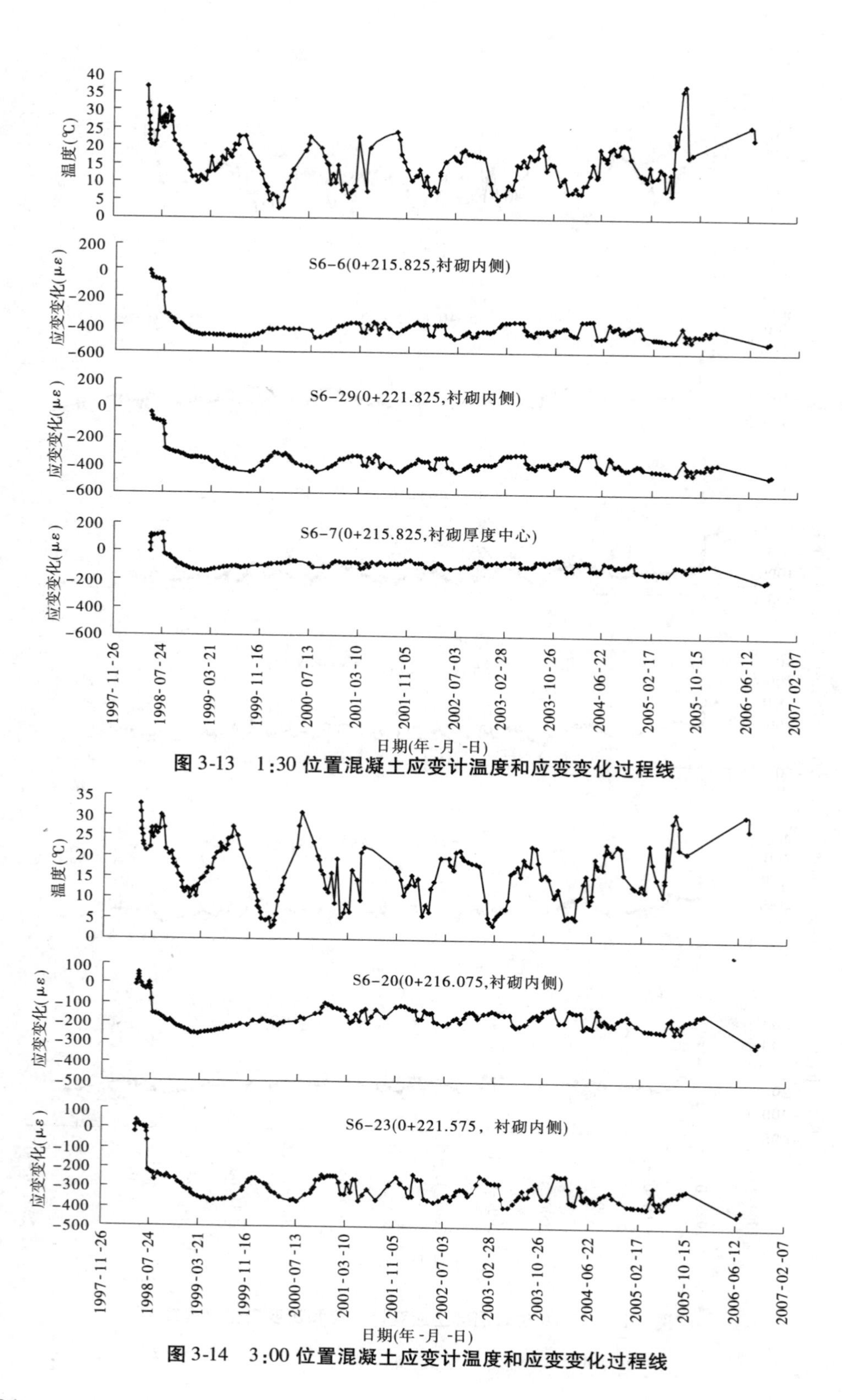

图 3-13　1:30 位置混凝土应变计温度和应变变化过程线

图 3-14　3:00 位置混凝土应变计温度和应变变化过程线

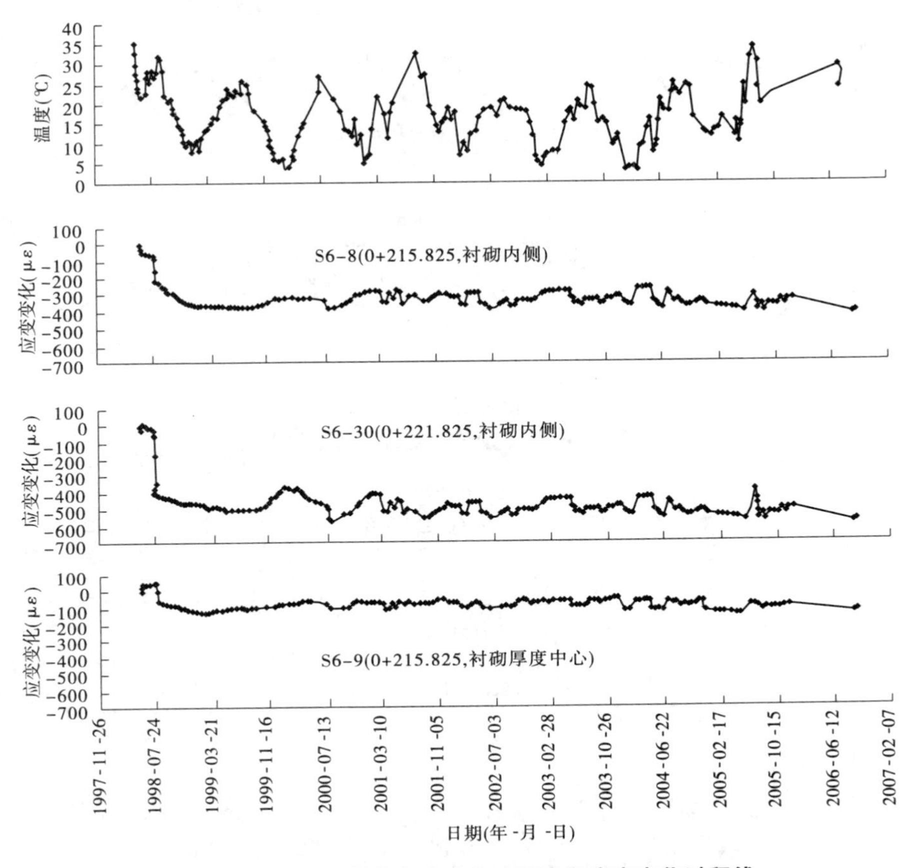

图 3-15　4:30 位置混凝土应变计温度和应变变化过程线

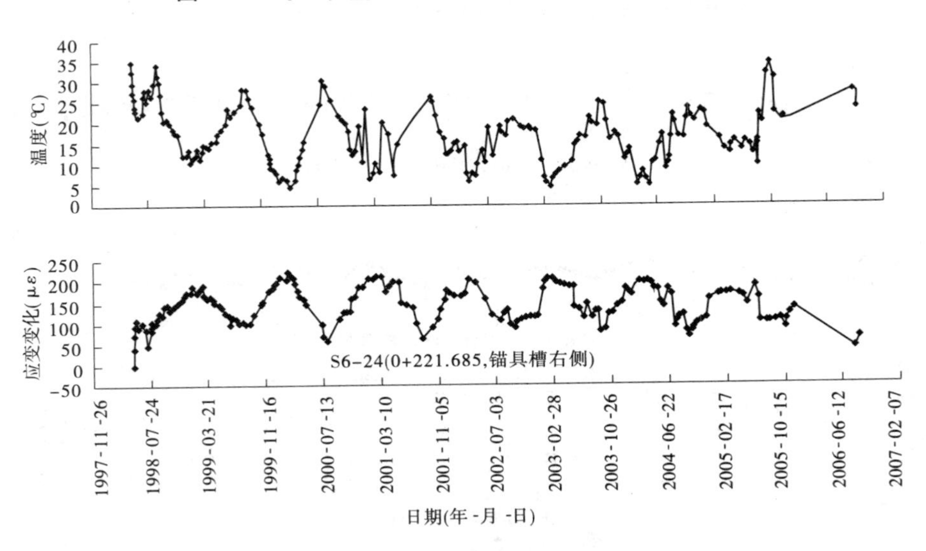

图 3-16　锚具槽两侧隧洞轴向混凝土应变计温度和应变变化过程线

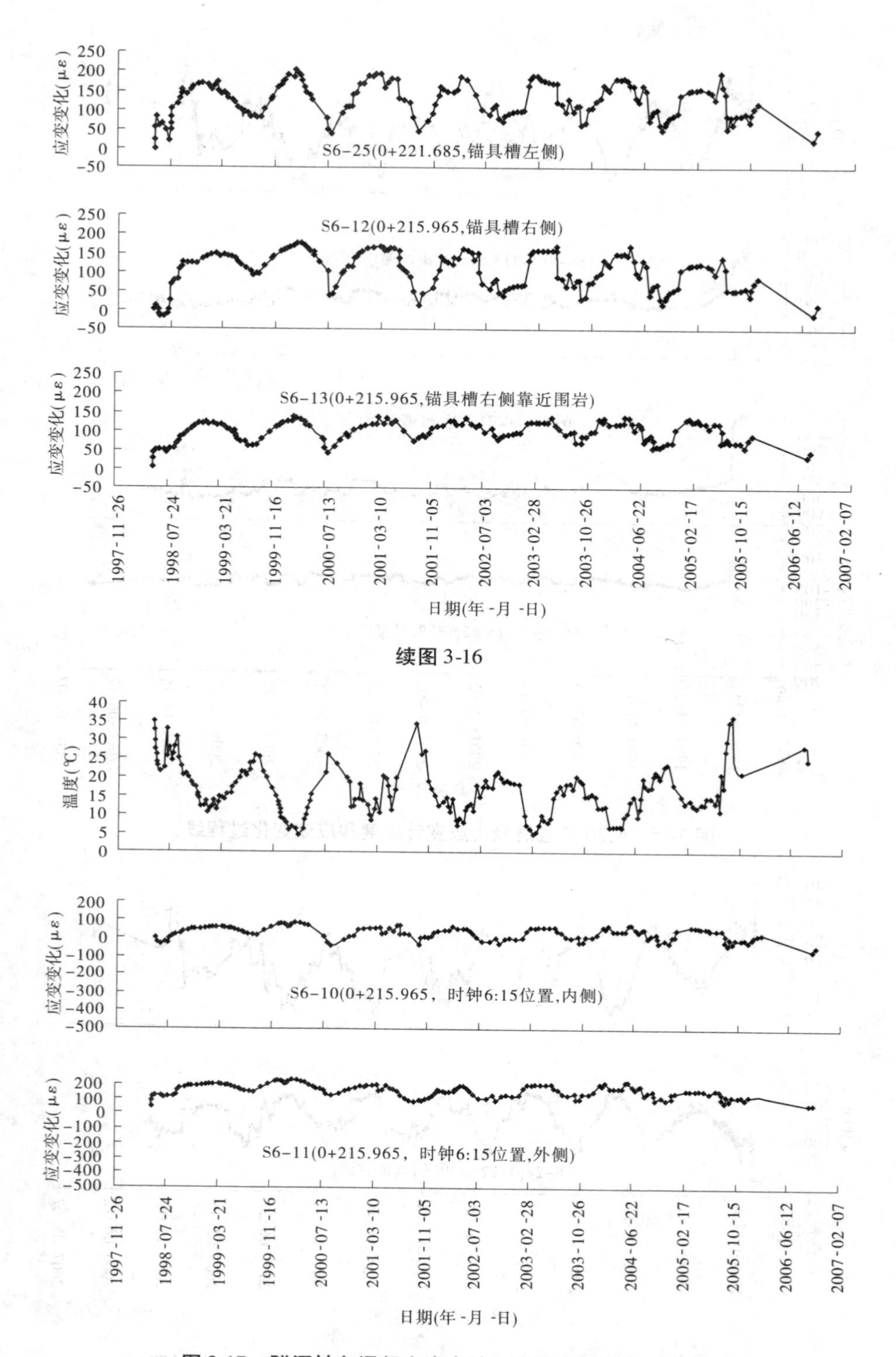

续图 3-16

图 3-17　隧洞轴向混凝土应变计温度和应变变化过程线

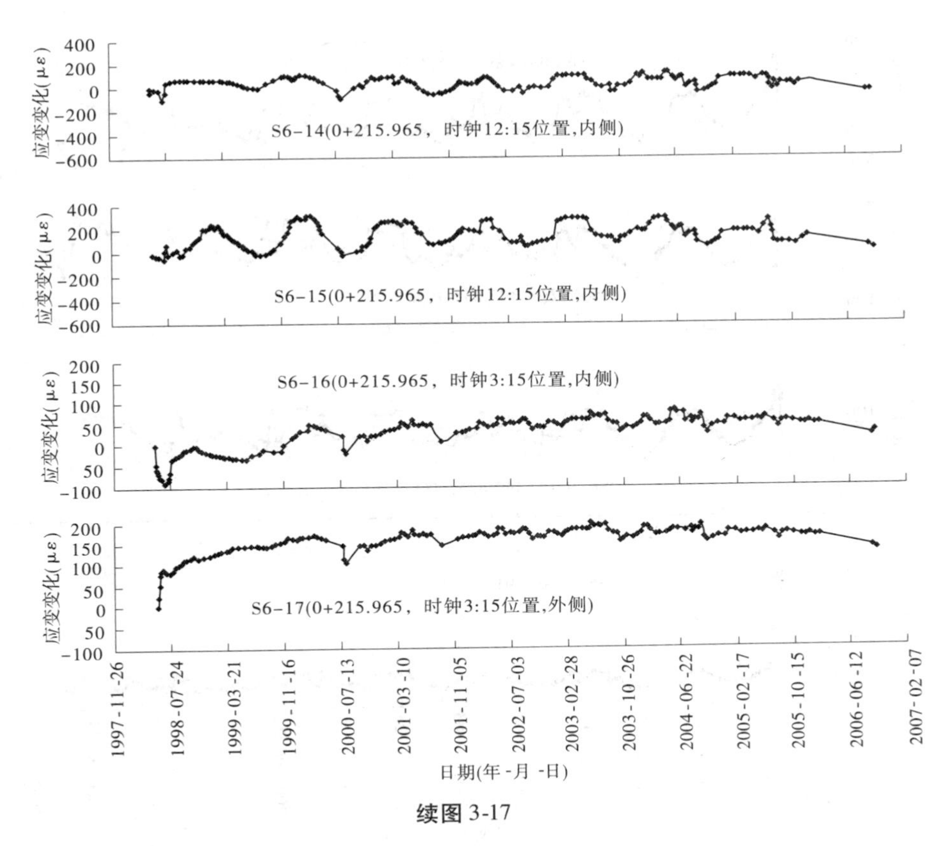

续图 3-17

3.3.2.3 3#排沙洞 ST3－B 观测段

3#排沙洞 ST3－B 观测段共安装混凝土应变计 20 支，均沿衬砌环向布置，其中位于时钟 6:00位置 5 支，9:00 位置 2 支，12:00 位置 5 支，1:30 位置 3 支，3:00 位置 2 支(其中 S6－91 损坏)，4:30位置 3 支。各位置混凝土应变计温度和应变变化过程线如图 3-18～图 3-23 所示。

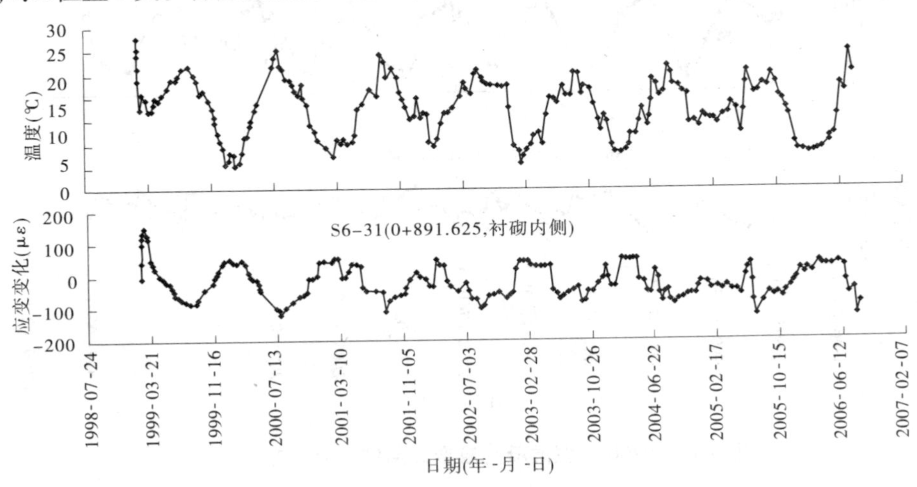

图 3-18　6:00 位置混凝土应变计温度和应变变化过程线

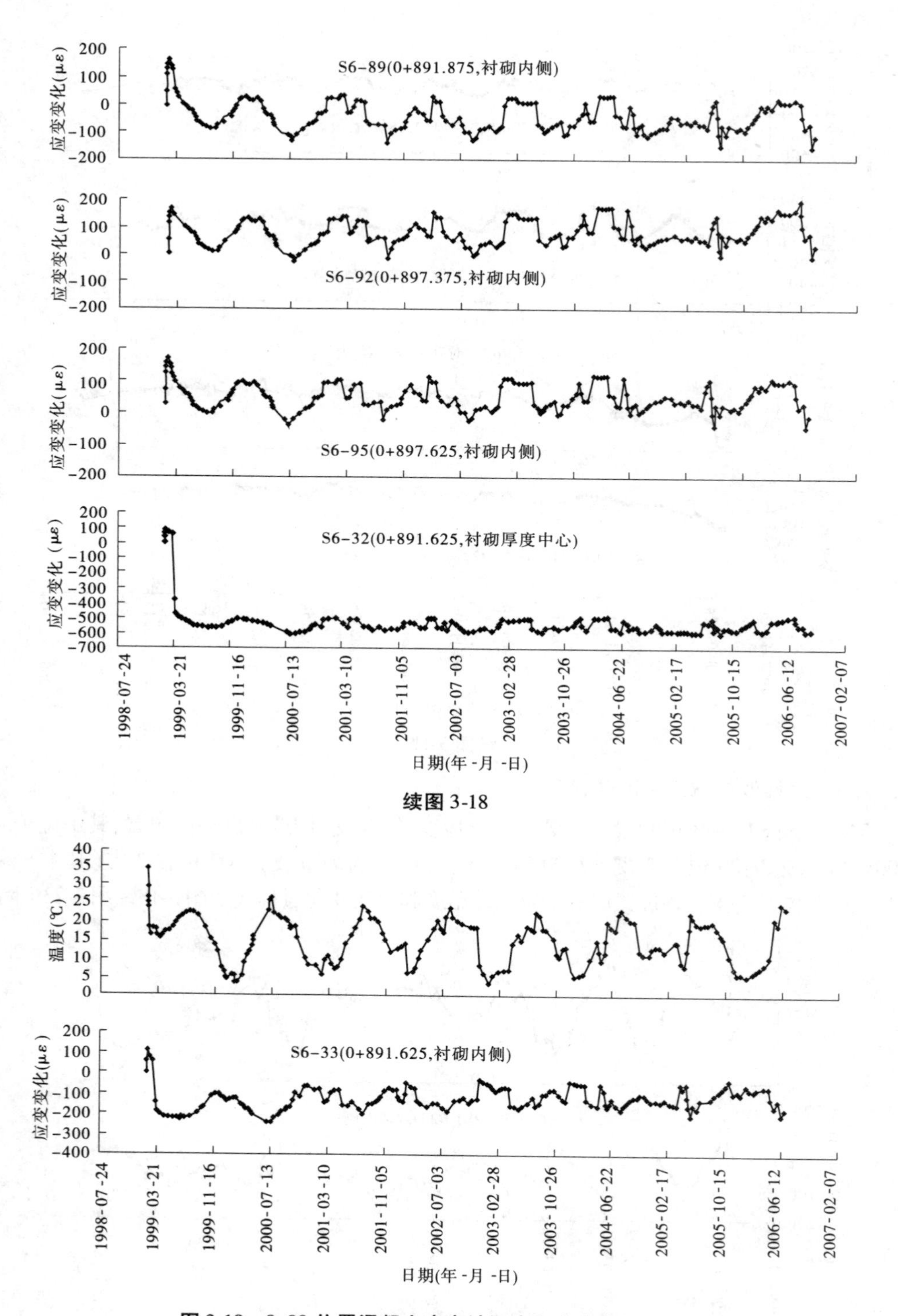

续图 3-18

图 3-19　9:00 位置混凝土应变计温度和应变变化过程线

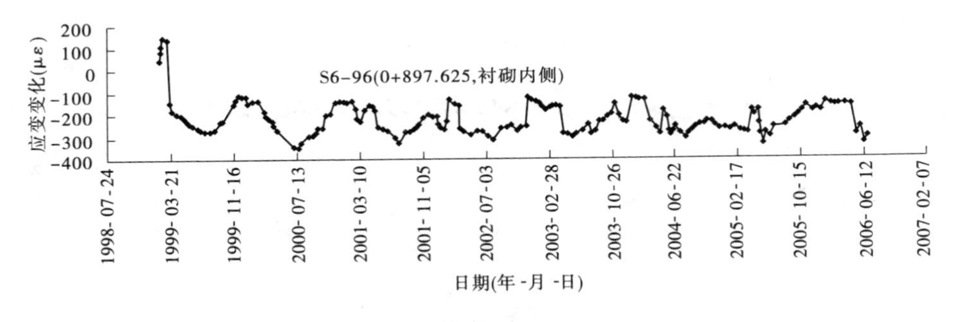

续图 3-19

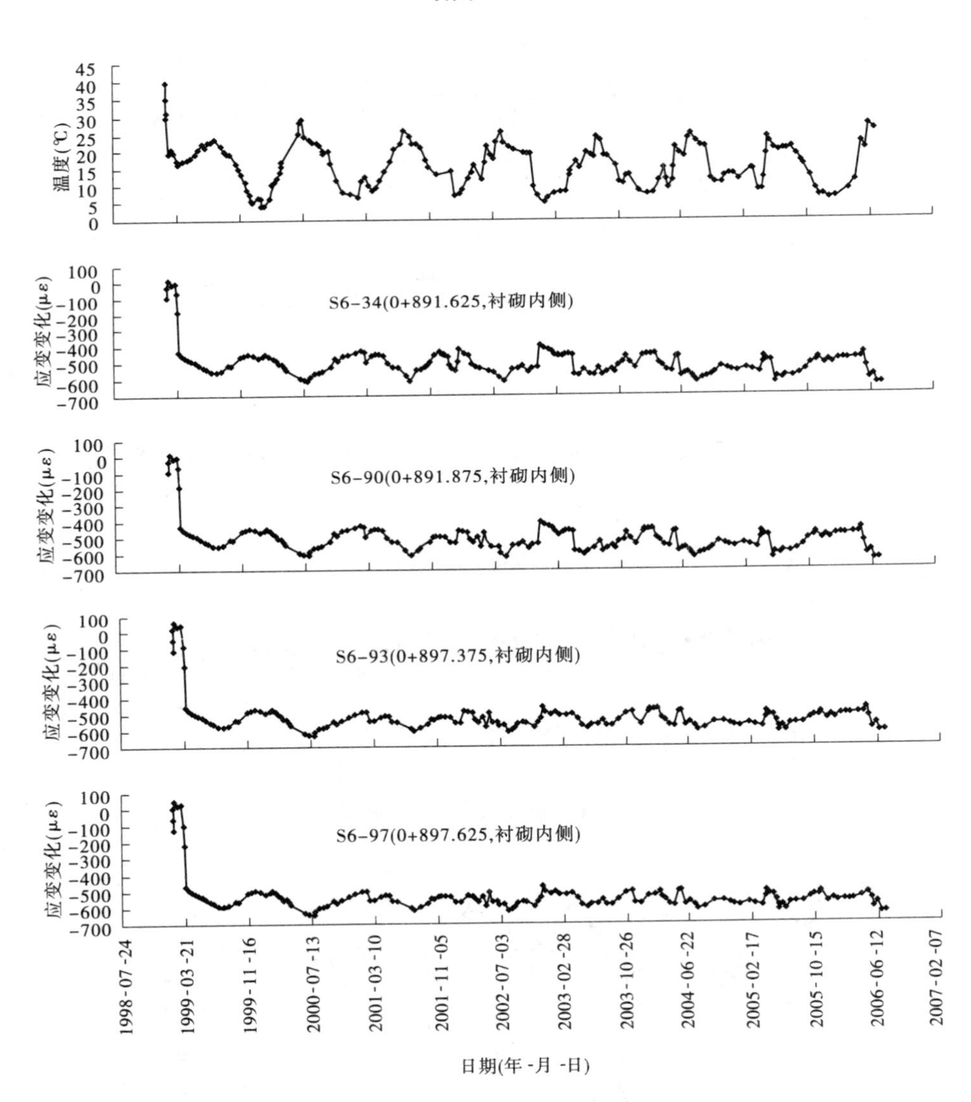

图 3-20　12:00 位置混凝土应变计温度和应变变化过程线

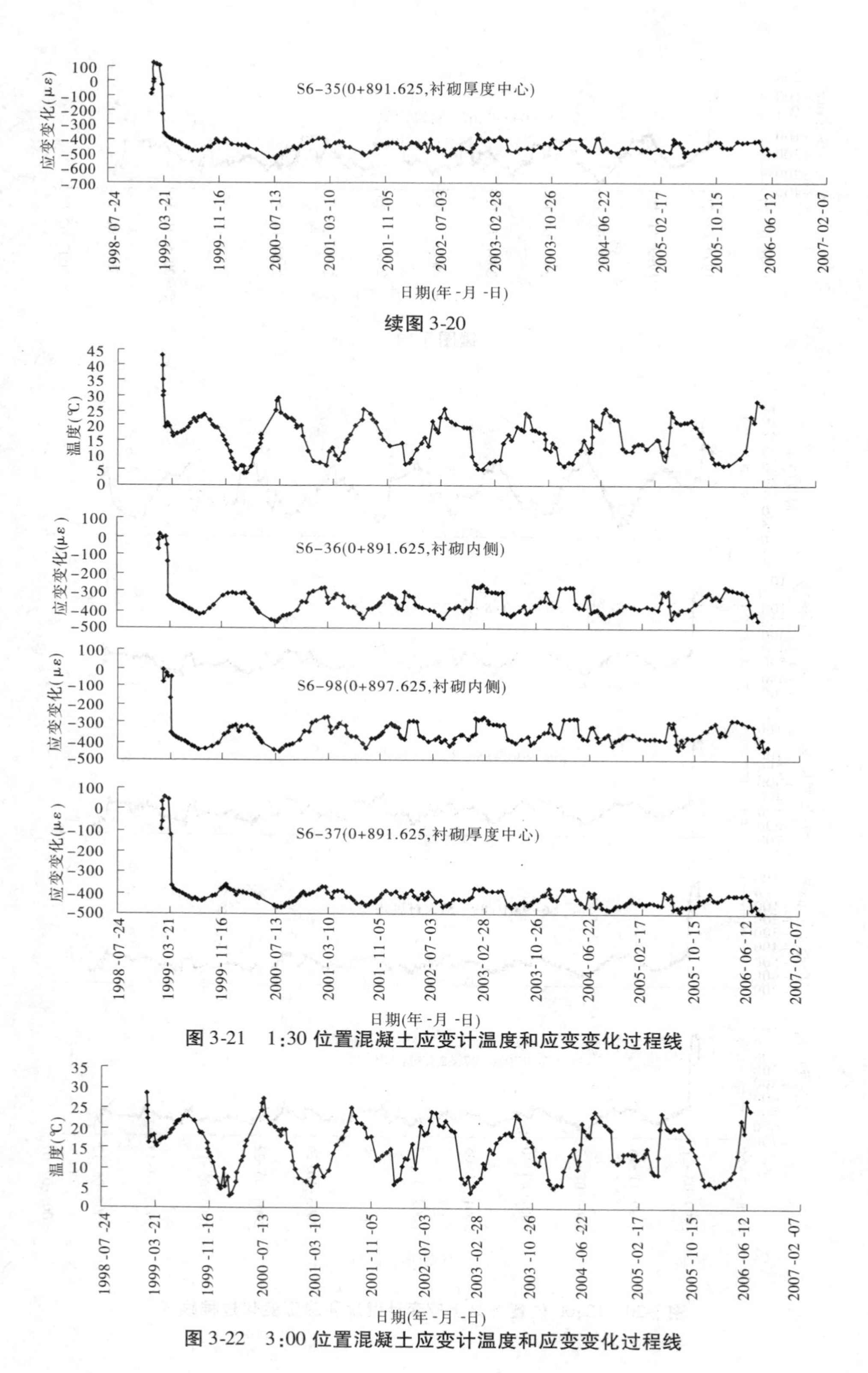

续图 3-20

图 3-21　1:30 位置混凝土应变计温度和应变变化过程线

图 3-22　3:00 位置混凝土应变计温度和应变变化过程线

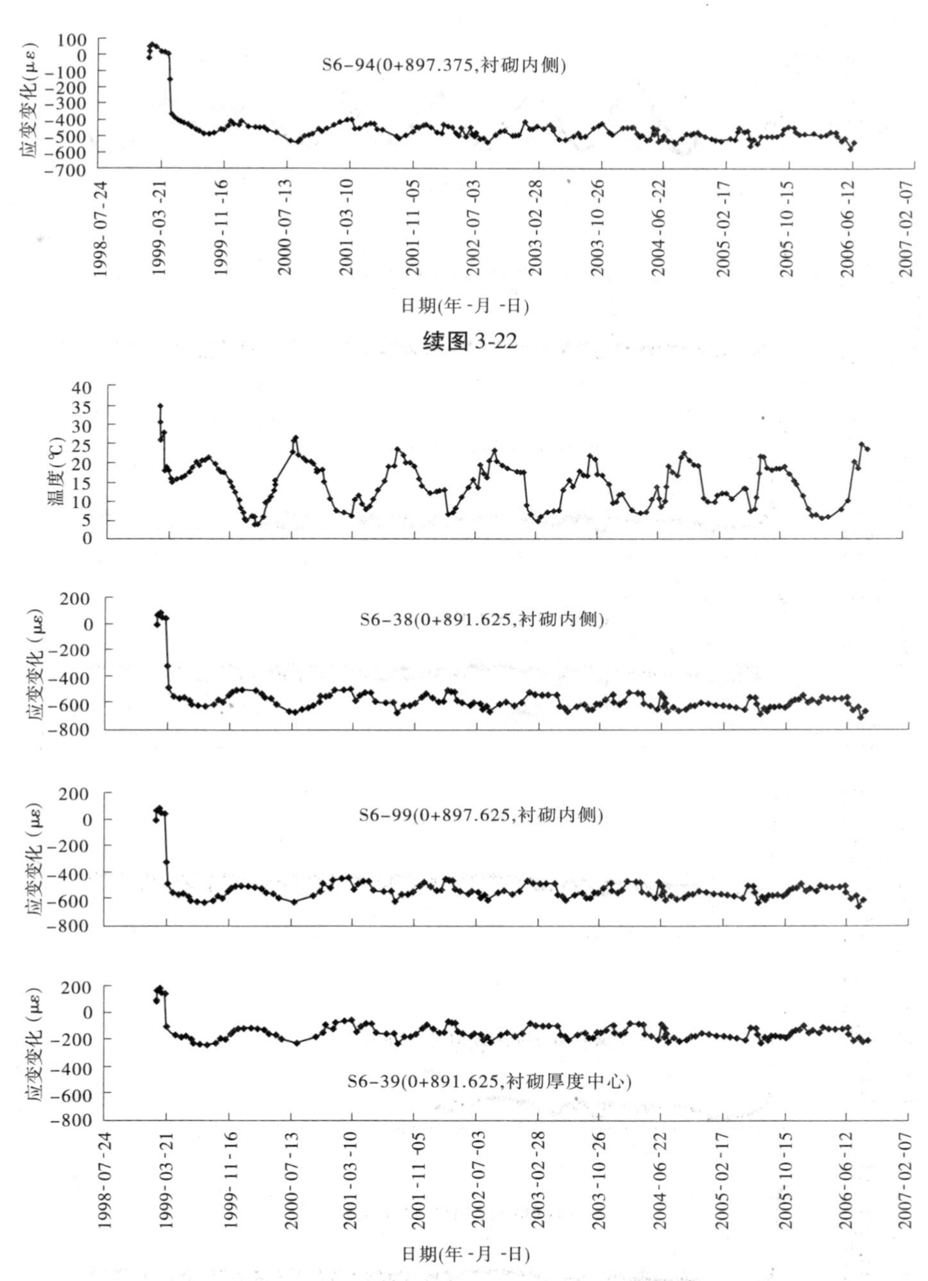

续图 3-22

图 3-23　4:30 位置混凝土应变计温度和应变变化过程线

3.3.3　钢筋计的应变和温度读数发展变化

3.3.3.1　2#排沙洞观测段

2#排沙洞观测段共安装钢筋计 10 支，均沿衬砌环向布置，其中位于时钟 6:00 位置 2 支，9:00 位置 1 支，12:00 位置 2 支，1:30 位置 1 支，3:00 位置 1 支，4:30 位置 1 支，锚具槽底部 1 支，锚具底部靠近围岩 1 支。各位置钢筋计温度和应变变化过程线如图 3-24所示。

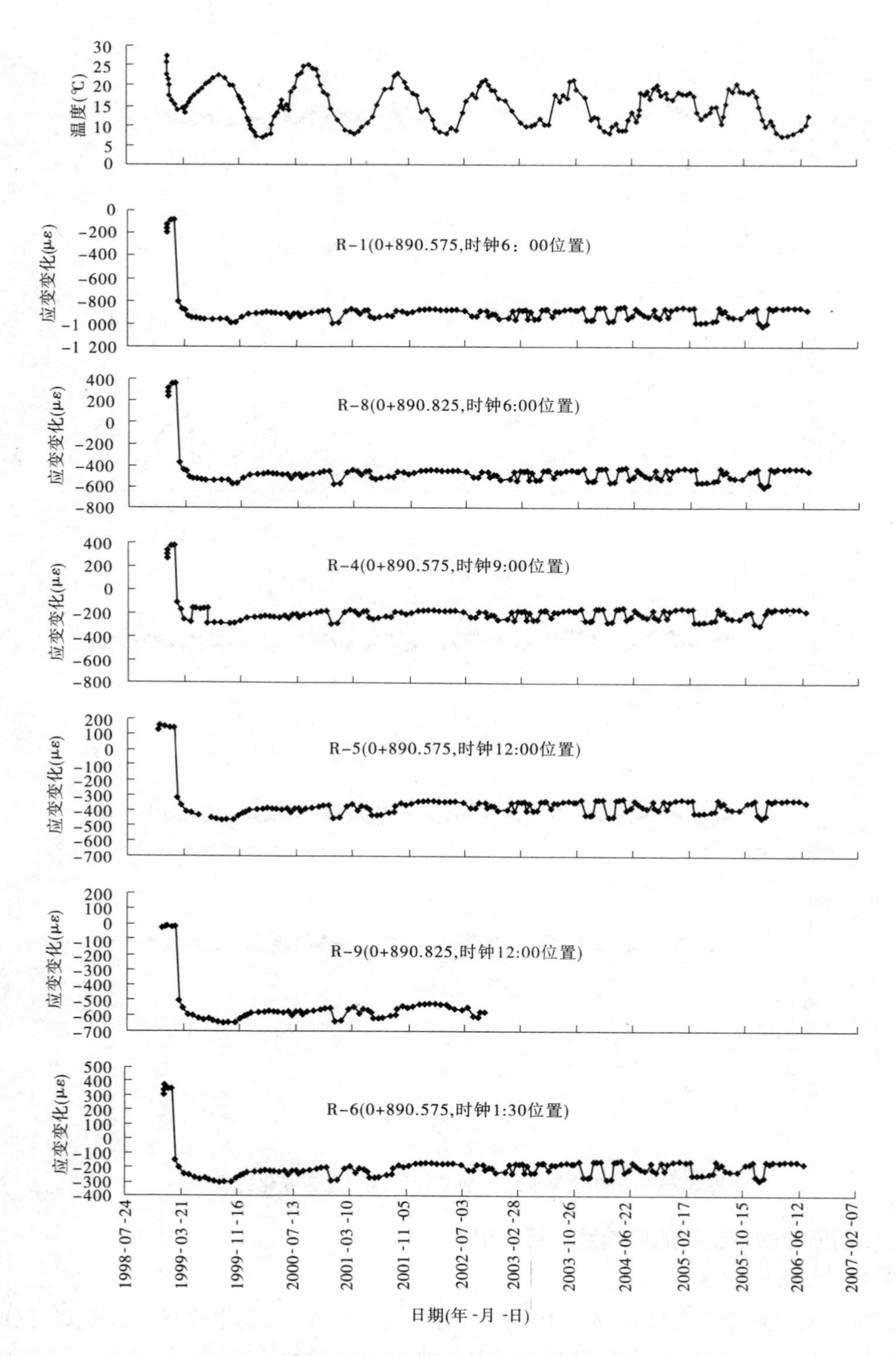

图 3-24　2#排沙洞观测段钢筋计温度和应变变化过程线

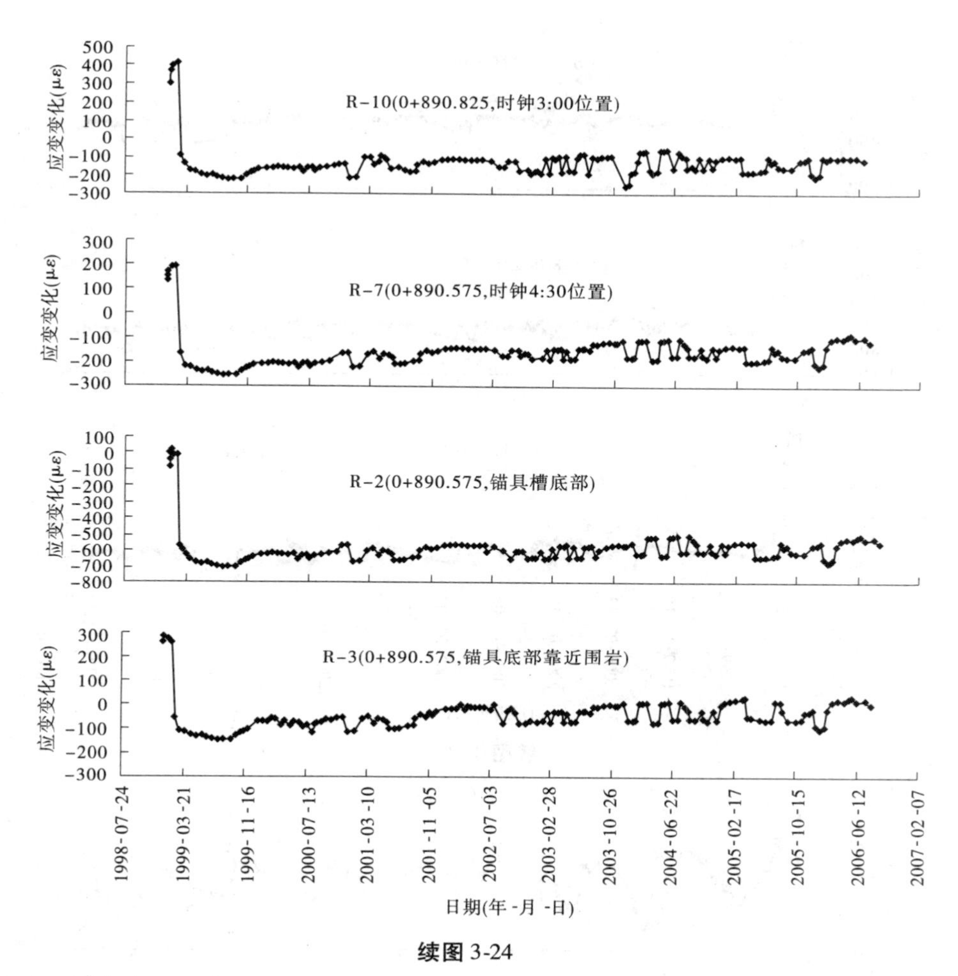

续图 3-24

3.3.3.2　3#排沙洞 ST3 - A 观测段

3#排沙洞 ST3 - A 观测段共安装钢筋计 20 支,均沿衬砌环向布置,其中位于时钟6:00位置 4 支,1 支(R6 - 14)损坏,7:30 位置(锚具槽底部)2 支,9:00 位置 2 支,12:00 位置 5 支,1 支(R6 - 2)损坏,1:30 位置 2 支,3:00 位置 2 支,4:30 位置 2 支。各位置钢筋计温度和应变变化过程线如图 3-25 ~ 图 3-31 所示。

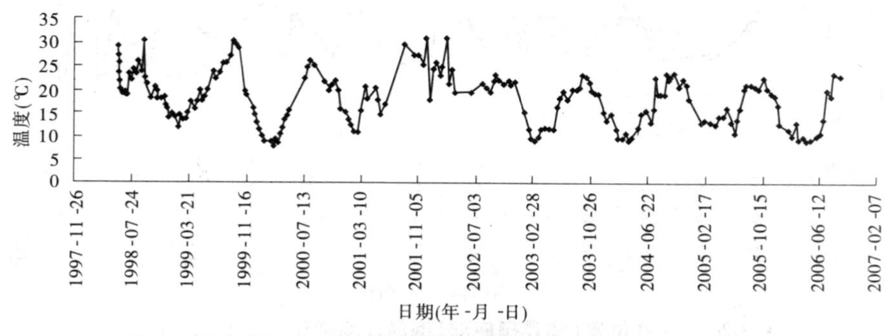

图 3-25　6:00 位置钢筋计温度和应变变化过程线

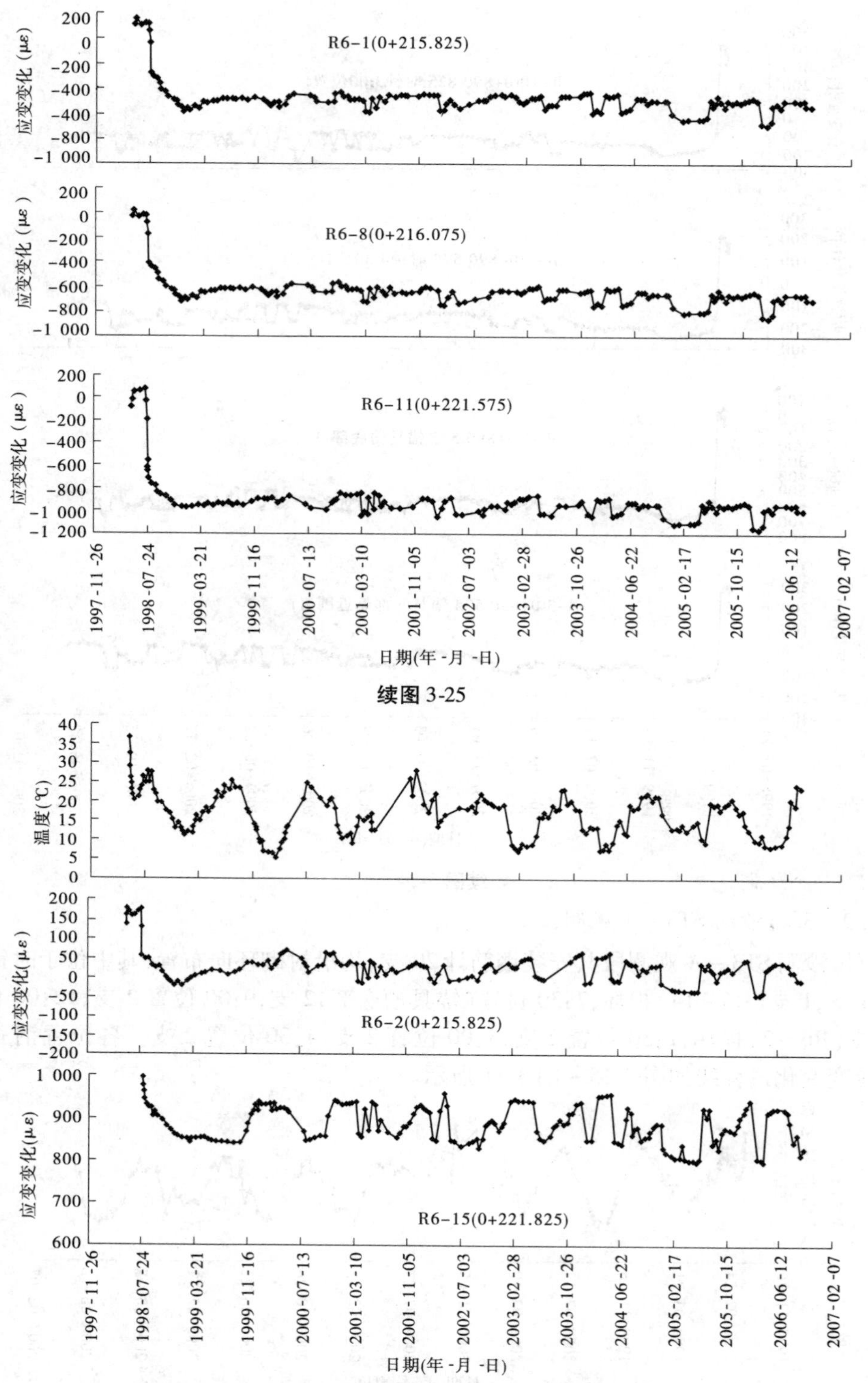

续图 3-25

图 3-26　7:30 位置(锚具槽底部)钢筋计温度和应变变化过程线

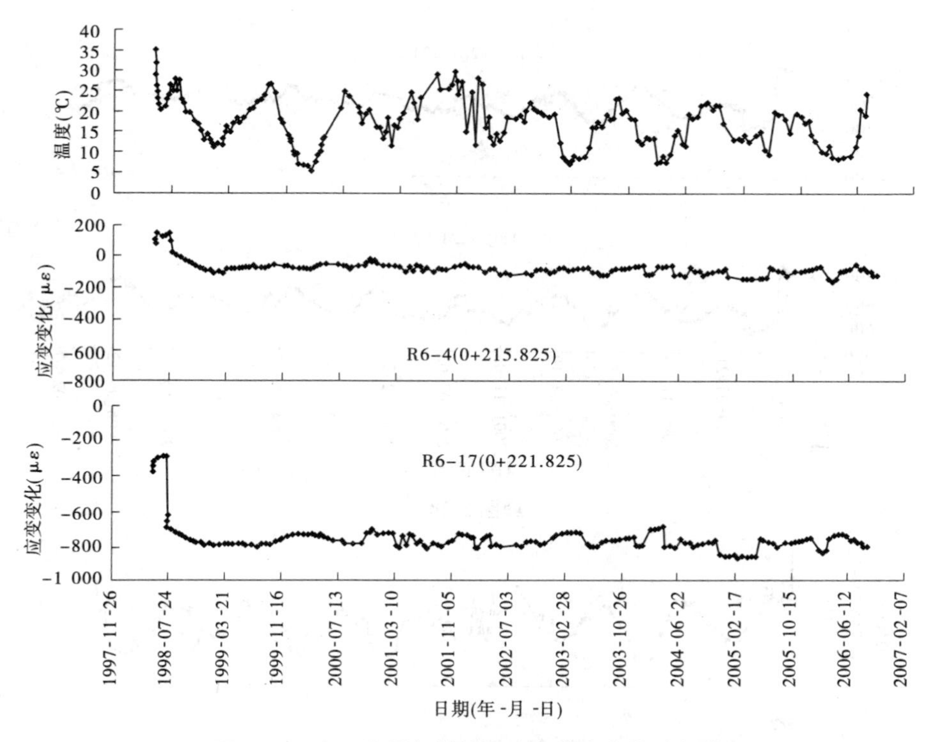

图 3-27　9:00 位置钢筋计温度和应变变化过程线

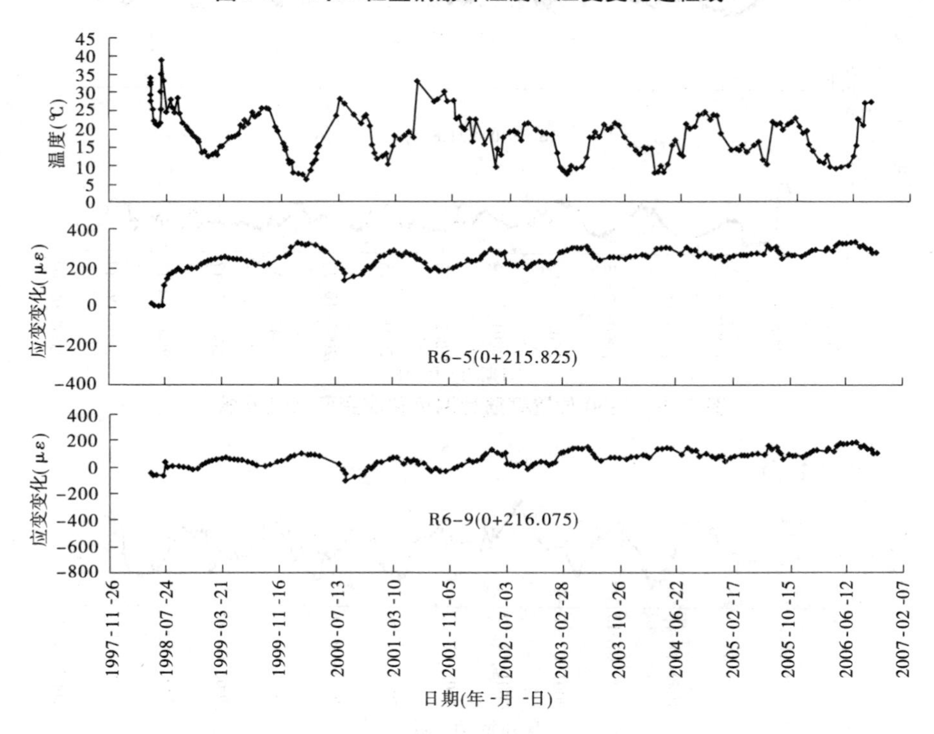

图 3-28　12:00 位置钢筋计温度和应变变化过程线

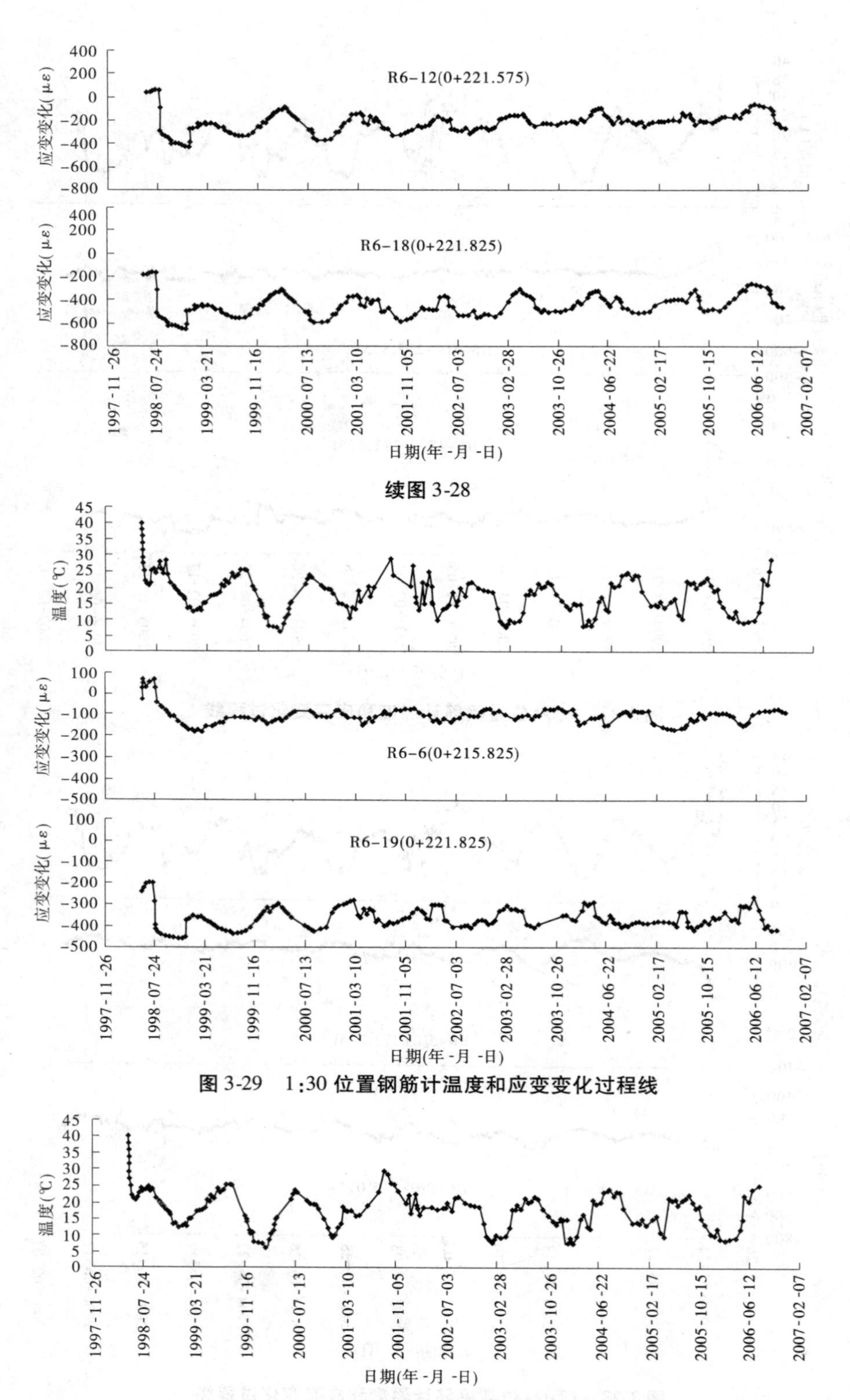

续图 3-28

图 3-29　1:30 位置钢筋计温度和应变变化过程线

图 3-30　3:00 位置钢筋计温度和应变变化过程线

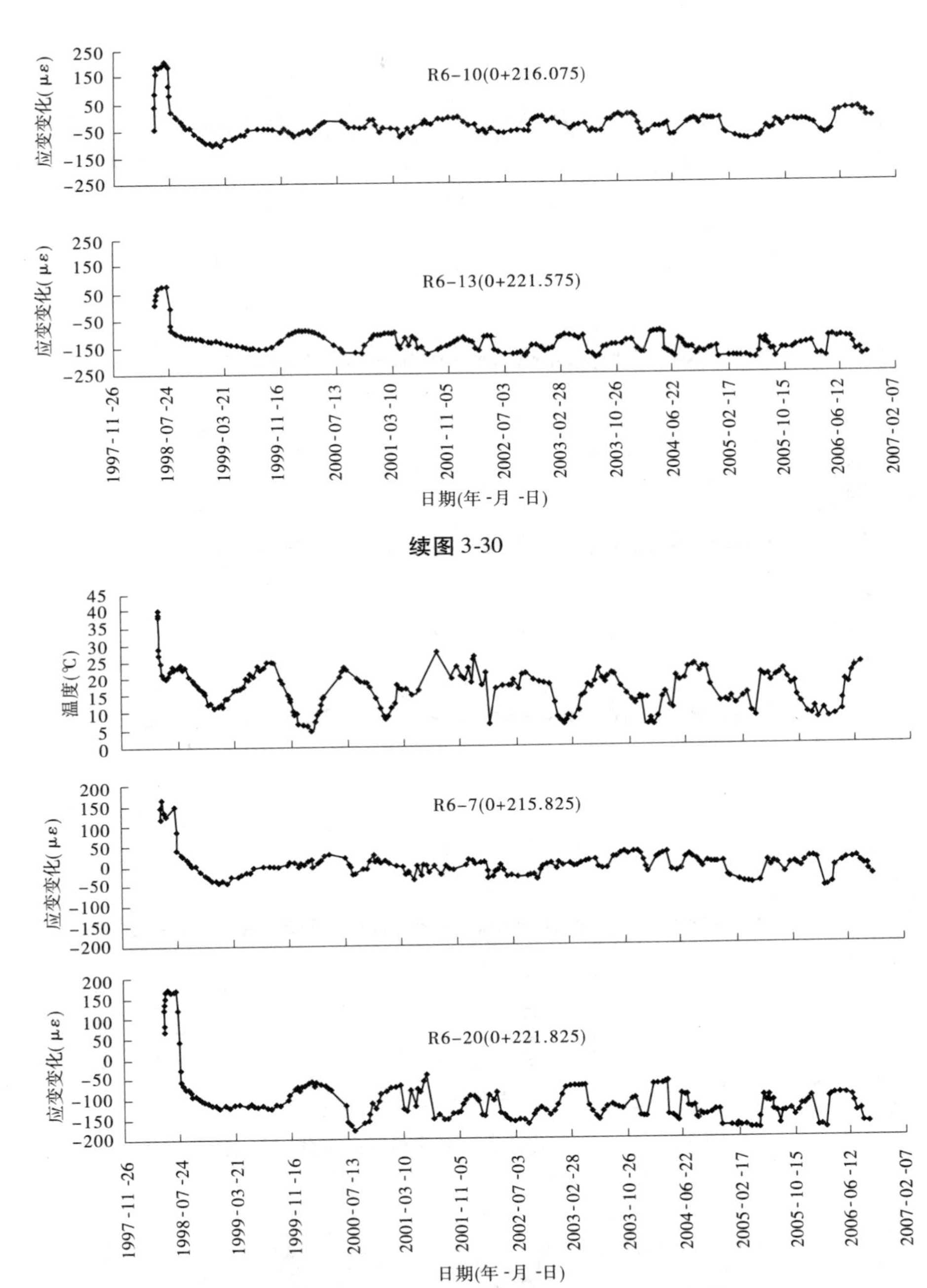

续图 3-30

图 3-31　4:30 位置钢筋计温度和应变变化过程线

3.3.3.3　3#排沙洞 ST3－B 观测段

3#排沙洞 ST3－B 观测段共安装钢筋计 20 支，均沿衬砌环向布置，其中位于时钟6:00 位置 4 支，7:30 位置 4 支，9:00 位置 2 支，12:00 位置 3 支，1:30 位置 2 支，3:00 位置 2 支，有 1 支（R6－33）损坏，4:30 位置 2 支。各位置钢筋计温度和应变变化过程线如图 3-32～图 3-38 所示。

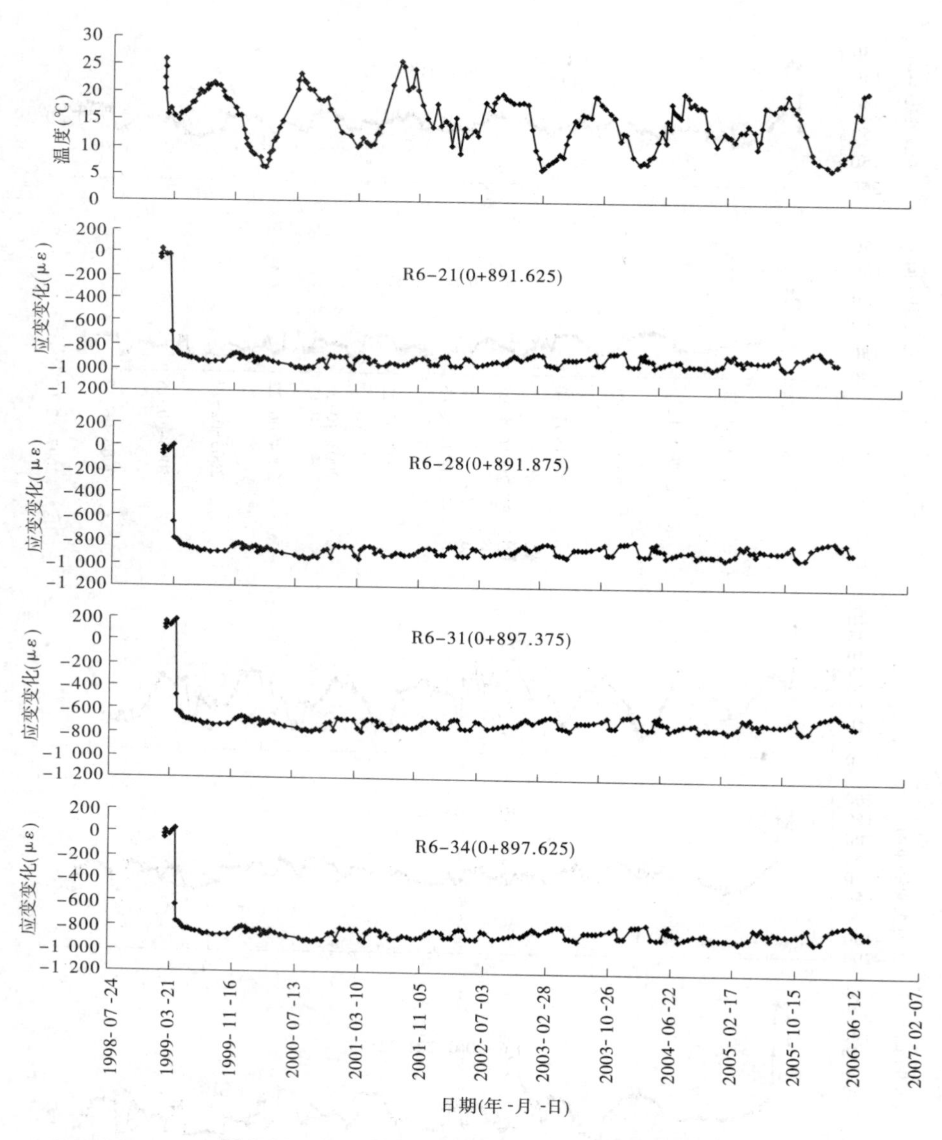

图 3-32　6:00 位置钢筋计温度和应变变化过程线

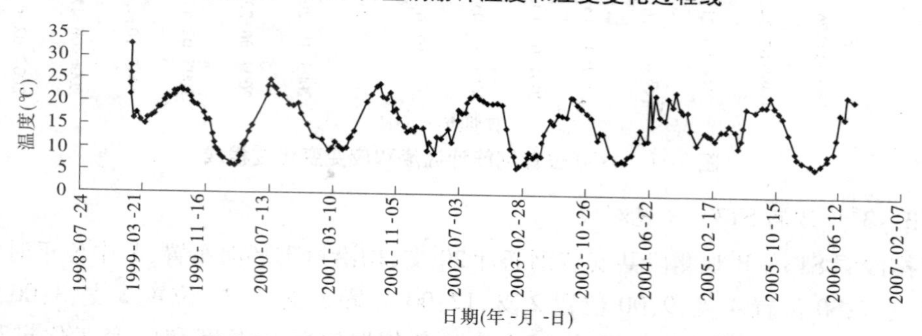

图 3-33　7:30 位置钢筋计温度和应变变化过程线

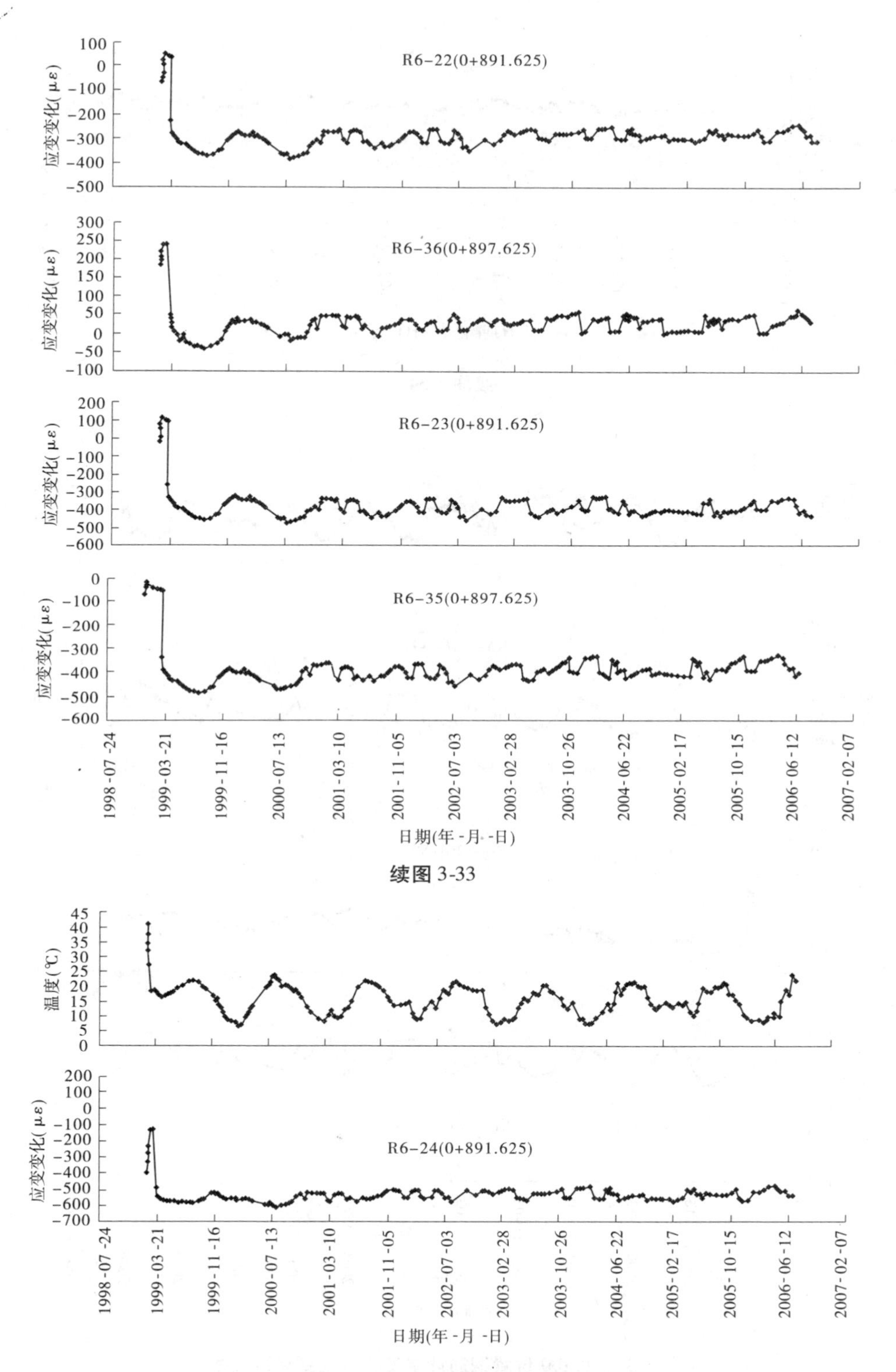

续图 3-33

图 3-34　9:00 位置钢筋计温度和应变变化过程线

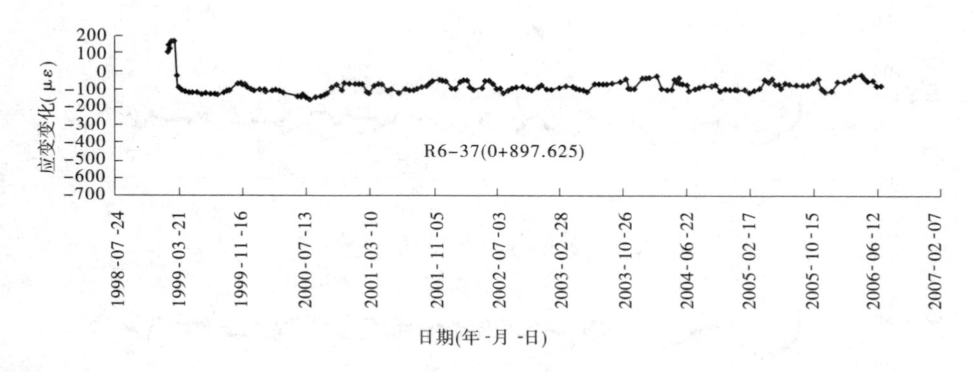

续图 3-34

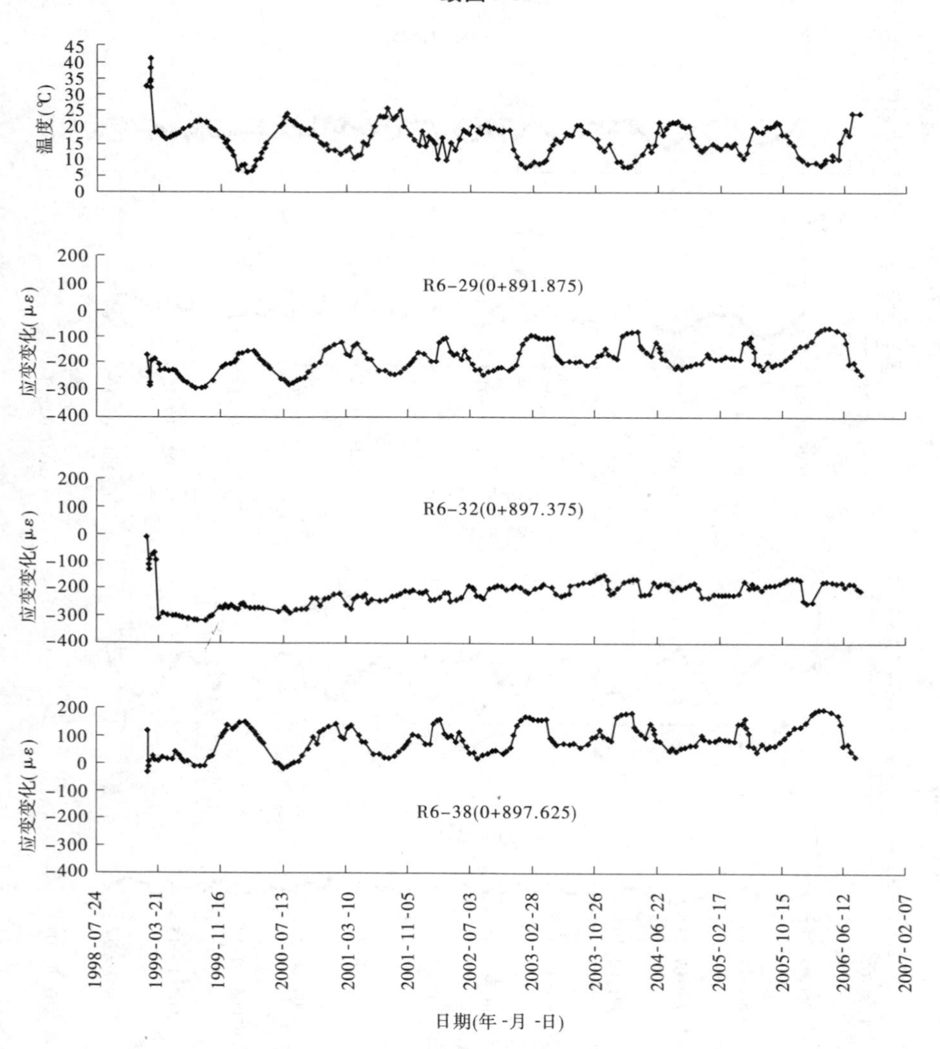

图 3-35　12:00 位置钢筋计温度和应变变化过程线

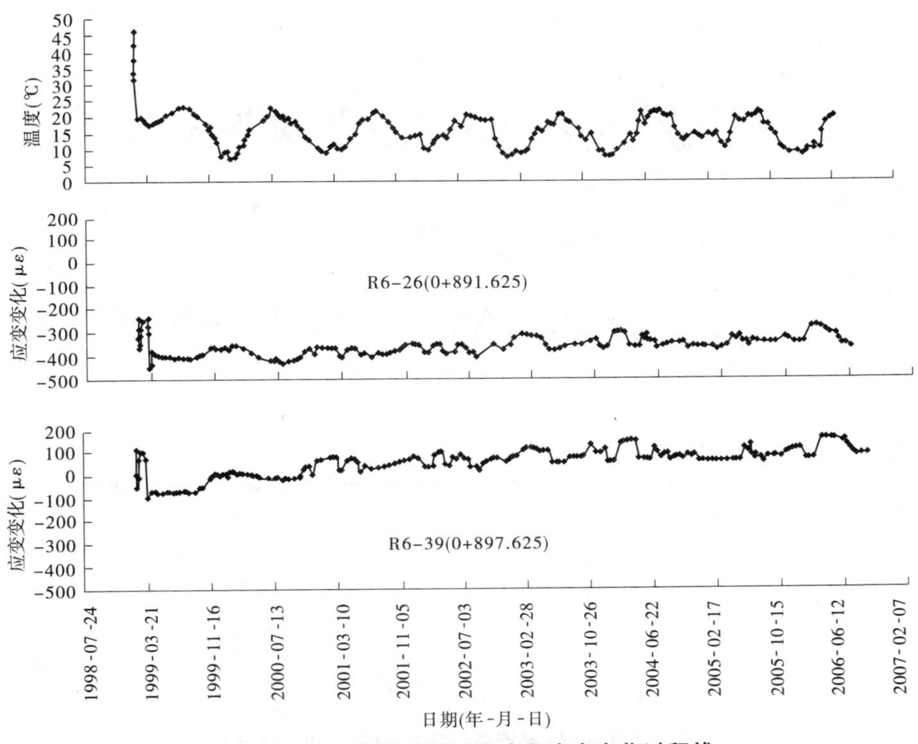

图 3-36　1:30 位置钢筋计温度和应变变化过程线

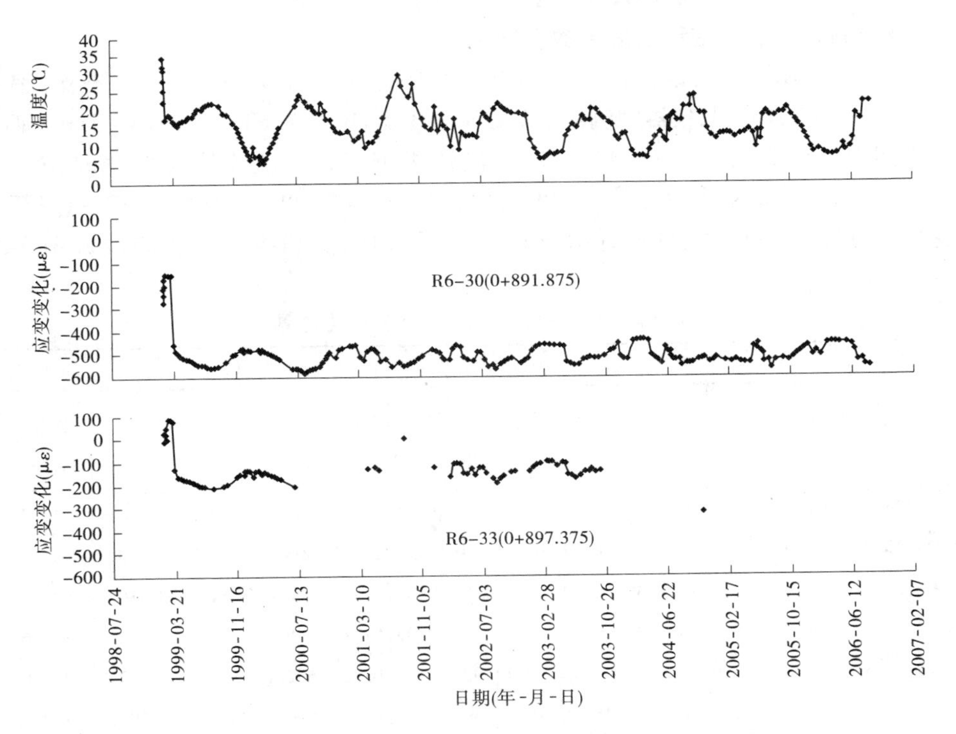

图 3-37　3:00 位置钢筋计温度和应变变化过程线

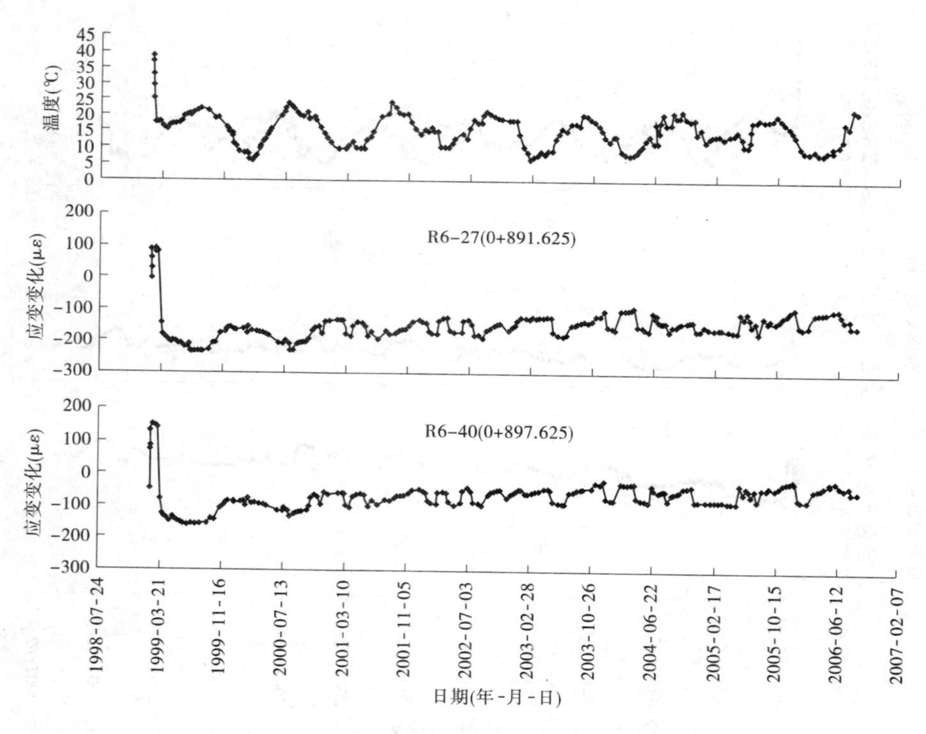

图 3-38 4:30 位置钢筋计温度和应变变化过程线

3.3.4 锚索测力计的应变和温度读数发展变化

小浪底排沙洞共安装锚索测力计 6 支,其中仪器观测段 ST3 - A 为 3 支,编号为 ST3 - 1、ST3 - 2 和 ST3 - 3;仪器观测段 ST3 - B 为 3 支,编号为 ST3 - 4、ST3 - 5 和 ST3 - 6。每支锚索测力计由 3 支应变计组成。在绘制锚索测力计的应变变化曲线时,ST3 - 1、ST3 - 3 和 ST3 - 6 取 2 支应变计的平均值,其余取 3 支应变计的平均值。ST3 - 1 ~ ST3 - 6 应变变化计算如表 3-2 ~ 表 3-4 所示,锚索测力计的温度和应变变化曲线如图 3-39 ~ 图 3-44 所示。

表 3-2 ST3 - 1 和 ST3 - 2 应变变化计算

ST3 - 1							ST3 - 2						
日期(年-月-日)	温度(℃)	SS - 1 (με)	SS - 2 (με)	SS - 3 (με)	平均 (με)	应变变化 (με)	日期(年-月-日)	温度(℃)	SS - 4 (με)	SS - 5 (με)	SS - 6 (με)	平均 (με)	应变变化 (με)
1998-07-14	23.7	-12.7	128.7	83.7	58.0		1998-07-14	24.0	198.4	-109.6	-728.5	-213.2	
1998-07-24	23.2	-524.9	-405.4	-455.7	-465.2	0.0	1998-07-24	23.3	-303.5	-552.0	-1 228.7	-694.7	
1999-07-02	21.7	-483.5	-423.2	-426.4	-453.4	11.8	1999-07-02	22.8	-766.0	-554.6	-1 480.7	-933.8	
1999-11-09	16.9	-491.8	-439.3	-432.9	-465.6	-0.4	1999-11-09	16.9	-695.5	-556.5	-1 398.8	-883.6	0.0
1999-11-15	16.3	-493.4	-441.0	-434.6	-467.2	-2.1	1999-11-15	16.2	-691.1	-556.9	-1 397.8	-881.9	1.7
1999-11-18	14.5	-494.7	-442.1	-435.4	-468.4	-3.3	1999-11-18	15.3	-690.4	-557.8	-1 398.0	-882.1	1.5

续表 3-2

ST3-1							ST3-2						
日期（年-月-日）	温度（℃）	SS-1（με）	SS-2（με）	SS-3（με）	平均（με）	应变变化（με）	日期（年-月-日）	温度（℃）	SS-4（με）	SS-5（με）	SS-6（με）	平均（με）	应变变化（με）
1999-11-22	14.4	-494.7	-442.4	-435.5	-468.6	-3.4	1999-11-22	15.1	-687.9	-557.4	-1 396.7	-880.7	2.9
1999-11-25	13.8	-495.8	-443.3	-436.6	-469.6	-4.4	1999-11-25	14.6	-687.9	-558.6	-1 397.2	-881.2	2.4
1999-11-29	12.9	-496.6	-444.4	-437.8	-470.5	-5.4	1999-11-29	13.6	-687.8	-559.3	-1 397.9	-881.7	1.9
1999-12-02	12.4	-498.1	-445.5	-438.9	-471.8	-6.7	1999-12-02	13.2	-688.1	-560.1	-1 398.8	-882.3	1.3
1999-12-06	11.5	-499.2	-446.7	-440.1	-473.0	-7.9	1999-12-06	12.3	-689.1	-561.4	-1 400.4	-883.6	0.0
1999-12-09	11.1	-499.7	-447.3	-440.9	-473.5	-8.4	1999-12-09	11.9	-688.9	-562.1	-1 400.7	-883.9	-0.3
1999-12-16	9.3	-503.3	-450.7	-444.4	-477.0	-11.9	1999-12-16	10.1	-693.2	-566.0	-1 405.2	-888.1	-4.5
1999-12-22	7.6	-505.4	-452.9	-446.9	-479.2	-14.1	1999-12-22	8.6	-696.0	-568.0	-1 408.2	-890.7	-7.1
1999-12-20	7.7	-504.7	-452.3	-446.0	-478.5	-13.4	1999-12-20	8.7	-695.0	-567.2	-1 407.2	-889.8	-6.2
1999-12-27	7.5	-506.0	-453.1	-447.3	-479.6	-14.4	1999-12-27	8.4	-696.0	-568.5	-1 408.5	-891.0	-7.4
1999-12-30	7.2	-506.3	-453.8	-447.8	-480.1	-14.9	1999-12-30	8.0	-696.2	-568.8	-1 408.9	-891.3	-7.7
2000-01-03	6.8	-507.4	-455.2	-449.1	-481.3	-16.2	2000-01-03	7.6	-697.2	-570.3	-1 410.4	-892.6	-9.0
2000-01-10	5.1	-509.6	-457.2	-451.3	-483.4	-18.3	2000-01-10	6.2	-699.7	-572.4	-1 412.9	-895.0	-11.4
2000-01-17	5.3	-507.4	-455.7	-449.2	-481.6	-16.4	2000-01-17	6.4	-694.6	-569.7	-1 409.3	-891.2	-7.6
2000-01-27	5.0	-509.6	-457.9	-451.8	-483.8	-18.7	2000-01-27	5.3	-698.6	-573.1	-1 412.6	-894.8	-11.2
2000-02-14	5.2	-509.4	-457.7	-451.9	-483.6	-18.4	2000-02-14	5.8	-696.1	-572.6	-1 410.6	-893.1	-9.5
2000-02-21	3.0	-512.6	-460.5	-455.1	-486.6	-21.4	2000-02-21	3.8	-700.5	-575.7	-1 414.4	-896.9	-13.3
2000-02-28	3.6	-512.2	-460.5	-454.9	-486.4	-21.3	2000-02-28	4.5	-699.9	-575.1	-1 413.9	-896.3	-12.7
2000-03-06	3.6	-511.3	-459.9	-454.0	-485.6	-20.5	2000-03-06	4.7	-698.2	-574.4	-1 412.3	-895.0	-11.4
2000-03-20	6.3	-507.6	-456.6	-450.9	-482.1	-17.0	2000-03-20	6.7	-691.7	-570.7	-1 406.8	-889.7	-6.1
2000-03-27	8.8	-503.0	-452.2	-446.1	-477.6	-12.5	2000-03-27	9.3	-682.2	-564.6	-1 398.4	-881.7	1.9
2000-04-03	10.2	-502.5	-451.3	-445.5	-476.9	-11.8	2000-04-03	10.0	-679.8	-563.3	-1 396.1	-879.7	3.9
2000-04-10	11.5	-499.6	-448.0	-443.2	-473.8	-8.7	2000-04-10	12.6	-674.1	-560.0	-1 390.7	-874.9	8.7
2000-04-18	12.1	-498.4	-447.2	-441.8	-472.8	-7.7	2000-04-18	12.5	-670.4	-557.8	-1 387.2	-871.8	11.8
2000-04-24	12.9	-496.9	-446.3	-440.5	-471.6	-6.5	2000-04-24	13.1	-667.4	-556.5	-1 384.2	-869.4	14.2
2000-05-01	14.2	-494.5	-443.6	-437.9	-469.1	-3.9	2000-05-01	14.4	-661.2	-552.6	-1 378.3	-864.0	19.6
2000-07-06	21.1	-479.1	-427.8	-424.0	-453.5	11.7	2000-07-06	21.7	-627.0	-532.8	-1 333.0	-830.9	52.7
2000-07-18	26.5	-471.5	-420.0	-417.1	-445.8	19.4	2000-07-18	26.1	-613.5	-522.7	-1 316.3	-817.5	66.1
2000-07-27	24.9	-467.6	-415.4	-413.4	-441.5	23.6	2000-07-27	25.7	-605.9	-516.9	-1 305.6	-809.5	74.1
2000-09-20	25.5	-475.2	-421.0		-448.1	17.0	2001-08-28		-596.7	-514.5	-1 289.3	-800.2	83.4
2000-10-09	19.7	-477.7	-423.4		-450.6	14.6	2001-09-12		-601.0	-520.0	-1 292.4	-804.5	79.1
2000-10-18	19.2	-480.3	-425.5		-452.9	12.2	2001-09-25		-604.0	-522.0	-1 295.4	-807.1	76.5
2000-10-30	18.9	-480.1	-426.3		-453.2	11.9	2001-10-09		-603.6	-521.7	-1 295.1	-806.8	76.8

续表 3-2

ST3 - 1							ST3 - 2						
日期（年-月-日）	温度（℃）	SS - 1（με）	SS - 2（με）	SS - 3（με）	平均（με）	应变变化（με）	日期（年-月-日）	温度（℃）	SS - 4（με）	SS - 5（με）	SS - 6（με）	平均（με）	应变变化（με）
2000-11-07	17.8	-484.7	-430.2		-457.5	7.6	2001-10-23		-605.5	-522.9	-1 296.6	-808.3	75.3
2000-11-21	14.2	-487.1	-432		-459.6	5.6	2001-10-30		-666.4	-523.2	-1 297.4	-829.0	54.6
2000-12-04	11.9	-492.5	-437.4		-465.0	0.1	2001-11-14		-613.8	-527	-1 303.8	-814.9	68.7
2000-12-18	13.1	-493.8	-438.9		-466.4	-1.3	2001-11-28		-620.3	-531.9	-1 310.3	-820.8	62.8
2001-01-02	10.4	-497.2	-441.6		-469.4	-4.3	2001-12-13		-628.4	-538	-1 317.9	-828.1	55.5
2001-01-17	22	-499.3	-444.1		-471.7	-6.6	2001-12-29		-626.4	-535.2	-1 315.7	-825.8	57.8
2001-02-02	20.4	-499.7	-444.2		-472.0	-6.9	2002-01-11		-624.4	-534.1	-1 313.8	-824.1	59.5
2001-02-16	14	-501.3	-445.5		-473.4	-8.3	2002-02-05		-620.8	-531.6	-1 310.6	-821.0	62.6
2001-02-27	13	-500.9	-445.4		-473.2	-8.0	2002-02-19		-620.2	-531	-1 310	-820.4	63.2
2001-03-27	13	-488.5	-434.9		-461.7	3.4	2002-03-05		-640.4	-545.6	-1 328.3	-838.1	45.5
2001-04-10		-494.9	-440.9		-467.9	-2.8	2002-03-13		-641.9	-549.6	-1 329.6	-840.4	43.2
2001-04-27		-492.1	-438.2		-465.2	0.0	2002-03-29		-641	-545.4	-1 329.1	-838.5	45.1
2001-05-08		-496.2	-441.9		-469.1	-3.9	2002-04-12		-640.4	-544.9	-1 328.9	-838.1	45.5
2001-05-23		-494.1	-439.5		-466.8	-1.7	2002-04-26		-624.7	-533.8	-1 314	-824.2	59.4
2001-06-05		-481.5	-428.8		-455.2	10.0	2002-05-10		-619.8	-530.9	-1 309.2	-820.0	63.6
2001-06-19		-480.9	-429		-455.0	10.2	2002-05-23		-631.3	-539.1	-1 310.8	-827.1	56.5
2001-07-17		-475.4	-423.5		-449.5	15.7	2002-06-07		-606	-522	-1 296	-808.0	75.6
2001-08-28		-463.2	-411.1		-437.2	28.0	2002-06-21		-625.3	-536	-1 313.5	-824.9	58.7
2001-09-12		-466.3	-414.4		-440.4	24.8	2002-07-19		-602.7	-520	-1 291.9	-804.9	78.7
2001-09-25		-467.7	-415.9		-441.8	23.3	2002-08-02		-606.2	-522.4	-1 295.3	-808.0	75.6
2001-10-09		-467.7	-416		-441.9	23.3	2002-08-15		-608.3	-523.7	-1 290	-807.3	76.3
2001-10-23		-468.8	-417.8		-443.3	21.8	2002-08-30		-596.9	-516.3	-1 285.8	-799.7	83.9
2001-10-30		-469.3	-417.1		-443.2	21.9	2002-09-13		-596.3	-517	-1 284.5	-799.3	84.3
2001-11-14	8.2	-474.7	-421.6		-448.2	17.0	2002-09-27		-599.7	-520.1	-1 288.8	-802.9	80.7
2001-11-28		-480.1	-425.8		-453.0	12.2	2002-10-10		-601.9	-521	-1 290.4	-804.4	79.2
2001-12-13		-486.3	-431.3		-458.8	6.3	2002-10-25		-602.3	-521.7	-1 291.2	-805.1	78.5
2001-12-29		-484.4	-429.4		-456.9	8.2	2002-11-08		-602.6	-521.2	-1 291	-804.9	78.7
2002-01-11		-482.6	-428.4		-455.5	9.6	2002-11-22		-601.7	-519.7	-1 290	-803.8	79.8
2002-01-22		-481.9	-427.5		-454.7	10.4	2002-12-06		-602.3	-520.5	-1 290.5	-804.4	79.2
2002-02-05		-482.8	-427.3		-455.1	10.1	2002-12-20		-603.2	-521.5	-1 291.5	-805.4	78.2
2002-02-19	13.1	-480.9	-426.7		-453.8	11.3	2003-01-14		-624.3	-534.5	-1 311.6	-823.5	60.1
2002-03-05		-493.2	-438.9		-466.1	-0.9	2003-01-27		-635	-541.5	-1 320.9	-832.5	51.1
2002-03-13		-494.1	-438.6		-466.4	-1.3	2003-02-09		-638.2	-544.4	-1 323.8	-835.5	48.1

续表 3-2

ST3－1							ST3－2						
日期（年-月-日）	温度（℃）	SS－1（με）	SS－2（με）	SS－3（με）	平均（με）	应变变化（με）	日期（年-月-日）	温度（℃）	SS－4（με）	SS－5（με）	SS－6（με）	平均（με）	应变变化（με）
2002-03-29		－492.8	－437.8		－465.3	－0.2	2003-02-21		－641.2	－546	－1 323	－836.7	46.9
2002-04-12	8.3	－492.2	－437		－464.6	0.5	2003-03-05		－638.4	－544.1	－1 323.9	－835.5	48.1
2002-04-26	11	－482.2	－436.2		－459.2	5.9	2003-03-18		－636.4	－542.3	－1 321.8	－833.5	50.1
2002-05-10	13.1	－478.2	－425.7		－452.0	13.2	2003-04-04		－636.4	－519.5	－1 321.6	－825.8	57.8
2002-05-23	9.7	－485.9	－431.9		－458.9	6.2	2003-04-17		－634.7	－541.1	－1 320.1	－832.0	51.6
2002-06-07	17.8	－468.7	－417.2		－443.0	22.2	2003-05-02		－633.8	－541	－1 319.2	－831.3	52.3
2002-06-21	11.4	－483	－429.7		－456.4	8.8	2003-05-16		－629.7	－537	－1 315.4	－827.4	56.2
2002-07-19	18.8	－466.2	－415		－440.6	24.5	2003-05-30		－611.1	－524.7	－1 298.1	－811.3	72.3
2002-08-02	17.3	－469	－417.7		－443.4	21.8	2003-06-12		－608.9	－523.2	－1 295.9	－809.3	74.3
2002-08-15	16.8	－470.4	－418.6		－444.5	20.6	2003-06-26		－603.1	－520.4	－1 291	－804.8	78.8
2002-08-30	20.3	－461.5	－410.8		－436.2	29.0	2003-07-10		－609.8	－524.2	－1 296.6	－810.2	73.4
2002-09-13	20.9	－461	－411.6		－436.3	28.8	2003-08-01		－604	－521	－1 291.5	－805.5	78.1
2002-09-27	19.7	－463.8	－414.1		－439.0	26.2	2003-08-15		－606.8	－522.7	－1 294	－807.8	75.8
2002-10-10	19.1	－464.6	－414.1		－439.4	25.8	2003-08-29		－607.9	－523.5	－1 295	－808.8	74.8
2002-10-25	19.9	－464.6	－414.1		－439.4	25.8	2003-09-11		－594.9	－514.8	－1 281.6	－797.1	86.5
2002-11-08	18.4	－465.2	－415.3		－440.3	24.9	2003-09-25		－596.9	－515.2	－1 282	－798.0	85.6
2002-11-22		－464.9	－414.4		－439.7	25.5	2003-10-09		－605.7	－522	－1 292	－806.6	77.0
2002-12-06	18.3	－465.1	－414.8		－440.0	25.2	2003-10-21		－605.8	－522	－1 292.2	－806.7	76.9
2002-12-20	18	－465.5	－415.6		－440.6	24.6	2003-11-13		－610.7	－525.4	－1 296.6	－810.9	72.7
2003-01-14	10.3	－480.1	－427.6		－453.9	11.3	2003-11-26		－612.5	－526.3	－1 298.1	－812.3	71.3
2003-01-27	6.1	－487.1	－433.8		－460.5	4.6	2003-12-25		－620.8	－530.7	－1 305.7	－819.1	64.5
2003-02-09	4.7	－489.5	－435.8		－462.7	2.5	2003-12-30		－622.6	－533.8	－1 307.1	－821.2	62.4
2003-02-21	6	－491.3	－437.8		－464.6	0.6	2004-01-08		－617.2	－528.2	－1 302.6	－816.0	67.6
2003-03-05	4.8	－488.8	－436		－462.4	2.7	2004-01-16		－617.2	－528.2	－1 302.4	－815.9	67.7
2003-03-18	5.9	－486.9	－434.7		－460.8	4.3	2004-02-13		－635.6	－541.8	－1 319.6	－832.3	51.3
2003-04-04	5.8	－487.4	－434.6		－461.0	4.1	2004-02-26		－638	－543.2	－1 321.4	－834.2	49.4
2003-04-17	6.5	－485.8	－433.7		－459.8	5.4	2004-03-11		－638.2	－543.2	－1 321.2	－834.2	49.4
2003-05-02	6.7	－485.4	－433.5		－459.5	5.6	2004-03-25		－638	－543.2	－1 321.3	－834.2	49.4
2003-05-16	8.3	－481.5	－435.4		－458.5	6.6	2004-04-07		－636.9	－541.6	－1 320.1	－832.9	50.7
2003-05-30	16	－469.1	－419.7		－444.4	20.7	2004-04-20		－627	－534.4	－1 311.9	－824.4	59.2
2003-06-12	15.4	－467.7	－418.5		－443.1	22.0	2004-05-18		－615.4	－526.9	－1 301.4	－814.6	69.0
2003-06-26	17	－463.6	－418.8		－441.2	23.9	2004-06-01		－610.4	－523.4	－1 296.9	－810.2	73.4
2003-07-10	14.8	－468.8	－418.9		－443.9	21.3	2004-06-18		－626.3	－535.1	－1 309.8	－823.7	59.9

续表 3-2

ST3－1							ST3－2						
日期（年-月-日）	温度（℃）	SS－1（με）	SS－2（με）	SS－3（με）	平均（με）	应变变化（με）	日期（年-月-日）	温度（℃）	SS－4（με）	SS－5（με）	SS－6（με）	平均（με）	应变变化（με）
2003-08-01	17.8	－464.1	－461		－462.6	2.6	2004-06-24		－624.1	－532.8	－1 308.2	－821.7	61.9
2003-08-15	25.1	－466	－417.4		－441.7	23.4	2004-06-30		－624	－531.6	－1 306.4	－820.7	62.9
2003-08-29	16.6	－466.9	－417.9		－442.4	22.7	2004-07-06		－614.7	－526	－1 300.4	－813.7	69.9
2003-09-11	21.1	－456.6	－417.9		－437.3	27.9	2004-07-13		－598.6	－516.5	－1 286	－800.4	83.2
2003-09-25	20.7	－457.1	－411.1		－434.1	31.0	2004-07-22		－602.7	－519.1	－1 289.7	－803.8	79.8
2003-10-09	17.1	－465.2	－417.2		－441.2	23.9	2004-08-05		－604.4	－519.8	－1 291	－805.1	78.5
2003-10-21	8.4	－464.7	－417.1		－440.9	24.2	2004-08-17		－605	－519.4	－1 291.3	－805.2	78.4
2003-11-13	15.6	－468.2	－419.5		－443.9	21.3	2004-09-02		－593.5	－512.7	－1 280.3	－795.5	88.1
2003-11-26	14.9	－469.4	－420.2		－444.8	20.3	2004-09-09		－590.5	－508.8	－1 278.3	－792.5	91.1
2003-12-25	9.4	－476.9	－425.8		－451.4	13.8	2004-09-21		－591.9	－510.6	－1 278.8	－793.8	89.8
2004-01-08	11.7	－474.5	－424		－449.3	15.9	2004-10-02		－549.1	－512.6	－1 280.4	－780.7	102.9
2004-01-16	11.9	－474.2	－423.8		－449.0	16.1	2004-10-21		－596.9	－515	－1 283.4	－798.4	85.2
2004-02-13	5.2	－485.7	－433.5		－459.6	5.5	2004-11-04		－598.5	－515.9	－1 284.8	－799.7	83.9
2004-02-26	5	－486.8	－434.7		－460.8	4.4	2004-11-18		－599.7	－516.6	－1 286	－800.8	82.8
2004-03-11	5.1	－486.8	－434.6		－460.7	4.4	2004-12-01		－611.2	－523.3	－1 296.1	－810.2	73.4
2004-03-25	5.5	－486	－434.6		－460.3	4.8	2005-01-25		－615.7	－525.9	－1 299.5	－813.7	69.9
2004-04-07	5.2	－486	－434.1		－460.1	5.1	2005-02-03		－616.4	－520.2	－1 299.7	－812.1	71.5
2004-04-20	9.1	－478.5	－428.8		－453.7	11.5	2005-02-17		－616.7	－526.6	－1 336.4	－826.6	57.0
2004-05-01	9.9	－476.9	－427.5		－452.2	12.9	2005-03-01		－616.9	－526.6	－1 336	－826.5	57.1
2004-05-18	12.9	－471.2	－421.9		－446.6	18.6	2005-03-17		－617.6	－526.9	－1 299.8	－814.8	68.8
2004-06-01	14.2	－467.6	－418.9		－443.3	21.9	2005-04-11		－615.9	－525.7	－1 298.4	－813.3	70.3
2004-06-18	9	－478.6	－427.8		－453.2	11.9	2005-04-23		－614.9	－525.1	－1 297.6	－812.5	71.1
2004-06-24	9.9	－476.3	－426.1		－451.2	13.9	2005-05-08		－609.2	－521.5	－1 300	－810.2	73.4
2004-06-30	10.9	－474.5	－424.9		－449.7	15.4	2005-06-09		－629.4	－534.7	－1 310.3	－824.8	58.8
2004-07-06	14.9	－467.1	－418.5		－442.8	22.3	2005-06-16		－629.7	－535.7	－1 310.5	－825.3	58.3
2004-07-13	19.3	－456.9	－411		－434.0	31.2	2005-06-23		－621.6	－528.9	－1 303.9	－818.1	65.5
2004-07-22	17.9	－460.1	－413.1		－436.6	28.5	2005-06-30		－605.7	－519	－1 290.2	－805.0	78.6
2004-08-05	17.1	－461.6	－413.8		－437.7	27.4	2005-07-07		－591.4	－509.6	－1 277.4	－792.8	90.8
2004-08-17	16.9	－462.6	－414.4		－438.5	26.6	2005-07-19		－600.2	－516.2	－1 284.7	－800.4	83.2
2004-09-02	20.4	－452.9	－407.9		－430.4	34.7	2005-08-01		－594.5	－511.7	－1 279.2	－795.1	88.5

续表 3-2

ST3－1							ST3－2						
日期（年-月-日）	温度（℃）	SS－1（με）	SS－2（με）	SS－3（με）	平均（με）	应变变化（με）	日期（年-月-日）	温度（℃）	SS－4（με）	SS－5（με）	SS－6（με）	平均（με）	应变变化（με）
2004-09-09	22.1	－449.5	－404.7		－427.1	38.0	2005-08-17		－599.1	－515.7	－1 284.8	－799.9	83.7
2004-09-21	21.3	－450.9	－406.2		－428.6	36.6	2005-09-06		－600.6	－515.9	－1 285.2	－800.6	83.0
2004-10-02	20.5	－453	－407.7		－430.4	34.8	2005-09-20		－601.9	－516.2	－1 285.2	－801.1	82.5
2004-10-21	23.1	－455.7	－405.7		－430.7	34.4	2005-10-08		－596.9	－513.5	－1 281.3	－797.2	86.4
2004-11-04	26.1	－457.1	－411		－434.1	31.1	2005-10-25		－602.5	－517.3	－1 286.5	－802.1	81.5
2004-11-18	25.6	－457.6	－410.1		－433.9	31.3	2005-11-08		－606.6	－520	－1 289.4	－805.3	78.3
2004-12-01	20.1	－468.1	－419.4		－443.8	21.4	2006-08-01		－579.2	－497.9	－1 266.1	－781.1	102.5
2005-01-25	12.2	－471.1	－423.2		－447.2	18.0	2006-08-15		－583.8	－502.9	－1 268	－784.9	98.7
2005-02-03	11.9	－470.3	－421.9		－446.1	19.0	2006-08-29		－590.1	－506.1	－1 273.8	－790.0	93.6
2005-02-17	11.5	－470.3	－421.6		－446.0	19.2							
2005-03-01	12.6	－471.3	－421.6		－446.5	18.7							
2005-03-17	11.3	－471.3	－422.6		－447.0	18.2							
2005-04-11	12	－470.1	－421.7		－445.9	19.2							
2005-04-23	12.5	－468.7	－420.5		－444.6	20.5							
2005-05-08	14.3	－464.9	－418		－441.5	23.7							
2005-06-09	9.8	－477.6	－428.2		－452.9	12.2							
2005-06-16	9.2	－477.8	－427.6		－452.7	12.4							
2005-06-23	13.5	－470.6	－422.3		－446.5	18.7							
2005-06-30	12.5	－459.6	－413.5		－436.6	28.6							
2005-07-07	20.7	－450.9	－406.9		－428.9	36.2							
2005-07-19	16.5	－456.1	－411		－433.6	31.6							
2005-08-01	24.1	－452.7	－409.6		－431.2	34.0							
2005-08-17	28.3	－455.7	－410.7		－433.2	31.9							
2005-09-06	23.3	－456.1	－411		－433.6	31.6							
2005-09-20		－456.8	－412.9		－434.9	30.3							
2005-10-08	19.1	－456.4	－409.4		－432.9	32.2							
2005-10-25	23.9	－457.4	－412.3		－434.9	30.3							
2005-11-08		－460.5	－414.8		－437.7	27.5							
2005-11-22		－463.2	－415.3		－439.3	25.9							
2006-08-01	27.4	－440.7	－399.2		－420.0	45.2							
2006-08-15	23.6	－443.6	－401.6		－422.6	42.5							
2006-08-29	20.5	－446.6	－403.8		－425.2	39.9							

表 3-3　ST3－3 和 ST3－4 应变变化计算

ST3－3							ST3－4						
日期（年-月-日）	温度（℃）	SS－7（με）	SS－8（με）	SS－9（με）	平均（με）	应变变化（με）	日期（年-月-日）	温度（℃）	SS－10（με）	SS－11（με）	SS－12（με）	平均（με）	应变变化（με）
1998-07-20	23.6	646.3	262.2	658.7	460.5	—	1999-03-16	16.2	－473.6	－283.4	－230.2		—
1998-07-23	24.5	177.4	－245.3	218.5	－13.4	0.0	1999-03-22	12.9	－967.1	－834.1	－778.7	－860.0	0.0
1999-07-28	24.4	157.8	－245.8	174.7	－35.6	－22.2	1999-07-28	21.5	－903.2	－763.1	－701.9	－789.4	70.6
1999-11-09	18.8	144.9	－241.0	145.2	－47.9	－34.5	1999-11-09	15.8	－904.1	－767.6	－702.4	－791.4	68.6
1999-11-15	18.7	143.3	－241.7	141.8	－50.0	－36.6	1999-11-11	16.0	－906.7	－769.4	－707.4	－794.5	65.5
1999-11-18	17.8	142.1	－242.8	140.4	－51.2	－37.8	1999-11-18	14.9	－907.2	－767.9	－707.0	－794.0	66.0
1999-11-22	17.1	140.6	－242.8	139.2	－51.8	－38.4	1999-11-22	14.7	－907.8	－774.2	－705.7	－795.9	64.1
1999-11-25	16.1	139.9	－243.3	138.0	－52.7	－39.3	1999-11-25	14.0	－909.7	－775.4	－707.0	－797.4	62.6
1999-11-29	15.0	137.5	－244.2	136.5	－53.9	－40.5	1999-11-29	14.0	－909.9	－772.9	－707.9	－796.9	63.1
1999-12-02	15.1	135.6	－244.9	136.3	－54.3	－40.9	1999-12-02	13.1	－912.3	－777.6	－709.6	－799.8	60.2
1999-12-06	12.4	128.7	－246.5	132.3	－57.1	－43.7	1999-12-06	12.2	－915.8	－784.1	－712.9	－804.3	55.7
1999-12-09	12.0	135.6	－246.7	130.9	－57.9	－44.5	1999-12-13	10.6	－919.8	－784.9	－715.9	－806.9	53.1
1999-12-16	10.3	131.8	－249.4	131.8	－58.8	－45.4	1999-12-20	8.8	－918.7	－785.9	－715.1	－806.6	53.4
1999-12-20	8.8	129.0	－251.7	130.1	－60.8	－47.4	1999-12-22	8.7	－922.1	－807.9	－718.3	－816.1	43.9
1999-12-22	8.7	128.2	－250.3	129.6	－60.4	－47.0	2000-01-03	7.7	－924.5	－808.9	－720.7	－818.0	42.0
1999-12-27	8.3	127.5	－252.0	129.6	－61.2	－47.8	2000-01-10	6.4	－923.9	－808.8	－720.1	－817.6	42.4
1999-12-30	7.9	126.5	－252.2	128.0	－62.1	－48.7	2000-01-17	5.7	－924.9	－811.6	－721.1	－819.2	40.8
2000-01-03	7.5	123.7	－254.0	131.5	－61.3	－47.9	2000-01-27	6.1	－925.2	－812.6	－720.7	－819.5	40.5
2000-01-10	6.1	120.9	－254.5	128.7	－62.9	－49.5	2000-02-14	6.6	－928.5	－816.0	－724.0	－822.8	37.2
2000-01-17	6.3	118.6	－253.5	129.0	－62.3	－48.9	2000-02-21	4.2	－928.8	－808.8	－724.4	－820.7	39.3
2000-01-27	5.6	113.6	－256.3	124.9	－65.7	－52.3	2000-02-28	4.5	－927.5	－814.5	－722.9	－821.6	38.4
2000-02-14	6.0	106.5	－256.1	126.1	－65.0	－51.6	2000-03-06	4.8	－922.9	－807.8	－718.5	－816.4	43.6
2000-02-21	3.9	109.1	－257.3	126.1	－65.6	－52.2	2000-03-21	7.1	－918.1	－803.3	－714.6	－812.0	48.0
2000-02-28	4.4	108.4	－257.7	131.1	－63.3	－49.9	2000-03-27	9.3	－917.4	－804.0	－713.8	－811.7	48.3
2000-03-06	4.5	109.9	－257.3	137.3	－60.0	－46.6	2000-04-03	9.7	－914.1	－799.5	－710.9	－808.2	51.8
2000-03-20	6.8	108.2	－255.4	137.8	－58.8	－45.4	2000-04-10	12.4	－913.1	－798.0	－709.9	－807.0	53.0
2000-03-27	9.4	108.4	－252.0	140.2	－55.9	－42.5	2000-04-17	11.7	－911.2	－789.3	－707.9	－802.8	57.2
2000-04-03	9.5	104.5	－251.0	141.8	－54.6	－41.2	2000-04-24	13.3	－908.2	－794.4	－705.1	－802.6	57.4
2000-04-10	11.9	99.8	－249.7	143.0	－53.4	－40.0	2000-05-01	14.3	－903.8	－790.3	－701.5	－798.5	61.5
2000-04-18	12.5		－248.2	145.9	－51.2	－37.8	2000-05-08	15.9	－889.0	－777.5	－689.1	－785.2	74.8
2000-04-24	13.1		－246.7	157.2	－44.8	－31.4	2000-06-28	20.7	－884.5	－771.3	－685.7	－780.5	79.5
2000-05-01	14.6		－244.4	162.5	－41.0	－27.6	2000-07-10	22.4	－881.1	－768.5	－682.2	－777.3	82.7
2000-07-06	21.1		－230.4	169.9	－30.3	－16.9	2000-07-17	23.8	－875.8	－764.7	－678.1	－772.9	87.1

续表 3-3

ST3－3							ST3－4						
日期（年-月-日）	温度（℃）	SS－7（με）	SS－8（με）	SS－9（με）	平均（με）	应变变化（με）	日期（年-月-日）	温度（℃）	SS－10（με）	SS－11（με）	SS－12（με）	平均（με）	应变变化（με）
2000-07-18	24.8		－225.1	170.0	－27.6	－14.2	2000-07-27	25.5	－879.6	－773.7	－681.2	－778.2	81.8
2000-07-27	26.5		－222.0	170.0	－26.0	－12.6	2000-08-07	22.3	－880.5	－775.4	－682.2	－779.4	80.6
2000-09-20			－225.9	158.7	－33.6	－20.2	2000-08-17		－880.5	－775.4	－682.2	－779.4	80.6
2000-10-09			－226.8	156.2	－35.3	－21.9	2000-08-28		－882	－777.2	－683.9	－781.0	79.0
2000-10-18			－228	155.8	－36.1	－22.7	2000-09-08		－883.2	－777.5	－684.7	－781.8	78.2
2000-10-30			－230.4	154.3	－38.1	－24.7	2000-09-19		－882.9	－777.8	－685	－781.9	78.1
2000-11-07			－232.7	148.5	－42.1	－28.7	2000-09-29		－884.3	－778.5	－686.1	－783.0	77.0
2000-11-21			－235.6	146.28	－44.7	－31.3	2000-10-10		－886	－780.4	－687.9	－784.8	75.2
2000-12-04			－240.1	141.1	－49.5	－36.1	2000-10-18		－886.7	－778.1	－688.6	－784.5	75.5
2000-12-18			－244	141.6	－51.2	－37.8	2000-10-31		－888.1	－777.8	－690.6	－785.5	74.5
2001-01-02			－244.6	137.8	－53.4	－40.0	2000-11-08		－893.6	－785.5	－695.7	－791.6	68.4
2001-01-17			－246.9	134.9	－56.0	－42.6	2000-11-22		－895.4	－788	－697	－793.5	66.5
2001-02-02			－246.9	134.4	－56.3	－42.9	2000-12-05		－899.7	－794.4	－701.3	－798.5	61.5
2001-02-16			－247.1	132.8	－57.2	－43.8	2000-12-18		－905.1	－797.5	－707.3	－803.3	56.7
2001-02-27			－244.7	135.4	－54.7	－41.3	2001-01-02		－907.8	－797.5	－709.9	－805.1	54.9
2001-03-27			－238.2	145.2	－46.5	－33.1	2001-02-02		－911.5	－803.2	－713.5	－809.4	50.6
2001-04-10			－243.3	139.6	－51.9	－38.5	2001-02-16		－912.6	－804.8	－714.9	－810.8	49.2
2001-04-27			－240.3	142.5	－48.9	－35.5	2001-02-26		－914.1	－807.6	－715.9	－812.5	47.5
2001-05-08			－243.3	137.5	－52.9	－39.5	2001-03-14		－902.3	－793.8	－704.8	－800.3	59.7
2001-05-23			－239.7	138.7	－50.5	－37.1	2001-03-27		－900.1	－792.7	－703	－798.6	61.4
2001-06-05			－232.7	150.7	－41.0	－27.6	2001-04-10		－905.6	－795.2	－708.1	－803.0	57.0
2001-06-19			－232.2	151.5	－40.4	－27.0	2001-04-24		－907.6	－799.5	－710.1	－805.7	54.3
2001-07-17			－224.7	152.9	－35.9	－22.5	2001-05-08		－906.7	－799.5	－708.9	－805.0	55.0
2001-08-28			－217.7	167.4	－25.2	－11.8	2001-05-22		－903.2	－796.1	－706	－801.8	58.2
2001-09-12			－218.2	162.1	－28.1	－14.7	2001-06-05		－896.9	－787.3	－700	－794.7	65.3
2001-09-25			－218.9	159.6	－29.7	－16.3	2001-06-19		－892.6	－783.4	－696.1	－790.7	69.3
2001-10-09			－219.5	159.9	－29.8	－16.4	2001-07-17		－885.3	－778	－689.7	－784.3	75.7
2001-10-23			－221	158.4	－31.3	－17.9	2001-08-14		－886.2	－778.8	－690.7	－785.2	74.8
2001-10-30			－221.5	158	－31.8	－18.4	2001-08-28		－873.8	－766.5	－680.5	－773.6	86.4
2001-11-14			－224.1	153.1	－35.5	－22.1	2001-09-11		－877.6	－772	－682.8	－777.5	82.5
2001-11-28			－228.4	148.1	－40.2	－26.8	2001-09-25		－880.6	－772.6	－685.1	－779.4	80.6
2001-12-13			－232.7	143.3	－44.7	－31.3	2001-10-09		－880.2	－772.2	－685	－779.1	80.9
2001-12-29			－231.6	145.5	－43.1	－29.7	2001-10-23		－881.1	－773.5	－686.1	－780.2	79.8

续表 3-3

ST3 - 3							ST3 - 4						
日期（年-月-日）	温度（℃）	SS - 7（με）	SS - 8（με）	SS - 9（με）	平均（με）	应变变化（με）	日期（年-月-日）	温度（℃）	SS - 10（με）	SS - 11（με）	SS - 12（με）	平均（με）	应变变化（με）
2002-01-11			-230.7	147.3	-41.7	-28.3	2001-10-29		-881.3	-771.8	-686.3	-779.8	80.2
2002-01-22			-230.4	148.3	-41.1	-27.7	2001-11-13		-885.1	-777.9	-689.8	-784.3	75.7
2002-02-05			-229.8	149.7	-40.1	-26.7	2001-11-27		-890.4	-783.6	-694	-789.3	70.7
2002-02-19			-229.1	150.5	-39.3	-25.9	2001-12-21		-895.1	-790.1	-698.8	-794.7	65.3
2002-03-05			-237.9	136.3	-50.8	-37.4	2002-01-05		-893.8	-788.1	-697.2	-793.0	67.0
2002-03-13			-238.3	136.8	-50.8	-37.4	2002-01-17		-892.9	-787.7	-696.4	-792.3	67.7
2002-03-29			-239.1	139.3	-49.9	-36.5	2002-02-01		-891	-784.6	-694.7	-790.1	69.9
2002-04-12			-238.7	138	-50.4	-37.0	2002-02-07		-890.4	-783.1	-694.2	-789.2	70.8
2002-04-26			-232.4	148.3	-42.1	-28.7	2002-02-22		-890.1	-785	-693.9	-789.7	70.3
2002-05-10			-230.4	151.9	-39.3	-25.9	2002-03-08		-904.7	-800.8	-707.6	-804.4	55.6
2002-05-23			-234.5	143	-45.8	-32.4	2002-03-22		-904	-796.7	-707.1	-802.6	57.4
2002-06-07			-223.7	159.4	-32.2	-18.8	2002-04-05		-904.1	-797.5	-707.1	-802.9	57.1
2002-06-21			-231.1	145.4	-42.9	-29.5	2002-04-19		-896.5	-790.8	-700	-795.8	64.2
2002-07-19			-221.5	161.6	-30.0	-16.6	2002-05-02		-893.4	-786.5	-696.8	-792.2	67.8
2002-08-02			-222.2	158.2	-32.0	-18.6	2002-05-17		-894.3	-790.3	-698.3	-794.3	65.7
2002-08-15			-223.5	156.5	-33.5	-20.1	2002-05-31		-888.5	-783.5	-692.8	-788.3	71.7
2002-08-30			-217.2	163.7	-26.8	-13.4	2002-06-14		-898.3	-796.5	-701.9	-798.9	61.1
2002-09-13			-214.6	164.5	-25.1	-11.7	2002-06-28		-885	-783.8	-689.7	-786.2	73.8
2002-09-27			-216.4	160.6	-27.9	-14.5	2002-07-13		-880.5	-784	-685.4	-783.3	76.7
2002-10-10			-217.3	159.4	-29.0	-15.6	2002-07-26		-880.4	-784	-685.4	-783.3	76.7
2002-10-25			-217.5	159	-29.3	-15.9	2002-08-09		-881.8	-784	-686.7	-784.2	75.8
2002-11-08			-269.3	158.4	-55.5	-42.1	2002-08-23		-873.5	-784	-678.8	-778.8	81.2
2002-11-22			-219.3	159.4	-30.0	-16.6	2002-09-06		-871	-784	-677.2	-777.4	82.6
2002-12-06			-218.2	159.2	-29.5	-16.1	2002-09-19		-875.7	-784	-681.2	-780.3	79.7
2002-12-20			-217.9	158.2	-29.9	-16.5	2002-10-03		-878	-784	-683.5	-781.8	78.2
2003-01-14			-230.2	144.4	-42.9	-29.5	2002-10-18		-878.9	-784	-684.3	-782.4	77.6
2003-01-27			-234	137.5	-48.3	-34.9	2002-11-01		-879.5	-784	-684.5	-782.7	77.3
2003-02-21			-237.8	134	-51.9	-38.5	2002-11-29		-878.2	-784	-683.3	-781.8	78.2
2003-03-05			-237.2	137.1	-50.1	-36.7	2002-12-12		-878.4	-784	-683.7	-782.0	78.0
2003-03-18			-236	139	-48.5	-35.1	2002-12-27		-879.1	-784	-684.4	-782.5	77.5
2003-04-04			-236	139	-48.5	-35.1	2003-01-10		-893.4	-784.6	-697.3	-791.8	68.2
2003-04-17			-235.3	140.2	-47.6	-34.2	2003-01-24		-900.9	-792.9	-704.1	-799.3	60.7
2003-05-02			-235.6	140.4	-47.6	-34.2	2003-02-09		-903.2	-797.9	-706.5	-802.5	57.5

续表 3-3

ST3 - 3							ST3 - 4						
日期（年-月-日）	温度（℃）	SS - 7（με）	SS - 8（με）	SS - 9（με）	平均（με）	应变变化（με）	日期（年-月-日）	温度（℃）	SS - 10（με）	SS - 11（με）	SS - 12（με）	平均（με）	应变变化（με）
2003-05-16			-233.3	145.4	-44.0	-30.6	2003-02-19		-905.7	-797.3	-708.8	-803.9	56.1
2003-05-30			-224.6	155.8	-34.4	-21.0	2003-03-05		-903.3	-795.8	-706.3	-801.8	58.2
2003-06-12			-223.2	156.5	-33.4	-20.0	2003-03-18		-902	-792.2	-705.1	-799.8	60.2
2003-06-26			-220.2	159.4	-30.4	-17.0	2003-04-03		-900.4	-789.4	-703.3	-797.7	62.3
2003-07-10			-223.2	155	-34.1	-20.7	2003-04-17		-900.1	-790.7	-703	-797.9	62.1
2003-08-01			-218.4	159.2	-29.6	-16.2	2003-04-30		-899.4	-789.3	-702.6	-797.1	62.9
2003-08-15			-219.1	157.4	-30.9	-17.5	2003-05-15		-899.1	-789.3	-702.3	-796.9	63.1
2003-08-29			-219.3	156.2	-31.6	-18.2	2003-05-30		-888.2	-802	-691.7	-794.0	66.0
2003-09-11			-214.7	167.1	-23.8	-10.4	2003-06-12		-885.6	-775.7	-689.7	-783.7	76.3
2003-09-25			-216.3	166.2	-25.1	-11.7	2003-07-10		-884.4	-773.8	-688.3	-782.2	77.8
2003-10-09			-218.4	156.8	-30.8	-17.4	2003-08-01		-878.6	-771.3	-683.8	-777.9	82.1
2003-10-21			-218.8	156.8	-31.0	-17.6	2003-08-14		-880.9	-773.8	-685.9	-780.2	79.8
2003-11-13			-221	153.5	-33.8	-20.4	2003-08-28		-881.7	-772.1	-686.3	-780.0	80.0
2003-11-26			-221.9	151.7	-35.1	-21.7	2003-09-11		-871.9	-761.6	-677.2	-770.2	89.8
2003-12-25			-228.4	149	-39.7	-26.3	2003-09-25		-872.2	-762.6	-678.1	-771.0	89.0
2003-12-30			-227.5	143.3	-42.1	-28.7	2003-10-09		-878.7	-768.6	-681.8	-776.4	83.6
2004-01-08			-227.5	151.5	-38.0	-24.6	2003-10-21		-877.9	-766.6	-682.8	-775.8	84.2
2004-01-16			-227.1	151.9	-37.6	-24.2	2003-11-13		-881.6	-770.2	-685.8	-779.2	80.8
2004-02-13			-234.5	136.8	-48.9	-35.5	2003-11-27		-883	-772.1	-686.7	-780.6	79.4
2004-02-26			-236	136.3	-49.9	-36.5	2003-12-11		-892.1	-780.8	-695.3	-789.4	70.6
2004-03-11			-236	136.5	-49.8	-36.4	2003-12-24		-891.4	-780.8	-694.1	-788.8	71.2
2004-03-25			-235.4	136.3	-49.6	-36.2	2004-01-07		-888.1	-774	-690.8	-784.3	75.7
2004-04-07			-235.4	137.5	-49.0	-35.6	2004-01-16		-888.4	-777.2	-691.3	-785.6	74.4
2004-04-20			-231.5	146.6	-42.5	-29.1	2004-02-13		-902.6	-792.2	-704.2	-799.7	60.3
2004-05-01			-230.6	147.8	-41.4	-28.0	2004-02-27		-904.1	-792.1	-705.7	-800.6	59.4
2004-05-18			-226	152.6	-36.7	-23.3	2004-03-11		-904.1	-794.1	-706	-801.4	58.6
2004-06-01			-223.2	155.8	-33.7	-20.3	2004-03-24		-904.1	-794.1	-705.5	-801.2	58.8
2004-06-18			-228.6	142.8	-42.9	-29.5	2004-04-07		-904	-792.9	-704.8	-800.6	59.4
2004-06-24			-228.4	146.4	-41.0	-27.6	2004-04-20		-895.9	-782.1	-697.7	-791.9	68.1
2004-06-30			-226	147.8	-39.1	-25.7	2004-05-02		-893.4	-781	-695	-789.8	70.2

续表 3-3

ST3 − 3							ST3 − 4						
日期（年-月-日）	温度（℃）	SS − 7（με）	SS − 8（με）	SS − 9（με）	平均（με）	应变变化（με）	日期（年-月-日）	温度（℃）	SS − 10（με）	SS − 11（με）	SS − 12（με）	平均（με）	应变变化（με）
2004-07-06			−223.8	156.8	−33.5	−20.1	2004-05-18		−888.7	−775.1	−690.1	−784.6	75.4
2004-07-13			−216	165.3	−25.4	−12.0	2004-06-01		−885.7	−773	−688	−782.2	77.8
2004-07-22			−217.2	160.9	−28.2	−14.8	2004-06-18		−895.7	−775	−697.7	−789.5	70.5
2004-08-05			−217.3	159.2	−29.1	−15.7	2004-06-24		−893.3	−780.7	−695.1	−789.7	70.3
2004-08-17			−219.1	160.2	−29.5	−16.1	2004-06-30		−891.3	−779	−693.7	−788.0	72.0
2004-09-02			−211.6	167.4	−22.1	−8.7	2004-07-06		−885.6	−772.6	−687.1	−781.8	78.2
2004-09-09			−211.8	170.3	−20.8	−7.4	2004-07-13		−874.1	−761	−678.4	−771.2	88.8
2004-09-21			−211.5	168.7	−21.4	−8.0	2004-07-22		−878	−768	−684	−776.7	83.3
2004-10-02			−211.8	166.5	−22.7	−9.3	2004-08-05		−878.9	−768.8	−682.2	−776.6	83.4
2004-10-21			−213.8	163.1	−25.4	−12.0	2004-08-17		−878.9	−769.8	−682	−776.9	83.1
2004-11-18			−214.7	159.6	−27.6	−14.2	2004-09-02		−868.4	−759.9	−673.2	−767.2	92.8
2004-12-01			−220.6	153.6	−33.5	−20.1	2004-09-09		−869.7	−759.7	−674.1	−767.8	92.2
2005-01-25			−221.7	152.4	−34.7	−21.3	2004-09-21		−896.8	−736.7	−674.7	−769.4	90.6
2005-02-03			−223.7	150.7	−36.5	−23.1	2004-10-02		−871.6	−761	−676.3	−769.6	90.4
2005-02-17			−225.1	154.8	−35.2	−21.8	2004-10-21		−873.2	−760.6	−677.6	−770.5	89.5
2005-03-01			−222.6	152.6	−35.0	−21.6	2004-11-04		−874.4	−759.7	−678.4	−770.8	89.2
2005-03-17			−224.6	150.7	−37.0	−23.6	2004-11-18		−874.8	−879.8	−679.1	−811.2	48.8
2005-04-11			−223.5	152.1	−35.7	−22.3	2004-12-01		−884.5	−772.9	−687.3	−781.6	78.4
2005-04-23			−222.8	154.1	−34.4	−21.0	2004-12-14		−886.9	−775.9	−689.6	−784.1	75.9
2005-05-08			−219.8	158.2	−30.8	−17.4	2005-01-03		−887.5	−772.9	−690.2	−783.5	76.5
2005-06-09			−229.3	143.7	−42.8	−29.4	2005-01-18		−885.9	−772.9	−687.8	−782.2	77.8
2005-06-23			−224.7	152.1	−36.3	−22.9	2005-02-03		−885.5	−771.5	−688.2	−781.7	78.3
2005-06-30			−218.8	162.3	−28.3	−14.9	2005-02-17		−886.8	−770	−688.9	−781.9	78.1
2005-07-07			−213.1	169.9	−21.6	−8.2	2005-03-01		−884.6	−770.2	−686.7	−780.5	79.5
2005-07-19			−212.7	162.5	−25.1	−11.7	2005-03-17		−886	−773.9	−688.3	−782.7	77.3
2005-08-01			−214.2	164.7	−24.8	−11.4	2005-04-09		−860.7	−770	−685.7	−772.1	87.9
2005-08-17			−212	163.7	−24.2	−10.8	2005-04-22		−882.8	−767.9	−685.2	−778.6	81.4
2005-09-06			−212.3	161.8	−25.3	−11.9	2005-05-08		−880.4	−767.4	−683.2	−777.0	83.0
2005-09-20			−214.6	159.9	−27.4	−14.0	2005-05-26		−890.5	−781.2	−666	−779.2	80.8
2005-10-08			−210.9	163.7	−23.6	−10.2	2005-06-09		−894.9	−783.4	−696.6	−791.6	68.4
2005-11-08			−215.9	156.8	−29.6	−16.2	2005-06-16		−895.8	−784.1	−697.9	−792.6	67.4

续表 3-3

ST3－3							ST3－4						
日期（年-月-日）	温度（℃）	SS－7（με）	SS－8（με）	SS－9（με）	平均（με）	应变变化（με）	日期（年-月-日）	温度（℃）	SS－10（με）	SS－11（με）	SS－12（με）	平均（με）	应变变化（με）
2006-08-01			－205.2	176.07	－14.6	－1.2	2005-06-23		－888.2	－776.6	－689.8	－784.9	75.1
2006-08-15			－203.8	171.5	－16.2	－2.8	2005-06-30		－877	－765.1	－681	－774.4	85.6
2006-08-29			－208.1	167.9	－20.1	－6.7	2005-07-07		－868.4	－758.4	－672.4	－766.4	93.6
							2005-07-19		－873.4	－766.6	－676	－772.0	88.0
							2005-08-01		－872.8	－764.7	－676	－771.2	88.8
							2005-08-17		－874.1	－768.9	－677.9	－773.6	86.4
							2005-09-06		－872.1	－760.7	－676	－769.6	90.4
							2005-09-20		－872.6	－763	－676.9	－770.8	89.2
							2005-10-08		－868.4	－764	－673.2	－768.5	91.5
							2005-10-25		－873.1	－765	－677	－771.7	88.3
							2005-11-08		－876.2	－766	－680.1	－774.1	85.9
							2005-11-22		－878.4	－768.9	－682.4	－776.6	83.4
							2005-12-06		－882.9	－772	－685.9	－780.3	79.7
							2005-12-20		－887.9	－778.7	－691	－785.9	74.1
							2006-01-10		－891.5	－781.6	－693.8	－789.0	71.0
							2006-01-21		－894.1	－785.4	－696.2	－791.9	68.1
							2006-02-07		－894.2	－783.1	－696	－791.1	68.9
							2006-03-07		－899	－792	－700.5	－797.2	62.8
							2006-03-21		－898.6	－791.2	－700	－796.6	63.4
							2006-04-04		－897.5	－786	－700.4	－794.6	65.4
							2006-04-18		－897	－786	－699.9	－794.3	65.7
							2006-05-16		－897	－786.1	－696.6	－793.2	66.8
							2006-05-18		－895.2	－786	－696.8	－792.7	67.3
							2006-06-07		－892.5	－780	－694.2	－788.9	71.1
							2006-06-19		－885.3	－775.1	－688.3	－782.9	77.1
							2006-07-04		－869.4	－762.5	－677.8	－769.9	90.1
							2006-07-18		－873.5	－770.4	－676.6	－773.5	86.5
							2006-08-01		－858.4	－760	－664.1	－760.8	99.2
							2006-08-15		－861.1	－755.7	－666.3	－761.0	99.0
							2006-08-29		－864.1	－757.7	－668.8	－763.5	96.5

表 3-4　ST3－5 和 ST3－6 应变变化计算

ST3－5							ST3－6						
日期（年-月-日）	温度（℃）	SS－13（με）	SS－14（με）	SS－15（με）	平均（με）	应变变化（με）	日期（年-月-日）	温度（℃）	SS－16（με）	SS－17（με）	SS－18（με）	平均（με）	应变变化（με）
1999-03-16	16.1	－123.8	－178.2	－436.3	－246.1	—	1999-03-17	15.7	－115.6	－274.7	－211.1	－163.4	—
1999-03-22	13.4	－728.2	－754.1	－1001.9	－828.1	0.0	1999-03-23	13.4	－711.9	－739.4	－741.6	－726.8	0.0
1999-07-27	21.5	－640.4	－681.6	－957.7	－759.9	68.2	1999-07-28	21.5	－687.4	－687.6	－657.9	－672.7	54.2
1999-11-09	15.8	－641.1	－672.6	－958.3	－757.3	70.8	1999-11-09	16.4	－686.9	－687.2	－654.4	－670.7	56.2
1999-11-11	15.4	－641.5	－672.8	－958.8	－757.7	70.4	1999-11-11	16.1	－687.4	－687.8	－654.6	－671.0	55.8
1999-11-18	14.2	－643.9	－674.9	－974.3	－764.4	63.7	1999-11-18	14.9	－689.6	－686.8	－656.1	－672.9	53.9
1999-11-22	14.0	－643.9	－674.7	－960.1	－759.6	68.5	1999-11-22	15.2	－690.0	－685.7	－656.2	－673.1	53.7
1999-11-25	13.5	－645.0	－675.4	－960.6	－760.3	67.8	1999-11-25	14.1	－691.0	－686.6	－656.4	－673.7	53.1
1999-11-29	13.3	－645.5	－676.5	－961.6	－761.2	66.9	1999-11-29	14.2	－691.8	－686.8	－657.6	－674.7	52.1
1999-12-02	12.4	－646.9	－677.3	－962.2	－762.1	66.0	1999-12-02	13.3	－692.6	－684.4	－658.3	－675.5	51.3
1999-12-06	11.3	－648.6	－679.1	－964.1	－763.9	64.2	1999-12-06	12.3	－694.0	－688.8	－657.9	－676.0	50.8
1999-12-13	9.8	－652.2	－682.6	－967.6	－767.5	60.6	1999-12-13	10.8	－697.5	－691.7	－662.5	－680.0	46.8
1999-12-22	7.9	－655.4	－685.9	－970.4	－770.6	57.5	1999-12-22	9.0	－700.0	－694.7	－665.3	－682.7	44.2
1999-12-20	7.8	－654.2	－685.0	－969.7	－769.6	58.5	1999-12-20	8.9	－699.4	－694.0	－664.5	－682.0	44.8
2000-01-03	6.8	－657.6	－688.0	－973.4	－773.0	55.1	2000-01-03	8.8	－702.2	－696.3	－667.3	－684.8	42.1
2000-01-10	5.3	－660.1	－690.8	－976.6	－775.8	52.3	2000-01-10	6.5	－704.1	－699.8	－669.5	－686.8	40.0
2000-01-17	4.8	－659.1	－689.7	－975.7	－774.8	53.3	2000-01-17	5.8	－703.5	－699.7	－669.5	－686.5	40.3
2000-01-27	5.1	－661.1	－691.8	－977.6	－776.8	51.3	2000-01-27	6.2	－705.1	－699.0	－670.0	－687.6	39.3
2000-02-14	5.5	－661.0	－691.5	－976.4	－776.3	51.8	2000-02-14	6.3	－705.4	－699.0	－670.3	－687.9	39.0
2000-02-21	3.1	－663.7	－694.8	－979.0	－779.2	48.9	2000-02-21	4.0	－707.8	－702.8	－672.8	－690.3	36.5
2000-02-28	3.5	－663.8	－694.4	－979.0	－779.1	49.0	2000-02-28	4.3	－708.0	－702.3	－672.0	－690.0	36.8
2000-03-06	3.7	－662.8	－693.5	－978.0	－778.1	50.0	2000-03-06	4.6	－707.0	－701.3	－672.4	－689.7	37.1
2000-03-21	6.2	－658.2	－689.3	－973.6	－773.7	54.4	2000-03-21	6.9	－703.5	－697.2	－668.8	－686.2	40.7
2000-03-27	8.6	－653.8	－684.6	－969.3	－769.2	58.9	2000-03-27	9.1	－700.0	－693.3	－664.9	－682.5	44.3
2000-04-03	8.9	－652.9	－684.0	－968.9	－768.6	59.5	2000-04-03	9.8	－699.4	－692.4	－663.9	－681.7	45.2
2000-04-10	10.6	－650.0	－680.7	－965.7	－765.5	62.6	2000-04-10	12.4	－679.0	－689.8	－662.2	－670.6	56.2
2000-04-17	11.0	－648.6	－679.8	－964.7	－764.4	63.7	2000-04-17	11.5	－696.2	－688.9	－660.1	－678.2	48.6
2000-04-24	12.1	－647.1	－677.5	－962.9	－762.5	65.6	2000-04-24	12.7	－694.4	－686.8	－658.3	－676.4	50.5
2000-05-01	13.8	－643.9	－674.7	－960.3	－759.6	68.5	2000-05-01	14.2	－691.8	－684.1	－656.0	－673.9	52.9
2000-05-08	15.3	－640.4	－671.2	－957.4	－756.3	71.8	2000-05-08	15.7	－688.9	－680.7	－652.6	－670.8	56.1
2000-06-28	20.4	－627.2	－658.2	－947.1	－744.2	83.9	2000-06-28	20.6	－676.6	－668.9	－641.2	－658.9	67.9
2000-07-10	22.0	－623.4	－654.1	－944.2	－740.6	87.5	2000-07-10	22.1	－673.5	－665.3	－638.0	－655.8	71.1
2000-07-17	23.5	－620.5	－651.6	－940.1	－737.4	90.7	2000-07-17	23.4	－671.0	－662.0	－635.4	－653.2	73.6
2000-07-27	25.3	－615.5	－646.5	－936.3	－732.8	95.3	2000-07-27	25.2	－666.1	－657.9	－631.3	－648.7	78.1
2000-08-07	21.9	－620.3	－650.4	－941.2	－737.3	90.8	2000-08-07	22.2	－669.3	－661.9	－636.2	－652.8	74.1
2000-08-17		－621.3	－651.2	－941.8	－738.1	90.0	2000-08-17		－669.4	－662.6	－636.6	－653.0	73.8
2000-08-28		－622.9	－652.6	－943.2	－739.6	88.5	2000-08-28		－671.3	－664.2	－638.3	－654.8	72.0

续表 3-4

ST3－5							ST3－6						
日期（年-月-日）	温度（℃）	SS－13（με）	SS－14（με）	SS－15（με）	平均（με）	应变变化（με）	日期（年-月-日）	温度（℃）	SS－16（με）	SS－17（με）	SS－18（με）	平均（με）	应变变化（με）
2000-09-08		-624	-653.5	-943.5	-740.3	87.8	2000-09-08		-672	-665.1	-638.6	-655.3	71.5
2000-09-19		-624.8	-653.8	-943.5	-740.7	87.4	2000-09-19		-672.2	-664.9	-639	-655.6	71.2
2000-09-29		-625.4	-655	-944.7	-741.7	86.4	2000-09-29		-672.8	-666.1	-639.8	-656.3	70.5
2000-10-10		-626.9	-656.9	-946.3	-743.4	84.7	2000-10-10		-674.4	-668	-641.1	-657.8	69.1
2000-10-18		-628.8	-657.7	-946	-744.2	83.9	2000-10-18		-675.8	-668.5	-642.9	-659.4	67.5
2000-10-31		-629	-660.1	-953.8	-747.6	80.5	2000-10-31		-677.8	-671.3	-643.8	-660.8	66.0
2000-11-08		-634.2	-665.5	-957.4	-752.4	75.7	2000-11-08		-681.8	-676	-647.7	-664.8	62.1
2000-11-22		-635.8	-667.2	-959.1	-754.0	74.1	2000-11-22		-683.2	-677.3	-648.2	-665.7	61.1
2000-12-05		-639.5	-671.4	-963.4	-758.1	70.0	2000-12-05		-686.5	-681.4	-651.4	-669.0	57.8
2000-12-18		-644.4	-675.8	-972.3	-764.2	63.9	2000-12-18		-690.8	-688.2	-656.1	-673.5	53.3
2001-01-02		-647.3	-678.8	-974.4	-766.8	61.3	2001-01-02		-693.2	-691.5	-657.5	-675.4	51.4
2001-02-02		-650.4	-681.8	-978.6	-770.3	57.8	2001-02-02		-695.9	-694.2	-660.3	-678.1	48.7
2001-02-16		-651.8	-683.1	-979.7	-771.5	56.6	2001-02-16		-696.9	-695.9	-661.2	-679.1	47.8
2001-02-26		-652.6	-683.8	-981.6	-772.7	55.4	2001-02-26		-697.7	-697.9	-662.2	-680.0	46.8
2001-03-14		-641.8	-673.9	-972	-762.6	65.5	2001-03-14		-688.8	-687.6	-653.8	-671.3	55.5
2001-03-27		-640.7	-672.9	-974.5	-762.7	65.4	2001-03-27		-687.6	-685.7	-652	-669.8	57.0
2001-04-10		-645.8	-677	-973	-765.3	62.8	2001-04-10		-692.2	-690.2	-656.5	-674.4	52.4
2001-04-24		-648.5	-679.7	-974.9	-767.7	60.4	2001-04-24		-694.4	-693.2	-658.9	-676.7	50.2
2001-05-08		-647.9	-678.8	-974.7	-767.1	61.0	2001-05-08		-693.5	-691.3	-657.9	-675.7	51.1
2001-05-22		-645	-676	-971.6	-764.2	63.9	2001-05-22		-691.5	-690.1	-655.6	-673.6	53.3
2001-06-05		-637.2	-669.2	-965.5	-757.3	70.8	2001-06-05		-685.2	-683.3	-649.8	-667.5	59.3
2001-06-19		-633	-665.1	-961.5	-753.2	74.9	2001-06-19		-682	-679.2	-646.7	-664.4	62.4
2001-07-17		-628.6	-659.5	-956.3	-748.1	80.0	2001-07-17		-677.2	-675.7	-642.3	-659.8	67.1
2001-08-14		-628.6	-658.2	-957.3	-748.0	80.1	2001-08-14		-677.8	-677.6	-643.2	-660.5	66.3
2001-08-28		-615	-646	-945.9	-735.6	92.5	2001-08-28		-667.2	-666.6	-632.2	-649.7	77.1
2001-09-11		-619.9	-649.6	-949	-739.5	88.6	2001-09-11		-669.9	-670.7	-635.6	-652.8	74.1
2001-09-25		-622.8	-651.8	-950.9	-741.8	86.3	2001-09-25		-672.2	-673	-637.9	-655.1	71.8
2001-10-09		-622	-651.3	-952	-741.8	86.3	2001-10-09		-672.2	-647.7	-638.2	-655.2	71.6
2001-10-23		-623.9	-652.4	-951.9	-742.7	85.4	2001-10-23		-673.3	-676	-639.1	-656.2	70.6
2001-10-29		-624.3	-652.8	-953.6	-743.6	84.5	2001-10-29		-673.6	-675.7	-639.7	-656.7	70.1
2001-11-13		-628.5	-656.6	-956.9	-747.3	80.8	2001-11-13		-677.3	-679.9	-643.2	-660.3	66.6
2001-11-27		-633.7	-660.8	-961	-751.8	76.3	2001-11-27		-681.3	-684.3	-647.1	-664.2	62.6
2001-12-21		-638.8	-665.5	-965.7	-756.7	71.4	2001-12-21		-685.4	-690.7	-651.2	-668.3	58.5
2002-01-05		-636.6	-663.8	-963.8	-754.7	73.4	2002-01-05		-684.1	-688.7	-649.5	-666.8	60.0
2002-01-17		-635.7	-663.2	-963.8	-754.2	73.9	2002-01-17		-683.3	-688.1	-648.5	-665.9	60.9
2002-02-01		-633.1	-660.8	-961	-751.6	76.5	2002-02-01		-681.1	-685.4	-646	-663.6	63.3
2002-02-07		-632.9	-660.3	-960.7	-751.3	76.8	2002-02-07		-680.5	-684.7	-645.5	-663.0	63.8

续表 3-4

ST3－5							ST3－6						
日期（年-月-日）	温度（℃）	SS－13（με）	SS－14（με）	SS－15（με）	平均（με）	应变变化（με）	日期（年-月-日）	温度（℃）	SS－16（με）	SS－17（με）	SS－18（με）	平均（με）	应变变化（με）
2002-02-22		－632.2	－660	－959.3	－750.5	77.6	2002-02-22		－680.4	－683.9	－645.1	－662.8	64.1
2002-03-08		－647.2	－673.3	－973.1	－764.5	63.6	2002-03-08		－692.6	－699.7	－657.3	－675.0	51.8
2002-03-22		－646.8	－673.2	－973.8	－764.6	63.5	2002-03-22		－692.4	－699.9	－657.5	－675.0	51.8
2002-04-05		－646.5	－672.9	－973.9	－764.4	63.7	2002-04-05		－692.3	－699.5	－657.2	－674.8	52.1
2002-04-19		－638.2	－665.1	－966.4	－756.6	71.5	2002-04-19		－685.3	－691.3	－650.4	－667.9	59.0
2002-05-02		－634.8	－662.3	－963.4	－753.5	74.6	2002-05-02		－682.8	－686.9	－647.6	－665.2	61.6
2002-05-17		－636.8	－664.5	－963.8	－755.0	73.1	2002-05-17		－684.6	－691.7	－648.9	－666.8	60.1
2002-05-31		－630.7	－658.5	－959.1	－749.4	78.7	2002-05-31		－679.4	－685.6	－643.9	－661.7	65.2
2002-06-14		－640.7	－667.8	－967.5	－758.7	69.4	2002-06-14		－687.4	－696	－652.3	－669.9	57.0
2002-06-28		－627.4	－655.9	－958.2	－747.2	80.9	2002-06-28		－677.2	－686.1	－643.9	－660.6	66.3
2002-07-13		－622.4	－651	－951	－741.5	86.6	2002-07-13		－672.2	－679.6	－637.6	－654.9	71.9
2002-07-26		－623.9	－652.6	－952.2	－742.9	85.2	2002-07-26		－673.9	－680.5	－638.3	－656.1	70.7
2002-08-09		－625.2	－653.8	－952.8	－743.9	84.2	2002-08-09		－674.7	－680.7	－639.1	－656.9	69.9
2002-08-23		－617	－646.6	－945.8	－736.5	91.6	2002-08-23		－668.2	－673.9	－632.2	－650.2	76.6
2002-09-06		－614.9	－644.7	－943.2	－734.3	93.8	2002-09-06		－666.3	－673.1	－630.9	－648.6	78.2
2002-09-19		－619.8	－648.4	－947.3	－738.5	89.6	2002-09-19		－669.7	－676	－634.4	－652.1	74.8
2002-10-03		－621.3	－650.2	－949.7	－740.4	87.7	2002-10-03		－671.3	－678.6	－636.6	－654.0	72.8
2002-10-18		－622.2	－651	－950.6	－741.3	86.8	2002-10-18		－671.9	－679.9	－637.6	－654.8	72.1
2002-11-01		－622.4	－650.7	－950.6	－741.2	86.9	2002-11-01		－672	－680.3	－637.6	－654.8	72.0
2002-11-29		－621.9	－650.5	－949.3	－740.6	87.5	2002-11-29		－671.9	－679.1	－636.6	－654.3	72.6
2002-12-12		－622.6	－650.7	－950.1	－741.1	87.0	2002-12-12		－672.2	－680.1	－637.2	－654.7	72.1
2002-12-27		－622.6	－650.7	－951	－741.4	86.7	2002-12-27		－672.2	－680.7	－637.6	－654.9	71.9
2003-01-10		－636.2	－663	－962.9	－754.0	74.1	2003-01-10		－683.1	－692	－648	－665.6	61.3
2003-01-24		－643.3	－670.1	－969.5	－761.0	67.1	2003-01-24		－689.4	－699.1	－654.1	－671.8	55.1
2003-02-09		－645.8	－672.8	－972.1	－763.6	64.5	2003-02-09		－691.6	－702.6	－656.5	－674.1	52.8
2003-02-19		－648.2	－647.7	－975.9	－757.3	70.8	2003-02-19		－693.7	－705.8	－659.3	－676.5	50.3
2003-03-05		－645.8	－673	－973.4	－764.1	64.0	2003-03-05		－691.8	－704.4	－657.7	－674.8	52.1
2003-03-18		－644.5	－671.6	－972.5	－762.9	65.2	2003-03-18		－690.8	－702.9	－656.5	－673.7	53.2
2003-04-03		－643.2	－670.6	－970.9	－761.6	66.5	2003-04-03		－689.4	－702.1	－655.3	－672.4	54.5
2003-04-17		－642.6	－669.9	－970.4	－761.0	67.1	2003-04-17		－689.3	－701	－654.7	－672.0	54.8
2003-04-30		－642.3	－669.7	－970.3	－760.8	67.3	2003-04-30		－689.1	－701.2	－654.6	－671.9	54.9
2003-05-15		－642.7	－669.7	－969.9	－760.8	67.3	2003-05-15		－689.4	－702.6	－654.4	－671.9	54.9
2003-05-30		－629.9	－658.7	－956.9	－748.5	79.6	2003-05-30		－679.4	－691	－643.5	－661.5	65.3
2003-06-12		－627.8	－656.5	－955.7	－746.7	81.4	2003-06-12		－677.3	－689.6	－641.2	－659.3	67.6
2003-07-10		－626.8	－655.7	－954.7	－745.7	82.4	2003-07-10		－676.4	－690.2	－640.5	－658.5	68.3
2003-08-01		－622.2	－651.6	－950.3	－741.4	86.7	2003-08-01		－672.8	－689.1	－637.9	－655.4	71.5
2003-08-14		－624.8	－653.8	－952.8	－743.8	84.3	2003-08-14		－675.1	－691.9	－640	－657.6	69.3

续表 3-4

ST3－5							ST3－6						
日期（年-月-日）	温度（℃）	SS－13（με）	SS－14（με）	SS－15（με）	平均（με）	应变变化（με）	日期（年-月-日）	温度（℃）	SS－16（με）	SS－17（με）	SS－18（με）	平均（με）	应变变化（με）
2003-08-28		－625.3	－654.4	－952.5	－744.1	84.0	2003-08-28		－675.4	－691.6	－640.2	－657.8	69.0
2003-09-11		－613.2	－643.6	－942.4	－733.1	95.0	2003-09-11		－665.7	－677.3	－631	－648.4	78.4
2003-09-25		－614.5	－644.5	－943.5	－734.2	93.9	2003-09-25		－666.6	－678.8	－631.7	－649.2	77.6
2003-10-21		－621.2	－650	－949.4	－740.2	87.9	2003-10-09		－672.4	－684.1	－636.4	－654.4	72.4
2003-11-13		－625.3	－654.2	－953.3	－744.3	83.8	2003-10-21		－672	－686.6	－637.3	－654.7	72.2
2003-11-27		－624.7	－654.7	－952.6	－744.0	84.1	2003-11-13		－675.8	－686.1	－640.1	－658.0	68.8
2003-12-11		－635.2	－663.1	－962.1	－753.5	74.6	2003-11-27		－675.4	－686.9	－639	－657.2	69.6
2003-12-24		－632.9	－662.2	－960	－751.7	76.4	2003-12-11		－683.3	－698.8	－648.6	－666.0	60.8
2004-01-07		－629.3	－658.7	－956.8	－748.3	79.8	2003-12-24		－681.8	－695.5	－645.7	－663.8	63.1
2004-01-16		－630	－659.4	－957.6	－749.0	79.1	2004-01-07		－679.1	－693.1	－643.1	－661.1	65.7
2004-02-13		－643.6	－671.6	－970.1	－761.8	66.3	2004-01-16		－679.4	－692.3	－643.3	－661.4	65.5
2004-02-27		－645.4	－672.8	－972.6	－763.6	64.5	2004-02-13		－690.6	－710.2	－655.1	－672.9	53.9
2004-03-11		－645	－672.6	－972.6	－763.4	64.7	2004-02-27		－691.5	－709.1	－656.9	－674.2	52.6
2004-03-24		－644.9	－672.8	－972.3	－763.3	64.8	2004-03-11		－691.6	－710.5	－657.1	－674.4	52.4
2004-04-07		－644.7	－671.9	－971.7	－762.8	65.3	2004-03-24		－691.6	－712.25	－656.6	－674.1	52.7
2004-04-20		－636.2	－664	－963.8	－754.7	73.4	2004-04-07		－691	－706.3	－656.4	－673.7	53.1
2004-05-02		－633.6	－662.4	－961.6	－752.5	75.6	2004-04-20		－684.7	－698.3	－694.3	－689.5	37.3
2004-05-18		－628.8	－657.9	－956.2	－747.6	80.5	2004-05-02		－682.6	－697	－646.8	－664.7	62.1
2004-06-01		－626	－656.3	－954.1	－745.5	82.6	2004-05-18		－679	－691.9	－643.1	－661.1	65.8
2004-06-18		－636.8	－665.3	－942	－748.0	80.1	2004-06-01		－677.2	－691.3	－640.7	－659.0	67.8
2004-06-24		－637.7	－663.2	－960.4	－753.8	74.3	2004-06-18		－685.3	－615.9	－650.5	－667.9	58.9
2004-06-30		－633.1	－661.6	－960.1	－751.6	76.5	2004-06-24		－683.3	－695.5	－647.8	－665.6	61.3
2004-07-06		－625.4	－654.8	－952.6	－744.3	83.8	2004-06-30		－682.4	－694.8	－646.6	－664.5	62.3
2004-07-13		－615.5	－646.2	－944.6	－735.4	92.7	2004-07-06		－676.2	－687.8	－640.4	－658.3	68.5
2004-08-05		－621.4	－651.1	－951.6	－741.4	86.7	2004-07-13		－667.9	－679.9	－633	－650.5	76.3
2004-08-17		－620.7	－650.7	－948.6	－740.0	88.1	2004-07-22		－671.4		－635.4	－653.4	73.4
2004-09-02		－611.7	－642.8	－939.3	－731.3	96.8	2004-08-05		－672.8	－692.9	－637.8	－655.3	71.5
2004-09-09		－613.2	－643.9	－941.8	－733.0	95.1	2004-08-17		－672.5		－636.2	－654.4	72.4
2004-10-02		－615.3	－645.4	－943.1	－734.6	93.5	2004-09-02		－664.4		－629.3	－646.9	80.0
2004-10-21		－616.8	－647.6	－944.4	－736.3	91.8	2004-09-09		－665.7		－630.9	－648.3	78.5
2004-11-04		－618	－647.9	－945.5	－737.1	91.0	2004-09-21		－666.2		－632.2	－649.2	77.6
2004-11-18		－618.7	－648.3	－944.8	－737.3	90.8	2004-10-02		－667.2		－632.5	－649.9	76.9
2004-12-01		－627.2	－656.6	－955	－746.3	81.8	2004-10-21		－668.5		－633.7	－651.1	75.7
2004-12-14		－629.5	－658.7	－956.2	－748.1	80.0	2004-11-04		－669.4		－634.7	－652.1	74.8
2005-01-03		－630	－659.1	－956.6	－748.6	79.5	2004-11-18		－669.9		－635	－652.5	74.3
2005-01-18		－627.8	－657.9	－953.1	－746.3	81.8	2004-12-01		－676.9		－640.7	－658.8	68.0
2005-02-03		－627.6	－657.9	－953.1	－746.2	81.9	2004-12-14		－678.8		－643.1	－661.0	65.8
2005-02-17		－628.6	－658.5	－954.6	－747.2	80.9	2005-01-03		－678.8		－643.6	－661.2	65.6
2005-03-01		－626	－656.1	－953.2	－745.1	83.0	2005-01-18		－677.5		－641.3	－659.4	67.4

续表 3-4

ST3－5						
日期（年-月-日）	温度（℃）	SS－13（με）	SS－14（με）	SS－15（με）	平均（με）	应变变化（με）
2005-03-17		－682.2	－657.9	－954.5	－764.9	63.2
2005-04-22		－625.2	－655.6	－950.1	－743.6	84.5
2005-05-08		－623.3	－653.6	－949	－742.0	86.1
2005-05-26		－633.3	－662.6	－958.5	－751.5	76.6
2005-06-09		－636.6	－665.6	－960.8	－754.3	73.8
2005-06-16		－637	－667	－962.6	－755.5	72.6
2005-06-23		－629.7	－659.4	－954.2	－747.8	80.3
2005-06-30		－618.3	－649.7	－944.8	－737.6	90.5
2005-07-07		－609.1	－642.6	－937.5	－729.7	98.4
2005-07-19		－616.9	－646.6	－941.2	－734.9	93.2
2005-08-01		－615	－646.9	－940.8	－734.2	93.9
2005-08-17		－618.4	－649	－944.7	－737.4	90.7
2005-09-06		－616.3	－647.2	－941.3	－734.9	93.2
2005-09-20		－616.5	－647.8	－940.1	－734.8	93.3
2005-10-08		－613.5	－644.7	－941	－733.1	95.0
2005-10-25		－618	－649.4	－943.6	－737.0	91.1
2005-11-08		－620.8	－651.3	－947.2	－739.8	88.3
2005-11-22		－623.3	－653.2	－949.9	－742.1	86.0
2005-12-06		－626.9	－656.1	－952.6	－745.2	82.9
2005-12-20		－631.6	－661.2	－956.6	－749.8	78.3
2006-01-10		－633.6	－664.4	－898.4	－732.1	96.0
2006-01-21		－636.4	－667.2	－960.6	－754.7	73.4
2006-02-07		－636.4	－665.1	－960.7	－754.1	74.0
2006-03-07		－640.7	－670.5	－966.7	－759.3	68.8
2006-05-16		－635.6	－668.2	－962.2	－755.3	72.8
2006-05-18		－637.3	－667.6	－963.2	－756.0	72.1
2006-06-19		－626.6	－657.3	－952.6	－745.5	82.6
2006-07-04		－612.9	－647.5	－940.2	－733.5	94.6
2006-08-15		－606.3	－642.8	－932.2	－727.1	101.0
2006-08-29		－609.1	－645.4	－935.5	－730.0	98.1

ST3－6						
日期（年-月-日）	温度（℃）	SS－16（με）	SS－17（με）	SS－18（με）	平均（με）	应变变化（με）
2005-02-03		－677.2		－641.3	－659.3	67.6
2005-02-17		－677.9		－641.6	－659.8	67.1
2005-03-01		－676.4		－640.4	－658.4	68.4
2005-03-17		－677.9		－641.7	－659.8	67.0
2005-04-09		－675.4		－637.6	－656.5	70.3
2005-04-22		－675.6		－639.1	－657.4	69.4
2005-05-08		－673.9		－637.6	－655.8	71.1
2005-05-26		－681.9		－646.1	－664.0	62.8
2005-06-09		－684.7		－648.3	－666.5	60.3
2005-06-16		－685.8		－649.8	－667.8	59.0
2005-06-23		－679.4		－643.5	－661.5	65.3
2005-06-30		－671		－635.2	－653.1	73.7
2005-07-07		－663.7		－626.8	－645.3	81.6
2005-07-19		－668.6	－569.5	－663.8	－666.2	60.6
2005-08-01		－668.2		－631.5	－649.9	76.9
2005-08-17		－669.9		－634.6	－652.3	74.6
2005-09-06		－668.2		－633.2	－650.7	76.1
2005-09-20		－668.4		－633.3	－650.9	76.0
2005-10-08		－665.7		－631.3	－648.5	78.3
2005-10-25		－670.1		－634.7	－652.4	74.4
2005-11-08		－671.8		－636.6	－654.2	72.6
2005-11-22		－673.7		－638.8	－656.3	70.6
2005-12-06		－676.8		－641.5	－659.2	67.7
2005-12-20		－680.4		－645.3	－662.9	64.0
2006-01-10		－681.9		－646.8	－664.4	62.5
2006-01-21		－684.1		－648.6	－666.4	60.4
2006-02-07		－684	－1424.9	－647.9	－666.0	60.8
2006-03-07		－689.7		－653.2	－671.5	55.3
2006-03-21		－688		－652.7	－670.4	56.4
2006-04-04		－688.8	－287.9	－651.3	－670.1	56.8
2006-04-18		－688	－220.6	－654.2	－671.1	55.7
2006-05-16		－682.8		－651.4	－667.1	59.7
2006-05-18		－685.2		－651.6	－668.4	58.4
2006-06-07		－681.9		－646.1	－664.0	62.8
2006-06-19		－672.6	－744.2	－642.5	－657.6	69.3
2006-07-04		－665.6	－674.7	－631.1	－648.4	78.4
2006-07-18		－669.9		－634.2	－652.1	74.8
2006-08-01		－657.2		－620.2	－638.7	88.1
2006-08-15		－660.1	－672.4	－625.8	－643.0	83.8
2006-08-29		－662.9	－674.7	－627.4	－645.2	81.7

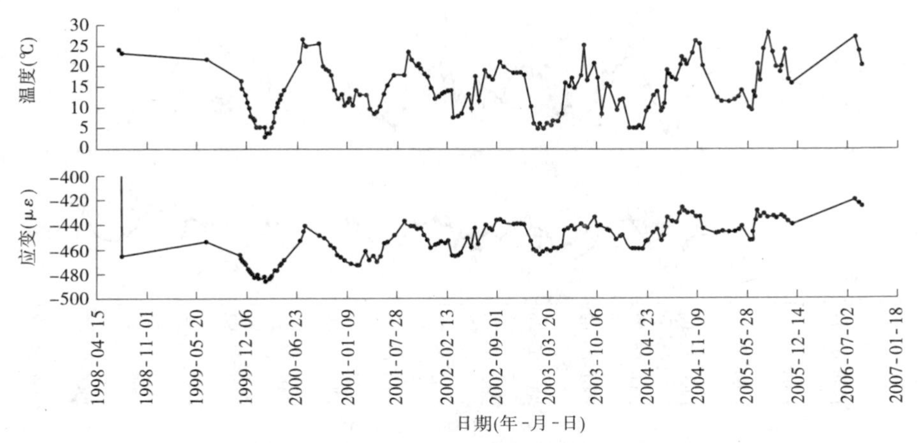

图 3-39　锚索测力计 ST3－1 温度和应变变化曲线

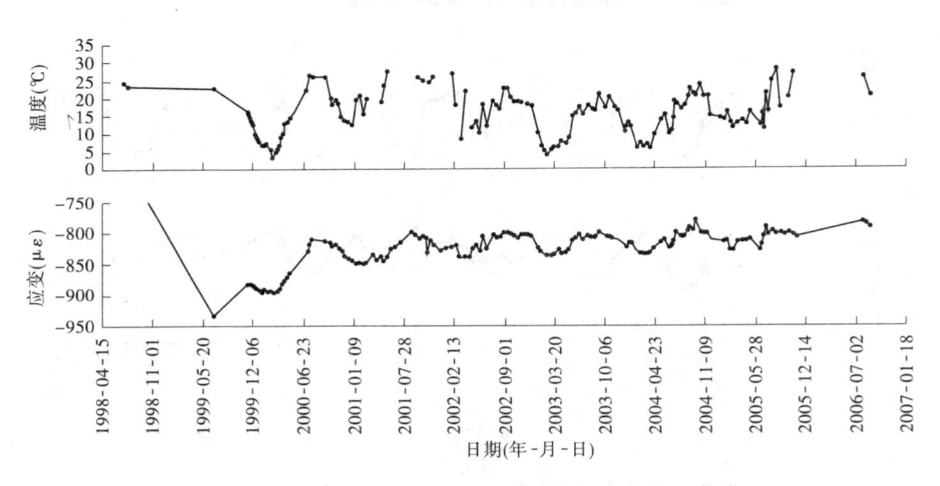

图 3-40　锚索测力计 ST3－2 温度和应变变化曲线

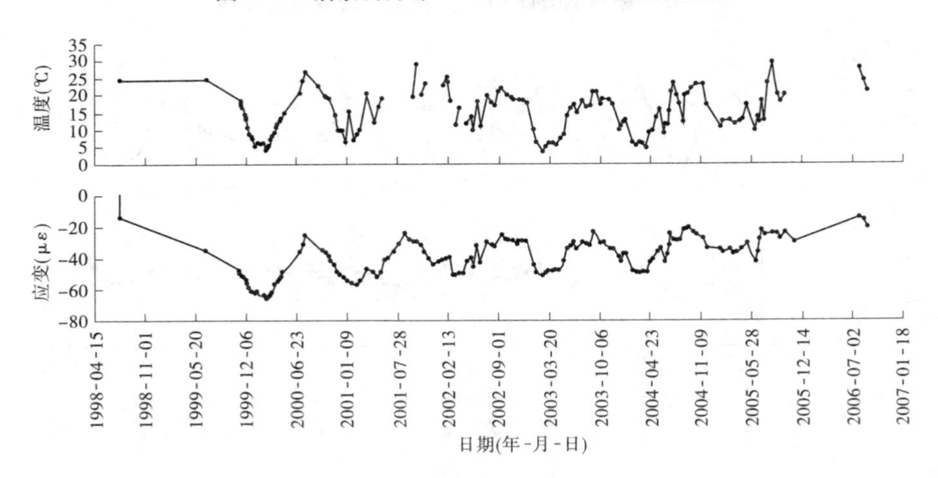

图 3-41　锚索测力计 ST3－3 温度和应变变化曲线

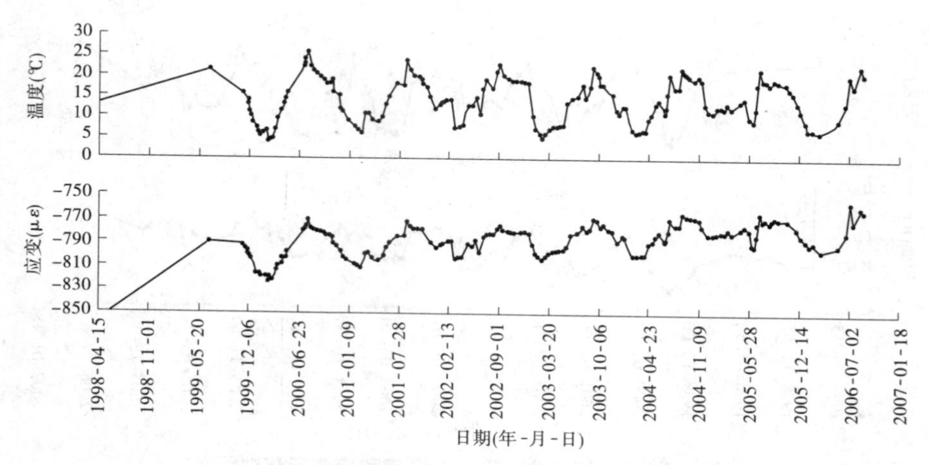

图 3-42　锚索测力计 ST3－4 温度和应变变化曲线

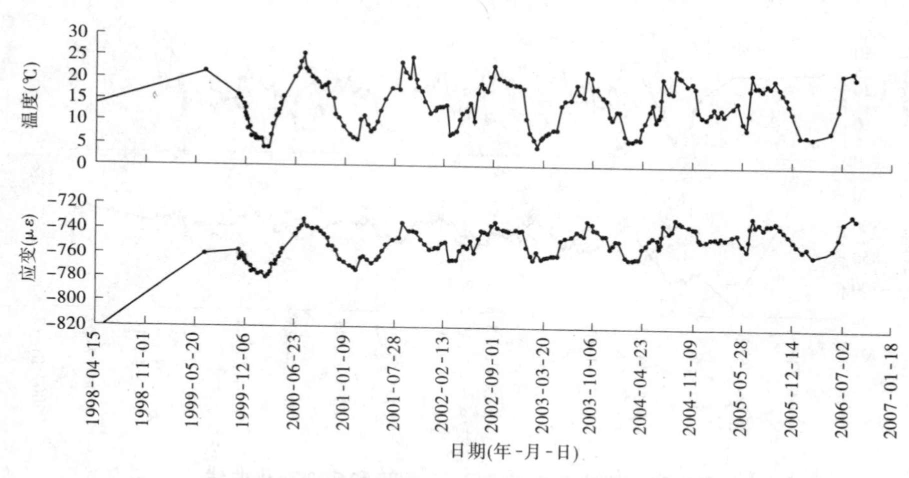

图 3-43　锚索测力计 ST3－5 温度和应变变化曲线

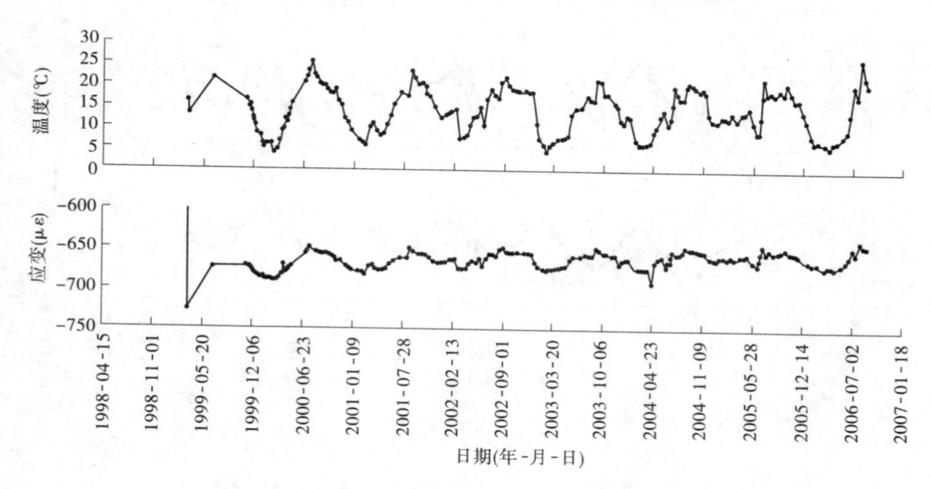

图 3-44　锚索测力计 ST3－6 温度和应变变化曲线

3.3.5 测缝计的频率和温度读数发展变化

小浪底排沙洞共安装测缝计20支,仪器观测段ST2安装5支,编号为J-1~J-5;仪器观测段ST3-A安装10支,编号为J6-1~J6-10;仪器观测段ST3-B安装5支,编号为J6-11~J6-15。其中,ST2的J-4损坏,ST3-A的J6-10损坏。

在整理数据时发现,有相当数量的读数组中没有温度读数,由于计算裂缝开合度的参数为频率和温度,因此凡没有温度读数的读数组均已删除;考虑到裂缝开度应为正值,凡裂缝开度计算值为负值的读数组也予以删除。J-1和J-2缝宽计算如表3-5所示,J-3和J-5缝宽计算如表3-6所示,J6-11和J6-12缝宽计算如表3-7所示,J6-14和J6-15缝宽计算如表3-8所示。测缝计的频率和温度读数变化过程线如图3-45~图3-62所示。

表3-5 J-1和J-2缝宽计算

J-1					J-2				
观测日期(年-月-日)	频率(Hz)	周期(μs)	温度(℃)	缝宽(mm)	观测日期(年-月-日)	频率(Hz)	周期(μs)	温度(℃)	缝宽(mm)
1999-01-08	2 524.24	396.06	26.9	0.00	1999-01-08	2 394.57	417.61	27.6	0.00
1999-01-09	2 528.81	395.47	22.1	0.36	1999-01-09	2 395.69	417.41	24.1	0.13
1999-01-10	2 535.57	397.62	16.2	0.87	1999-01-10	2 396.4	417.29	22.5	0.20
1999-01-11	2 526.06	402.13	17.1	0.30	1999-01-11	2 396.78	417.21	21.6	0.24
1999-01-12	2 543.05	393.29	13.4	1.36	1999-01-12	2 397.75	417.06	18.6	0.35
1999-01-18	2 540.77	393.48	15.7	1.18	1999-01-18	2 398.8	416.86	17.2	0.43
1999-01-25	2 540.35	396.77	15.3	1.17	1999-01-25	2 399.4	416.8	16.4	0.48
1999-02-08	2 544.89	393.03	13.5	1.47	1999-02-01	2 400	416.67	15.5	0.53
1999-02-22	2 547.18	392.68	12.5	1.62	1999-02-08	2 400.37	416.6	14.6	0.57
1999-03-01	2 535.82	397.3	12.9	0.95	1999-02-22	2 422.18	412.84	13.1	1.78
1999-03-08	2 547.05	392.64	13	1.60	1999-03-01	2 422.9	412.69	13.5	1.82
1999-03-15	2 547.9	392.54	13.2	1.65	1999-03-08	2 423.48	412.63	13.8	1.84
1999-03-22	2 555.82	391.33	10.4	2.17	1999-03-15	2 423.63	412.59	14	1.85
1999-03-29	2 565.73	389.71	12.8	2.70	1999-03-22	2 425.85	412.22	11.5	2.02
1999-04-05	2 526.06	413.05	13.9	0.37	1999-03-29	2 437.4	410.27	13.3	2.61
1999-05-20	2 539.26	397.98	17.9	1.05	1999-04-05	2 436.91	410.35	14.3	2.57
1999-12-02	2 546.21	396.32	13.2	1.55	1999-04-12	2 436.32	410.4	15.7	2.51
1999-12-22	2 578.48	387.86	9.2	3.51	1999-04-19	2 435.93	410.51	16.4	2.47
1999-12-27	2 578.82	387.82	8.4	3.55	1999-04-26	2 435.93	410.51	17	2.46
1999-12-30	2 579.6	387.64	8.2	3.60	1999-05-06	2 435.2	410.53	17.4	2.41
2000-01-03	2 580.95	387.54	7.8	3.69	1999-05-13	2 435.78	410.56	17.7	2.44
2000-01-10	2 580.64	387.42	6.9	3.69	1999-05-20	2 435.79	410.55	18.1	2.43
2000-01-17	2 582.29	387.29	6	3.80	1999-05-27	2 435.58	410.55	18.6	2.41
2000-02-14	2 583.07	387.15	5.1	3.87	1999-06-03	2 435.78	410.58	19	2.41
2000-02-21	2 583.6	387.03	4.7	3.91	1999-06-09	2 435.58	410.58	19	2.40
2000-02-28	2 582.73	387.17	5.6	3.84	1999-06-17	2 435.39	410.6	19.5	2.38

续表 3-5

J－1					J－2				
观测日期（年-月-日）	频率（Hz）	周期（μs）	温度（℃）	缝宽（mm）	观测日期（年-月-日）	频率（Hz）	周期（μs）	温度（℃）	缝宽（mm）
2000-03-06	2 582.99	387.15	5.2	3.86	1999-06-24	2 435.31	410.58	19.8	2.37
2000-03-21	2 580.9	387.47	7.1	3.70	1999-07-01	2 435.39	410.62	20.3	2.37
2000-04-10	2 548	411.2	11.1	1.70	1999-07-08	2 435.58	410.58	20	2.38
2000-04-24	2 522.79	408.3	12.9	0.20	1999-07-15	2 435	410.68	21	2.33
2000-12-05	2 572	390.01	12.9	3.06	1999-07-22	2 434.93	410.74	21.5	2.32
2001-01-02	2 575.97	388.2	10.1	3.35	1999-07-29	2 434.69	410.75	21.8	2.30
2001-02-05	2 578.39	387.81	7.8	3.54	1999-08-11	2 434.85	410.66	21.3	2.32
2001-02-26	2 579.78	387.64	6.4	3.65	1999-08-19	2 434.62	410.74	22.1	2.29
2001-03-14	2 579.69	387.65	6.6	3.64	1999-08-25	2 435.62	410.64	21.6	2.35
2001-03-27	2 579.43	387.68	7.2	3.61	1999-09-16	2 435.47	410.5	21.4	2.35
2001-04-10	2 578.13	387.89	8.5	3.51	1999-10-07	2 439.18	409.99	18.6	2.61
2001-04-24	2 577.9	388.02	9	3.48	1999-10-15	2 439.64	409.93	18.6	2.63
2001-05-08	2 575.8	388.18	10.3	3.33	1999-11-11	2 442.59	409.39	17.6	2.82
2001-05-22	2 575.11	388.33	11.3	3.27	1999-11-18	2 443.33	409.28	15.3	2.90
2001-06-19	2 545.15	401.37	15.3	1.45	1999-11-25	2 444.29	409.1	14.7	2.97
2002-01-05	2 576.83	388.06	12.5	3.35	1999-11-29	2 444.89	409.15	14	3.01
2002-02-01	2 578.74	387.6	10.9	3.49	1999-12-02	2 445.39	408.92	14.5	3.03
2002-02-22	2 581.77	387.32	7.5	3.74	1999-12-13	2 447.11	408.63	11.1	3.19
2002-03-08	2 582.29	387.24	7	3.78	1999-12-16	2 447.5	408.58	10.9	3.22
2002-03-22	2 582.21	387.28	7.4	3.77	1999-12-20	2 448.2	408.47	9.7	3.28
2002-04-05	2 581.69	387.34	7.9	3.73	1999-12-22	2 448.35	408.44	9.4	3.30
2002-04-19	2 581.6	387.36	8.1	3.72	1999-12-27	2 448.98	408.33	8.5	3.35
2002-05-02	2 581.25	387.42	8.5	3.69	1999-12-30	2 449.14	408.29	8.2	3.36
2002-05-17	2 581.16	387.4	8.7	3.68	2000-01-03	2 449.6	408.24	8.8	3.38
2002-05-31	2 577.61	387.95	13.1	3.38	2000-01-10	2 450.07	408.15	7.6	3.43
2002-06-14	2 577.87	387.9	12	3.42	2000-01-17	2 450.93	407.99	6.3	3.50
2002-06-28	2 574.07	388.45	16.6	3.11	2000-01-27	2 451.25	407.94	5.5	3.53
2002-07-26	2 572.78	388.64	17.4	3.01	2000-02-14	2 451.71	407.89	5.1	3.57
2002-08-09	2 573.9	388.51	16.6	3.10	2000-02-21	2 452.11	407.78	4.7	3.60
2002-08-23	2 571.49	388.83	18.5	2.92	2000-02-28	2 451.95	407.85	5.3	3.57
2002-09-06	2 570.19	389.11	20.3	2.80	2000-03-06	2 451.95	407.82	5.2	3.58
2002-09-19	2 569.94	389.27	20.2	2.79	2000-03-21	2 451.17	407.99	7	3.50
2002-10-18	2 571.83	388.8	18.4	2.94	2000-03-27	2 449.84	408.19	9.2	3.38
2002-11-01	2 572.86	388.72	17.7	3.01	2000-04-03	2 449.31	408.27	9.7	3.34
2002-11-15	2 575.19	388.31	15.6	3.19	2000-04-10	2 448.67	408.4	11.1	3.28
2002-11-29	2 575.45	388.32	16.4	3.19	2000-04-17	2 448.12	408.43	11.7	3.24

续表 3-5

J－1					J－2				
观测日期（年-月-日）	频率（Hz）	周期（μs）	温度（℃）	缝宽（mm）	观测日期（年-月-日）	频率（Hz）	周期（μs）	温度（℃）	缝宽（mm）
2002-12-12	2 575.37	388.24	15.4	3.21	2000-04-24	2 447.5	408.5	13.1	3.18
2002-12-27	2 575.88	388.2	15	3.24	2000-05-01	2 446.44	408.7	14.8	3.08
2003-01-10	2 577.79	387.94	13	3.40	2000-05-08	2 445.86	408.87	15.9	3.03
2003-01-24	2 580.12	387.56	9.9	3.60	2000-05-15	2 447.34	408.62	13.3	3.16
2003-02-09	2 580.64	387.49	9.6	3.63	2000-05-22	2 447.42	408.61	16.1	3.11
2003-02-19	2 581.16	387.42	9	3.68	2000-05-29	2 446.83	408.72	14.7	3.11
2003-03-05	2 582.73	387.21	7.5	3.80	2000-06-05	2 447.03	408.66	13.7	3.14
2003-03-18	2 581.77	387.32	8.7	3.72	2000-06-12	2 446.56	408.75	15	3.09
2003-04-03	2 582.12	387.26	8.1	3.75	2000-06-19	2 443.6	409.22	20.4	2.82
2003-04-17	2 581.43	387.38	9.4	3.68	2000-06-27	2 443.21	409.32	19.1	2.82
2003-04-30	2 579.86	387.62	11	3.56	2000-07-10	2 442.05	409.49	20.8	2.72
2003-05-15	2 580.64	387.51	9.8	3.63	2000-07-17	2 440.23	409.83	22.9	2.58
2003-05-30	2 581.6	387.36	8.9	3.70	2000-07-27	2 440.42	409.76	22.6	2.60
2003-06-12	2 581.16	387.42	9.2	3.67	2000-08-07	2 438.68	409.99	24.5	2.47
2003-06-26	2 577.27	387.99	14.4	3.34	2000-08-17	2 438.48	410.06	24.5	2.45
2003-07-10	2 573.98	388.5	17.4	3.08	2000-08-28	2 438.29	410.09	24.9	2.44
2003-08-01	2 576.06	388.2	15.3	3.25	2000-09-08	2 438.29	410.16	25	2.43
2003-08-14	2 575.19	388.32	16	3.18	2000-09-19	2 439.18	409.99	23.9	2.51
2003-08-28	2 575.11	388.32	16	3.18	2000-09-29	2 439.64	409.93	23.4	2.54
2003-09-11	2 570.19	389.07	21.1	2.79	2000-10-10	2 441.04	409.66	21.6	2.65
2003-09-25	2 570.54	389.07	20.2	2.83	2000-10-20	2 442.94	409.37	19	2.81
2003-11-26	2 577.07	387.95	13.4	3.35	2000-10-31	2 443.33	409.24	18.3	2.84
2003-12-11	2 580.12	387.54	10.8	3.58	2000-11-22	2 444.69	409.05	16.6	2.95
2003-12-24	2 579.95	387.62	11.1	3.56	2000-12-05	2 447.5	408.58	13	3.18
2004-01-07	2 580.21	387.58	10.4	3.59	2001-01-02	2 449.76	408.2	10.3	3.36
2004-01-16	2 581.69	387.69	8.7	3.71	2001-02-05	2 451.25	407.97	7.9	3.49
2004-02-12	2 582.55	387.21	7.5	3.79	2001-02-26	2 451.95	407.84	6.6	3.55
2004-02-13	2 584.64	387.2	7.4	3.91	2001-03-14	2 451.95	407.82	6.7	3.55
2004-02-27	2 583.6	387.06	7	3.86	2001-03-27	2 451.87	407.85	7.3	3.53
2004-03-24	2 581.16	387.39	9.9	3.66	2001-04-10	2 451.17	407.97	8.6	3.47
2004-04-07	2 582.55	387.21	7.6	3.78	2001-05-08	2 449.92	408.18	10.3	3.36
2004-04-20	2 582.73	387.2	7.8	3.79	2001-05-22	2 449.6	408.24	11.6	3.32
2004-05-02	2 582.38	387.24	8	3.77	2001-06-19	2 447.22	408.66	15.8	3.11
2004-05-18	2 579.95	387.58	11.3	3.56	2001-07-17	2 444.15	409.13	18.8	2.88
2004-06-01	2 578.51	387.84	13.2	3.44	2001-08-14	2 444.11	409.18	19	2.87
2004-06-24	2 579.17	387.55	11.5	3.51	2001-08-28	2 441.97	409.5	22.5	2.69

续表 3-5

J－1					J－2				
观测日期（年-月-日）	频率（Hz）	周期（μs）	温度（℃）	缝宽（mm）	观测日期（年-月-日）	频率（Hz）	周期（μs）	温度（℃）	缝宽（mm）
2004-06-30	2 578.74	387.77	12.4	3.46	2001-09-11	2 441.39	409.63	22.3	2.66
2004-07-06	2 577.09	388.03	14.7	3.32	2001-09-25	2 441.19	409.63	22.1	2.65
2004-07-22	2 574.67	388.46	18.1	3.11	2001-10-09	2 443.14	409.37	20.2	2.80
2004-08-05	2 573.29	388.58	18.4	3.02	2001-10-23	2 444.38	409.13	18.1	2.91
2004-08-17	2 575.11	388.35	16.8	3.16	2001-11-13	2 445.28	408.98	17.2	2.97
2004-09-02	2 572.52	388.76	19.2	2.96	2001-11-27	2 445.28	408.95	17.1	2.97
2004-09-09	2 572.11	388.3	19.8	2.93	2001-12-20	2 448.39	408.43	12.1	3.24
2004-09-21	2 573.55	388.57	17.9	3.05	2002-01-05	2 448.04	408.5	12.6	3.22
2004-10-02	2 573.81	388.49	17.3	3.08	2002-01-17	2 448	408.53	13.1	3.20
2004-10-21	2 573.73	388.58	18.1	3.06	2002-02-01	2 448.82	408.34	13	3.25
2004-11-04	2 575.85	388.2	15.7	3.23	2002-02-22	2 451.01	407.99	7.9	3.47
2004-11-18	2 575.16	388.29	16.2	3.18	2002-03-08	2 451.56	407.92	7.1	3.52
2004-12-01	2 573.9	388.54	17.9	3.07	2002-03-22	2 451.4	407.94	7.5	3.50
2004-12-14	2 573.73	388.51	17.7	3.06	2002-04-05	2 451.09	407.98	8	3.47
2005-01-03	2 573.98	388.51	17.7	3.08	2002-04-19	2 451.01	407.98	8.2	3.47
2005-01-18	2 573.9	662.45	17.6	3.08	2002-05-02	2 450.78	408.73	8.6	3.45
2005-02-03	2 573.9	388.51	17.5	3.08	2002-05-17	2 450.47	408.03	8.7	3.43
2005-02-17	2 574.08	388.5	17.4	3.09	2002-05-31	2 448.35	408.44	13.4	3.22
2005-03-01	2 579.17	387.73	11.6	3.51	2002-06-14	2 448.43	408.44	12.1	3.25
2005-03-17	2 580.04	387.6	11	3.57	2002-06-28	2 445.78	408.84	16.9	3.01
2005-04-09	2 578.57	387.81	12.7	3.45	2002-07-26	2 445.16	408.97	17.6	2.96
2005-05-08	2 577.09	388.07	14.6	3.32	2002-08-09	2 445.78	408.85	16.5	3.01
2005-05-26	2 576.66	388.1	15	3.29	2002-08-23	2 442.2	409.41	21.6	2.72
2005-06-09	2 580.82	387.43	9.3	3.65	2002-09-06	2 442.36	409.44	21.7	2.72
2005-06-16	2 580.38	387.54	10.1	3.61	2002-09-19	2 442.51	409.4	21	2.75
2005-06-23	2 578.91	387.77	12.6	3.47	2002-10-18	2 444.69	409.07	18.4	2.92
2005-06-30	2 575.54	388.24	16.8	3.19	2002-11-01	2 444.85	409.01	17.8	2.94
2005-07-19	2 572.78	390.18	19	2.98	2002-11-15	2 446.87	408.7	15.4	3.10
2005-08-01	2 573.29	388.61	18.5	3.02	2002-11-29	2 446.95	408.68	15.8	3.09
2005-08-17	2 571.83	388.8	19.9	2.91	2002-12-12	2 446.56	408.74	15.9	3.07
2005-09-20	2 573.21	388.62	18.6	3.02	2002-12-27	2 446.79	408.68	15.8	3.08
2005-10-08	2 573.47	388.54	18.5	3.03	2003-01-10	2 448.28	408.45	12.7	3.23
2005-10-25	2 573.47	388.61	18.2	3.04	2003-01-24	2 450.31	408.12	10.4	3.38
2005-11-08	2 574.67	388.38	16.8	3.14	2003-02-09	2 450.31	408.1	9.7	3.40
2005-11-22	2 577.44	387.97	13.6	3.36	2003-02-19	2 450.7	408.57	8.6	3.44
2005-12-06	2 580.38	387.54	9.9	3.61	2003-03-05	2 451.64	407.9	7.6	3.51
2005-12-20	2 581.77	387.7	8.9	3.71	2003-03-18	2 451.64	407.9	8.7	3.49
2006-01-10	2 580.21	387.43	10	3.60	2003-04-03	2 451.25	407.95	8	3.48

续表 3-5

J－1					J－2				
观测日期（年-月-日）	频率（Hz）	周期（μs）	温度（℃）	缝宽（mm）	观测日期（年-月-日）	频率（Hz）	周期（μs）	温度（℃）	缝宽（mm）
2006-01-21	2 581.16	387.42	9.2	3.67	2003-04-17	2 451.09	407.98	9.6	3.44
2006-02-07	2 582.99	387.15	6.8	3.83	2003-04-30	2 449.53	408.24	11.5	3.32
2006-03-07	2 583.25	387.11	6.5	3.85	2003-05-15	2 450.07	408.15	10.1	3.38
2006-03-21	2 582.73	387.16	6.6	3.82	2003-05-30	2 450.78	408.02	8.9	3.44
2006-04-04	2 582.81	387.16	7.1	3.81	2003-06-12	2 450.54	408.07	9.2	3.42
2006-04-18	2 582.64	387.21	7.7	3.79	2003-06-26	2 447.65	408.57	15	3.15
2006-05-16	2 581.95	387.3	8.4	3.73	2003-07-10	2 444.54	409.07	18.9	2.90
2006-05-18	2 581.95	387.3	8.7	3.73	2003-08-01	2 442	408.81	16.5	2.81
2006-06-07	2 580.9	387.46	9.9	3.64	2003-08-14	2 445.94	408.85	16.8	3.02
2006-06-19	2 578.82	387.78	12.5	3.47	2003-08-28	2 445.86	408.87	16.6	3.02
					2003-09-11	2 443.06	409.32	21	2.78
					2003-09-25	2 443.14	409.31	20.6	2.79
					2003-11-26	2 448.57	408.4	13.3	3.23
					2003-12-11	2 450.31	408.11	10.9	3.37
					2003-12-24	2 450.23	408.12	11.2	3.36
					2004-01-07	2 449.53	408.54	10.6	3.34
					2004-01-16	2 450.62	408.06	8.7	3.43
					2004-02-12	2 451.25	407.97	7.6	3.49
					2004-02-13	2 451.17	407.95	7.5	3.49
					2004-02-27	2 453.2	407.6	7	3.61
					2004-03-11	2 451.01	407.98	9.8	3.43
					2004-03-24	2 450.39	408.1	11	3.38
					2004-04-07	2 451.4	407.95	7.9	3.49
					2004-04-20	2 451.4	407.94	7.9	3.49
					2004-05-02	2 451.17	407.97	8	3.48
					2004-05-18	2 449.68	408.21	12.6	3.31
					2004-06-01	2 448.59	408.38	13.3	3.23
					2004-06-24	2 449.53	408.31	11.5	3.32
					2004-06-30	2 448.82	408.36	12.3	3.26
					2004-07-06	2 447.65	408.54	14.6	3.15
					2004-07-13	2 446.05	408.89	19.3	2.97
					2004-07-22	2 445.31	408.9	18.3	2.95
					2004-08-05	2 444.85	409.02	18.6	2.92
					2004-08-17	2 446.17	408.8	16.8	3.03
					2004-09-02	2 444.15	409.13	19.1	2.87
					2004-09-09	2 443.76	409.2	19.9	2.84
					2004-09-21	2 445.08	408.97	17.9	2.95
					2004-10-02	2 445.62	408.89	17.3	2.99

续表 3-5

J－1					J－2				
观测日期（年-月-日）	频率（Hz）	周期（μs）	温度（℃）	缝宽（mm）	观测日期（年-月-日）	频率（Hz）	周期（μs）	温度（℃）	缝宽（mm）
					2004-10-21	2 445	409	18.1	2.94
					2004-11-04	2 446.56	408.67	15.7	3.07
					2004-11-18	2 446.02	408.83	16.3	3.03
					2004-12-01	2 444.92	409.01	18.2	2.93
					2004-12-14	2 445	409.01	17.9	2.94
					2005-01-03	2 445.08	408.97	17.7	2.95
					2005-01-18	2 445.24	408.97	17.6	2.96
					2005-02-03	2 445.24	408.96	17.6	2.96
					2005-02-17	2 445.16	408.94	17.6	2.96
					2005-03-01	2 449.6	408.24	12	3.31
					2005-03-17	2 450.23	408.12	10.8	3.37
					2005-04-09	2 448.75	408.37	13.1	3.24
					2005-04-22	2 449.37	408.46	13.7	3.27
					2005-05-08	2 447.57	408.59	14.8	3.15
					2005-05-26	2 447.18	408.59	15.1	3.12
					2005-06-09	2 450.31	408.11	9.3	3.41
					2005-06-16	2 450.07	408.16	10.1	3.38
					2005-06-23	2 448.98	408.34	12.7	3.27
					2005-06-30	2 446.48	408.75	16.6	3.05
					2005-07-07	2 444.61	409.06	20.3	2.87
					2005-07-19	2 444.38	408.98	19.8	2.87
					2005-08-01	2 444.77	409.02	18.7	2.92
					2005-08-17	2 443.84	409.19	20	2.84
					2005-09-06	2 445.67	408.69	18.5	2.97
					2005-09-20	2 444.69	409.03	18.7	2.91
					2005-10-08	2 445	409	18.4	2.93
					2005-10-25	2 444.77	409.05	17.9	2.93
					2005-11-08	2 445.78	408.88	16.7	3.01
					2005-11-22	2 448.43	408.42	13.6	3.22
					2005-12-06	2 450.78	408.02	10	3.42
					2005-12-20	2 451.79	407.86	8.9	3.50
					2006-01-10	2 449.99	408.19	10.1	3.37
					2006-01-21	2 450.46	408.07	9.2	3.42
					2006-02-07	2 451.64	407.9	7	3.52
					2006-03-07	2 451.87	407.85	6.5	3.55
					2006-03-21	2 451.79	407.9	6.8	3.54
					2006-04-04	2 451.48	407.92	7.2	3.51
					2006-04-18	2 451.48	407.92	7.7	3.50
					2006-05-16	2 450.86	407.99	8.5	3.45
					2006-05-18	2 450.93	408.01	8.5	3.46
					2006-06-07	2 449.84	408.19	9.9	3.37
					2006-06-19	2 448.67	408.4	12.4	3.25

表 3-6 J－3 和 J－5 缝宽计算

J－3					J－5				
观测日期（年-月-日）	频率（Hz）	周期（μs）	温度（℃）	缝宽（mm）	观测日期（年-月-日）	频率（Hz）	周期（μs）	温度（℃）	缝宽（mm）
1999-01-08	2 439.84	409.86	31.8	0.00	1999-01-08	2 384.72	419.3	25.6	0.00
1999-01-09	2 442.36	409.41	29	0.22	1999-01-09	2 385.83	419.14	21.6	0.13
1999-01-10	2 446.02	408.85	27	0.48	1999-01-10	2 386.72	418.97	20.1	0.20
1999-01-11	2 448.98	408.38	25.4	0.70	1999-01-11	2 387.02	418.3	19.3	0.23
1999-01-12	2 454.26	407.49	22.4	1.08	1999-01-12	2 391.59	418.13	15.9	0.54
1999-01-18	2 458.15	406.83	18.9	1.40	1999-01-18	2 391.63	418.12	16.5	0.53
1999-01-25	2 460.35	406.47	17.4	1.56	1999-01-25	2 392.45	417.98	15.5	0.59
1999-02-01	2 462.1	460.24	16.5	1.69	1999-02-01	2 393.57	417.78	14.5	0.67
1999-02-08	2 463.67	405.88	15.4	1.81	1999-02-08	2 394.61	417.59	13.3	0.75
1999-02-22	2 507.35	398.75	13.7	4.48	1999-02-22	2 397.38	417.11	12.5	0.91
1999-03-01	2 509.8	398.42	13.7	4.63	1999-03-01	2 396.85	417.21	13	0.88
1999-03-08	2 511.69	398.19	13.9	4.74	1999-03-08	2 396.79	417.22	13.1	0.87
1999-03-15	2 512.51	397.99	14.3	4.78	1999-03-15	2 396.93	417.21	13.3	0.87
1999-03-22	2 513.09	397.92	12.4	4.86	1999-03-22	2 401.5	416.4	10.4	1.17
1999-03-29	2 497.15	400.45	14.3	3.85	1999-03-29	2 401.42	416.42	12.8	1.13
1999-04-05	2 496.48	400.64	15.7	3.78	1999-04-05	2 401.05	416.48	14	1.09
1999-04-12	2 495.29	400.78	16.7	3.68	1999-04-12	2 400.45	416.59	15.6	1.03
1999-04-19	2 494.88	400.86	17.3	3.64	1999-04-19	2 400.15	416.62	16.5	0.99
1999-04-26	2 494.88	400.86	17.7	3.63	1999-04-26	2 400.07	416.65	17	0.98
1999-05-06	2 494.15	400.9	18.1	3.58	1999-05-06	2 399.77	416.7	17.3	0.96
1999-05-13	2 494.15	401.03	18.6	3.57	1999-05-13	2 399.62	416.74	17.6	0.94
1999-05-20	2 494.1	400.92	18.5	3.57	1999-05-20	2 399.55	416.74	18	0.93
1999-05-27	2 493.71	401.81	19.1	3.53	1999-05-27	2 399.32	416.8	18.3	0.92
1999-06-03	2 493.1	401.07	19.5	3.48	1999-06-03	2 399.25	416.83	18.6	0.91
1999-06-09	2 492.78	401.05	19.6	3.46	1999-06-09	2 399.02	416.83	18.8	0.89
1999-06-17	2 492.62	401.2	19.9	3.44	1999-06-17	2 398.95	416.85	19.2	0.88
1999-06-24	2 492.97	401.26	20.3	3.45	1999-06-24	2 398.58	416.91	19.9	0.85
1999-07-01	2 491.81	401.25	20.8	3.37	1999-07-01	2 398.43	416.95	20.3	0.83
1999-07-08	2 492.37	401.27	20.5	3.41	1999-07-08	2 398.25	416.94	20	0.83
1999-07-15	2 491.89	401.27	21.3	3.36	1999-07-15	2 398.13	416.99	21	0.80
1999-07-22	2 491.24	401.37	21.9	3.31	1999-07-22	2 397.83	417.03	21.3	0.78
1999-07-29	2 489.87	404.72	22.2	3.22	1999-07-29	2 397.68	417.06	21.7	0.77
1999-08-11	2 491.16	404.7	22.3	3.30	1999-08-11	2 397.5	417.09	21.9	0.75
1999-08-19	2 490.68	401.46	22.6	3.26	1999-08-19	2 397.38	417.12	22.2	0.74
1999-08-25	2 491.43	404.14	22.2	3.32	1999-08-25	2 397.45	417.11	21.8	0.75
1999-09-16	2 491.4	401.35	22	3.32	1999-09-16	2 397.53	417.09	21.7	0.76

续表 3-6

J-3					J-5				
观测日期（年-月-日）	频率（Hz）	周期（μs）	温度（℃）	缝宽（mm）	观测日期（年-月-日）	频率（Hz）	周期（μs）	温度（℃）	缝宽（mm）
1999-10-07	2 497.97	400.34	19	3.79	1999-10-07	2 399.85	416.69	18.7	0.94
1999-10-15	2 498.58	400.23	18.9	3.83	1999-10-15	2 399.81	416.67	18.7	0.94
1999-11-11	2 499.19	400.09	16.3	3.93	1999-11-11	2 400.75	416.53	16.3	1.03
1999-11-18	2 502.2	399.65	15.2	4.14	1999-11-18	2 401.27	416.44	15.2	1.08
1999-11-25	2 503.01	399.54	14.3	4.21	1999-11-25	2 401.73	416.37	14.3	1.12
1999-11-29	2 502.44	399.58	13.8	4.18	1999-11-29	2 401.95	416.33	13.8	1.14
1999-12-02	2 503.01	399.5	13.1	4.23	1999-12-02	2 402.25	416.27	13.2	1.16
1999-12-13	2 505.46	399.15	11	4.43	1999-12-13	2 403.38	416.08	11	1.26
1999-12-16	2 504.97	399.19	10.5	4.42	1999-12-16	2 403.76	416.05	10.5	1.29
1999-12-20	2 505.3	399.15	10.4	4.44	1999-12-20	2 404.21	415.94	9.5	1.34
1999-12-22	2 507.67	398.79	9.7	4.60	1999-12-22	2 404.88	415.82	9.2	1.38
1999-12-27	2 507.67	398.77	8.5	4.63	1999-12-27	2 405.19	415.77	8.5	1.41
1999-12-30	2 507.18	398.88	8.3	4.60	1999-12-30	2 405.26	415.75	8.2	1.42
2000-01-03	2 508.16	398.7	7.8	4.67	2000-01-03	2 405.49	415.7	8.3	1.43
2000-01-10	2 508.66	398.63	7	4.72	2000-01-10	2 406.01	415.6	7	1.48
2000-01-17	2 510.3	398.34	6	4.85	2000-01-17	2 406.77	415.48	6.2	1.53
2000-01-27	2 509.4	398.41	5.4	4.81	2000-01-27	2 406.99	415.45	5.4	1.56
2000-02-14	2 510.54	398.31	5	4.89	2000-02-14	2 407.3	415.4	5.1	1.58
2000-02-21	2 510.46	398.33	4.6	4.89	2000-02-21	2 407.67	415.34	4.6	1.61
2000-02-28	2 509.97	398.4	5	4.85	2000-02-28	2 407.22	415.42	5.7	1.57
2000-03-06	2 509.88	398.41	5	4.85	2000-03-06	2 407.45	415.38	5.2	1.59
2000-03-21	2 507.84	398.75	7	4.67	2000-03-21	2 406.54	415.33	7.2	1.50
2000-03-27	2 505.79	399.1	9.2	4.50	2000-03-27	2 405.41	415.74	9.3	1.40
2000-04-03	2 505.06	399.18	9.7	4.44	2000-04-03	2 404.73	415.84	9.8	1.36
2000-04-10	2 503.91	399.37	11.1	4.34	2000-04-10	2 404.98	415.97	11.2	1.35
2000-04-17	2 503.18	399.49	11.7	4.28	2000-04-17	2 403.6	416.04	11.8	1.26
2000-04-24	2 502.2	399.67	12.9	4.19	2000-04-24	2 403.15	416.13	13	1.22
2000-05-01	2 501.02	399.87	16.3	4.04	2000-05-01	2 402.25	416.28	16.3	1.11
2000-05-08	2 499.75	400.02	15.6	3.98	2000-05-08	2 401.58	416.39	15.8	1.08
2000-05-15	2 500.98	399.83	13.9	4.09	2000-05-15	2 402.7	416.2	13.1	1.19
2000-05-22	2 501.38	399.75	16.1	4.06	2000-05-22	2 402.7	416.2	15.6	1.15
2000-05-29	2 500.49	399.93	14.7	4.04	2000-05-29	2 402.33	416.27	14	1.16
2000-06-05	2 500.89	399.83	14.1	4.08	2000-06-05	2 402.4	416.24	13.7	1.16
2000-06-12	2 500.73	399.89	15	4.05	2000-06-12	2 402.1	416.29	14.7	1.13
2000-06-19	2 496.83	400.56	19.1	3.72	2000-06-19	2 399.92	416.67	19.1	0.93
2000-06-27	2 496.34	400.66	19.5	3.68	2000-06-27	2 399.55	416.73	19.1	0.91
2000-07-10	2 494.48	400.79	21.1	3.53	2000-07-10	2 398.65	416.9	21.1	0.83

续表 3-6

J－3					J－5				
观测日期（年-月-日）	频率（Hz）	周期（μs）	温度（℃）	缝宽（mm）	观测日期（年-月-日）	频率（Hz）	周期（μs）	温度（℃）	缝宽（mm）
2000-07-17	2 493.51	401.07	23.1	3.42	2000-07-17	2 397.56	417.06	23.3	0.73
2000-08-07	2 492.9	401.17	24.7	3.34	2000-07-27	2 397.75	417.1	22.7	0.75
2000-09-08	2 492.29	401.3	25.2	3.30	2000-08-07	2 396.23	417.25	24.8	0.63
2000-09-19	2 493.1	401.04	24.1	3.37	2000-08-17	2 396.55	417.24	24.8	0.65
2000-09-29	2 493.71	400.94	23.6	3.42	2000-08-28	2 396.26	417.3	25.2	0.63
2000-10-10	2 495.21	400.73	21.8	3.55	2000-09-08	2 396.07	417.35	25.3	0.62
2000-10-20	2 498.37	400.29	19.2	3.81	2000-09-19	2 396.48	417.25	24.2	0.66
2000-10-31	2 499.19	400.16	18.5	3.87	2000-09-29	2 397	417.19	23.6	0.70
2000-11-22	2 500	400	17.3	3.95	2000-10-10	2 397.9	417.03	21.9	0.78
2000-12-05	2 509.16	398.54	13.4	4.60	2000-10-20	2 398.88	416.83	19.2	0.88
2001-01-02	2 512.02	398.07	10.5	4.84	2000-10-31	2 399.62	416.73	18.5	0.93
2001-02-05	2 508.16	398.7	8.1	4.67	2000-11-22	2 400.38	416.6	16.7	1.00
2001-02-26	2 508.82	398.59	6.6	4.74	2000-12-05	2 404.06	415.96	13	1.27
2001-03-14	2 508.98	398.55	6.6	4.75	2001-01-02	2 405.35	415.74	10.3	1.38
2001-03-27	2 509.06	398.55	7.2	4.74	2001-02-05	2 406.39	415.57	7.8	1.48
2001-04-10	2 507.51	398.79	8.6	4.62	2001-02-26	2 406.77	415.49	6.5	1.53
2001-05-08	2 505.79	399.07	10.2	4.47	2001-03-14	2 406.77	415.49	6.7	1.52
2001-05-22	2 505.14	399.18	12.1	4.39	2001-03-27	2 406.63	415.52	7.3	1.51
2001-06-19	2 501.63	399.74	16.4	4.07	2001-04-10	2 405.79	415.65	8.6	1.44
2001-07-17	2 497.32	400.39	19.5	3.74	2001-05-08	2 404.51	415.88	10.4	1.34
2001-08-14	2 498.17	400.42	19.8	3.78	2001-05-22	2 404.21	415.92	11.3	1.30
2001-08-28	2 495.13	400.81	22.5	3.53	2001-06-19	2 401.88	416.37	15.5	1.10
2001-09-11	2 494.11	400.88	23.1	3.46	2001-07-17	2 399.55	416.73	18.4	0.93
2001-09-25	2 494.32	400.85	22.8	3.48	2001-08-14	2 399.25	416.8	18	0.92
2001-10-09	2 496.95	400.49	20.4	3.69	2001-08-28	2 397.94	417.02	20.9	0.80
2001-10-23	2 498.62	400.25	18.5	3.84	2001-09-11	2 397.38	417.12	22.2	0.74
2001-11-13	2 499.39	400.1	17.6	3.91	2001-09-25	2 397.38	417.09	21.7	0.75
2001-11-27	2 499.59	400.06	17.5	3.92	2001-10-09	2 398.13	416.93	20.3	0.82
2001-12-20	2 502.85	399.51	13.3	4.22	2001-10-23	2 399.32	416.77	18.3	0.92
2002-01-05	2 502.85	399.57	13.5	4.22	2001-11-13	2 399.81	416.7	17.5	0.96
2002-01-17	2 502.4	399.54	13.8	4.18	2001-11-27	2 400	416.7	17.2	0.97
2002-02-01	2 506.95	399.05	13.2	4.47	2001-12-20	2 403	416.18	12.2	1.22
2002-02-22	2 506.12	399.03	9.2	4.52	2002-01-05	2 402.7	416.2	12.7	1.20
2002-03-08	2 508.08	398.71	7.2	4.68	2002-01-17	2 402.63	416.21	13.2	1.19
2002-03-22	2 507.43	398.8	8	4.63	2002-02-01	2 404.58	415.87	10.9	1.33
2002-04-05	2 507.1	398.87	8.3	4.60	2002-02-22	2 405.83	415.66	7.5	1.46
2002-04-19	2 506.45	398.96	9.1	4.54	2002-03-08	2 406.17	415.6	7.1	1.48

续表 3-6

J-3					J-5				
观测日期（年-月-日）	频率（Hz）	周期（μs）	温度（℃）	缝宽（mm）	观测日期（年-月-日）	频率（Hz）	周期（μs）	温度（℃）	缝宽（mm）
2002-05-02	2 506.28	399.01	9.2	4.53	2002-03-22	2 405.94	415.62	7.5	1.47
2002-05-17	2 505.95	399.05	9.4	4.50	2002-04-05	2 405.71	415.8	8	1.44
2002-05-31	2 503.86	399.48	13.7	4.27	2002-04-19	2 405.94	415.69	8.9	1.44
2002-06-14	2 502.93	399.53	12.8	4.24	2002-05-02	2 405.34	415.74	8.5	1.42
2002-06-28	2 500	399.99	17.1	3.96	2002-05-17	2 405.26	415.75	8.7	1.41
2002-07-26	2 499.11	400.17	17.9	3.88	2002-05-31	2 403.08	416.13	13.2	1.21
2002-08-09	2 500.16	399.93	16.8	3.97	2002-06-14	2 403.08	416.12	11.9	1.23
2002-08-23	2 495.45	400.78	21.9	3.57	2002-06-28	2 400.75	416.53	16.9	1.02
2002-09-06	2 494.36	400.86	22.2	3.49	2002-07-26	2 400.15	416.64	17.5	0.98
2002-09-19	2 494.96	400.84	22.1	3.53	2002-08-09	2 400.52	416.56	16.6	1.01
2002-10-03	2 497.36	400.36	19.7	3.73	2002-08-23	2 399.47	416.76	18.5	0.92
2002-10-18	2 498.78	400.18	18.7	3.84	2002-09-06	2 398.58	416.9	20.4	0.84
2002-11-01	2 499.27	400.12	18.1	3.89	2002-09-19	2 398.35	416.95	20.1	0.83
2002-11-15	2 503.42	399.43	16.4	4.18	2002-10-03	2 398.88	416.86	19.4	0.87
2002-11-29	2 503.1	399.5	16	4.17	2002-10-18	2 399.47	416.76	18.5	0.92
2002-12-12	2 502.85	399.57	16.2	4.15	2002-11-01	2 399.77	416.72	17.7	0.95
2002-12-27	2 503.18	399.52	15.9	4.18	2002-11-15	2 401.42	416.43	15.6	1.08
2003-01-10	2 503.1	399.49	12.9	4.24	2002-11-29	2 401.5	416.42	15.6	1.08
2003-01-24	2 511.03	398.25	11.4	4.76	2002-12-12	2 401.5	416.41	15.5	1.08
2003-02-09	2 505.97	399.19	10.8	4.47	2002-12-27	2 401.73	416.38	15.1	1.10
2003-02-19	2 505.3	399.15	10.4	4.44	2003-01-10	2 402.55	416.22	13	1.18
2003-03-05	2 506.61	398.96	9.1	4.55	2003-01-24	2 405.19	415.77	9.9	1.38
2003-03-18	2 510.38	398.34	9	4.78	2003-02-09	2 404.88	415.82	9.8	1.37
2003-04-03	2 505.71	399.1	9.7	4.48	2003-02-19	2 405	415.79	9	1.39
2003-04-17	2 508.41	398.66	10.1	4.63	2003-03-05	2 406.6	415.66	9.7	1.46
2003-04-30	2 505.95	399.05	11.7	4.45	2003-03-18	2 406.54	415.53	8.7	1.48
2003-05-15	2 503.91	399.36	11.8	4.32	2003-04-03	2 405.79	415.66	8.1	1.45
2003-05-30	2 505.46	399.14	9.9	4.46	2003-04-17	2 405.71	415.68	9.8	1.41
2003-06-12	2 505.3	399.17	9.7	4.45	2003-04-30	2 404.36	415.92	11	1.32
2003-06-26	2 501.38	399.79	15.7	4.07	2003-05-15	2 404.51	415.87	9.8	1.35
2003-07-10	2 497.64	400.34	19.2	3.76	2003-05-30	2 405.11	415.78	8.9	1.40
2003-08-01	2 499.35	400.05	17	3.92	2003-06-12	2 404.88	415.8	9.2	1.38
2003-08-14	2 498.53	400.19	17.9	3.85	2003-06-26	2 402.5	416.26	14.5	1.16
2003-08-28	2 498.86	400.17	17.7	3.87	2003-07-10	2 400.15	416.64	17.4	0.98
2003-09-11	2 495.61	400.74	21.4	3.59	2003-08-01	2 401.17	416.42	15.3	1.07
2003-09-25	2 495.37	400.77	21.4	3.57	2003-08-14	2 400.9	416.51	16	1.04

续表 3-6

J－3					J－5				
观测日期（年-月-日）	频率（Hz）	周期（μs）	温度（℃）	缝宽（mm）	观测日期（年-月-日）	频率（Hz）	周期（μs）	温度（℃）	缝宽（mm）
2003-11-26	2 506.69	398.94	13.8	4.44	2003-08-28	2 400.82	416.51	16	1.04
2003-12-11	2 509.47	398.51	11.3	4.67	2003-09-11	2 397.98	417.02	21.3	0.79
2003-12-24	2 508.49	398.64	11.6	4.60	2003-09-25	2 398.2	416.98	20.5	0.82
2004-01-07	2 503.5	399.45	12	4.29	2003-11-26	2 403.53	577.7	13.5	1.23
2004-01-16	2 504.73	299.23	10.1	4.41	2003-12-11	2 405.81	415.83	10.9	1.40
2004-02-12	2 505.63	399.11	8.9	4.49	2003-12-24	2 404.58	415.86	11.1	1.33
2004-02-13	2 505.55	399.09	8.9	4.49	2004-01-07	2 403.94	415.98	10.3	1.31
2004-02-27	2 512.27	398.06	7.9	4.92	2004-01-16	2 404.96	415.82	8.5	1.39
2004-03-11	2 508.49	398.63	9.9	4.64	2004-02-12	2 405.49	415.71	7.5	1.44
2004-03-24	2 507.43	397.9	11.1	4.55	2004-02-13	2 405.56	415.69	7.3	1.45
2004-04-07	2 505.3	399.15	9.5	4.46	2004-02-27	2 408.05	415.27	7	1.59
2004-05-02	2 505.71	399.09	8.9	4.50	2004-03-11	2 405.56	415.69	9.7	1.41
2004-05-18	2 504.97	399.19	12	4.38	2004-03-24	2 405.56	415.71	9.8	1.40
2004-06-01	2 502.77	399.54	13.8	4.20	2004-04-07	2 405.86	415.65	7.5	1.46
2004-06-24	2 503.34	399.46	11.7	4.29	2004-04-20	2 405.79	415.68	7.8	1.45
2004-06-30	2 502.77	399.54	13	4.22	2004-05-02	2 405.56	415.7	8.6	1.43
2004-07-06	2 501.55	399.75	14.8	4.11	2004-05-18	2 404.36	415.92	11.3	1.31
2004-07-22	2 497.64	409.8	18.5	3.78	2004-06-01	2 403.15	416.11	13	1.22
2004-08-05	2 497.32	400.43	19.1	3.75	2004-06-18	2 404.32	415.92	10.4	1.33
2004-08-17	2 500.08	399.94	17.2	3.96	2004-06-24	2 403.6	416.03	11.6	1.27
2004-09-02	2 496.26	400.55	19.9	3.66	2004-06-30	2 403.15	416.14	12.3	1.23
2004-09-09	2 495.86	400.68	20.3	3.63	2004-07-06	2 401.88	416.33	14.7	1.12
2004-09-21	2 498.29	400.23	18.2	3.83	2004-07-13	2 399.06	416.76	19.5	0.88
2004-10-02	2 500	400.01	17.7	3.94	2004-07-22	2 400	416.67	18	0.96
2004-10-21	2 498.05	400.34	18.2	3.81	2004-08-05	2 399.64	416.72	18.3	0.93
2004-11-18	2 499.35	400.08	16.4	3.93	2004-08-17	2 400.45	416.59	16.9	1.00
2004-12-01	2 497.4	400.38	18.7	3.76	2004-09-02	2 398.88	416.86	19.1	0.88
2004-12-14	2 497.56	400.1	18.6	3.77	2004-09-09	2 398.65	416.9	19.7	0.86
2005-01-03	2 497.8	400.31	18.5	3.79	2004-09-21	2 399.47	416.72	17.9	0.93
2005-01-18	2 498.37	400.32	18.4	3.83	2004-10-02	2 400	416.65	17.3	0.97
2005-02-03	2 498.29	400.28	18.2	3.83	2004-10-21	2 399.47	416.72	18.2	0.93
2005-02-17	2 498.54	400.25	18	3.85	2004-11-04	2 401.05	416.6	15.7	1.06
2005-03-01	2 509.64	398.48	12.5	4.65	2004-11-18	2 400.6	416.56	16.3	1.02
2005-03-17	2 508.98	398.55	12.2	4.62	2004-12-01	2 399.77	416.72	17.8	0.95
2005-04-09	2 505.95	399.03	13.2	4.41	2004-12-14	2 399.62	416.72	17.7	0.94
2005-04-22	2 504.81	399.23	14.6	4.31	2005-01-03	2 399.77	416.7	17.5	0.95

续表 3-6

J－3					J－5				
观测日期（年-月-日）	频率（Hz）	周期（μs）	温度（℃）	缝宽（mm）	观测日期（年-月-日）	频率（Hz）	周期（μs）	温度（℃）	缝宽（mm）
2005-05-08	2 503.34	399.48	14.9	4.21	2005-01-18	2 399.85	416.69	17.5	0.96
2005-06-09	2 504.56	399.31	10.3	4.40	2005-02-03	2 399.85	416.68	17.5	0.96
2005-06-16	2 504.81	399.22	10.4	4.41	2005-02-17	2 400	416.68	17.3	0.97
2005-06-23	2 503.1	399.49	12.3	4.26	2005-03-01	2 404.66	415.87	11.6	1.32
2005-06-30	2 500.14	399.96	16.6	3.98	2005-03-17	2 405.11	415.78	12.1	1.34
2005-08-01	2 497.8	400.32	19.1	3.78	2005-04-09	2 403.45	416.07	12.8	1.24
2005-08-17	2 496.02	400.62	20.6	3.63	2005-04-22	2 402.85	416.08	13.7	1.19
2005-09-20	2 498.05	400.31	19.3	3.79	2005-05-08	2 402.1	416.29	14.5	1.13
2005-10-08	2 498.62	400.23	18.6	3.84	2005-05-26	2 401.95	416.33	14.9	1.12
2005-10-25	2 498.54	400.26	18	3.85	2005-06-09	2 404.51	415.84	9.3	1.36
2005-11-08	2 499.43	400.1	17.1	3.92	2005-06-16	2 404.51	415.88	10.2	1.34
2005-11-22	2 507.67	398.79	13.9	4.50	2005-06-23	2 403.23	416.09	12.6	1.23
2005-12-06	2 514.07	397.76	10.2	4.98	2005-06-30	2 400.97	416.5	16.9	1.03
2005-12-20	2 514.49	397.69	9.2	5.03	2005-07-19	2 398.95	416.76	19	0.88
2006-01-10	2 504.16	399.31	11.3	4.35	2005-08-01	2 399.7	416.73	18.5	0.93
2006-01-21	2 504.73	399.36	10.3	4.41	2005-08-17	2 398.72	416.89	19.8	0.86
2006-02-07	2 505.87	399.06	8.4	4.52	2005-09-06	2 399.62	416.83	19.4	0.91
2006-03-07	2 506.85	398.89	7.5	4.60	2005-09-20	2 399.44	416.76	18.5	0.92
2006-03-21	2 507.02	398.79	7.6	4.61	2005-10-08	2 399.47	416.74	18.5	0.92
2006-04-04	2 506.45	398.97	8	4.57	2005-10-25	2 399.32	416.77	18.2	0.92
2006-04-18	2 506.28	398.98	8.3	4.55	2005-11-08	2 400.22	416.63	16.7	0.99
2006-05-16	2 505.38	399.09	9.1	4.47	2005-11-22	2 402.63	416.2	13.7	1.18
2006-05-18	2 505.55	399.1	9.1	4.48	2005-12-06	2 405.71	415.66	9.9	1.41
2006-06-19	2 503.01	399.2	12.5	4.25	2005-12-20	2 406.39	415.55	8.8	1.47
					2006-01-10	2 404.58	415.95	10	1.35
					2006-01-21	2 404.88	415.83	9.2	1.38
					2006-02-07	2 406.01	415.61	6.8	1.48
					2006-03-07	2 406.39	415.56	6.5	1.51
					2006-03-21	2 406.24	415.57	6.6	1.50
					2006-04-04	2 406.01	415.62	7.2	1.47
					2006-04-18	2 405.83	415.59	7.5	1.46
					2006-05-16	2 405.34	415.73	8.5	1.42
					2006-05-18	2 405.45	415.72	8.6	1.42
					2006-06-07	2 405.56	415.73	9.8	1.40
					2006-06-19	2 403.15	416.12	12.5	1.23

表 3-7　J6－11 和 J6－12 缝宽计算

J6－11					J6－12				
观测日期(年-月-日)	频率(Hz)	周期(μs)	温度(℃)	缝宽(mm)	观测日期(年-月-日)	频率(Hz)	周期(μs)	温度(℃)	缝宽(mm)
1999-02-09	2 395.13	417.54	30	0.00	1999-02-09	2 337.54	427.8	30.5	0.00
1999-02-11	2 395.13	417.51	28.6	0.03	1999-02-11	2 338.08	427.67	28.3	0.08
1999-02-12	2 396.97	417.3	26.3	0.18	1999-02-12	2 338.97	427.5	26.3	0.17
1999-02-13	2 397.38	417.09	24.1	0.25	1999-02-13	2 340.24	427.36	24.3	0.28
1999-02-22	2 401.95	416.31	17.5	0.64	1999-02-22	2 343.96	426.63	17.7	0.62
1999-03-01	2 402.4	416.25	17.4	0.67	1999-03-01	2 343.96	426.93	18.4	0.60
1999-03-08	2 402.82	416.21	17.4	0.69	1999-03-08	2 344.31	426.56	18.2	0.62
1999-03-22	2 403.98	415.99	16.3	0.78	1999-03-22	2 346.04	426.24	16.9	0.74
1999-03-29	2 404.43	415.9	15.9	0.81	1999-03-29	2 346.76	426.11	16.2	0.80
1999-04-05	2 404.73	415.86	15.7	0.83	1999-04-05	2 347.24	426.05	16	0.83
1999-04-12	2 404.36	415.9	16.4	0.79	1999-04-12	2 346.83	426.11	16.4	0.80
1999-04-19	2 404.51	415.88	16.5	0.80	1999-04-19	2 347.26	426.03	16.9	0.81
1999-04-26	2 404.58	415.8	16.7	0.80	1999-04-26	2 347.47	425.99	17.1	0.81
1999-05-06	2 404.66	415.86	16.7	0.80	1999-05-06	2 347.62	425.99	17.4	0.82
1999-05-13	2 404.66	415.86	16.8	0.80	1999-05-13	2 347.9	425.94	17.4	0.83
1999-05-20	2 404.58	415.86	17.2	0.79	1999-05-20	2 348.05	425.8	17.5	0.84
1999-05-27	2 404.73	415.84	17.1	0.80	1999-05-27	2 347.9	425.9	17.8	0.82
1999-06-03	2 404.28	415.92	17.7	0.76	1999-06-03	2 347.83	425.94	18.3	0.81
1999-06-09	2 404.13	415.95	18.1	0.74	1999-06-09	2 347.76	425.95	18.7	0.79
1999-06-17	2 403.83	416	18.8	0.71	1999-06-17	2 347.19	426.03	19.6	0.74
1999-06-24	2 403.53	416.05	19.1	0.69	1999-06-24	2 347.12	426.05	20	0.73
1999-07-01	2 403.45	416.09	19.5	0.68	1999-07-01	2 346.83	426.12	20.6	0.70
1999-07-08	2 403.45	416.05	19.3	0.68	1999-07-08	2 347.19	426.04	20.1	0.73
1999-07-15	2 403.19	416.11	19.9	0.65	1999-07-15	2 346.83	426.07	20.7	0.70
1999-07-22	2 402.85	416.13	20.2	0.63	1999-07-22	2 346.9	426.13	20.3	0.71
1999-07-29	2 402.85	416.16	20.3	0.63	1999-07-29	2 346.76	426.16	21.5	0.68
1999-08-11	2 402.48	416.22	20.7	0.60	1999-08-11	2 346.4	426.21	21.7	0.66
1999-08-19	2 402.48	416.29	21	0.59	1999-08-19	2 346.28	426.2	22	0.64
1999-08-25	2 402.7	416.22	20.8	0.61	1999-08-25	2 346.61	426.12	21.7	0.67
1999-09-16	2 402.85	416.16	20.6	0.62	1999-09-16	2 347.26	426.04	21.2	0.71
1999-10-07	2 405.43	415.86	18.8	0.80	1999-10-07	2 349.2	425.55	18.7	0.87

续表 3-7

J6 - 11					J6 - 12				
观测日期（年-月-日）	频率（Hz）	周期（μs）	温度（℃）	缝宽（mm）	观测日期（年-月-日）	频率（Hz）	周期（μs）	温度（℃）	缝宽（mm）
1999-10-15	2 404.66	415.82	18.7	0.76	1999-10-15	2 349.84	425.57	18.8	0.90
1999-11-11	2 406.54	415.78	17	0.90	1999-11-11	2 351.93	425	18	1.03
1999-11-18	2 406.96	415.45	16.4	0.93	1999-11-18	2 353.54	425.03	15.7	1.16
1999-11-25	2 407.75	415.35	15.7	0.99	1999-11-25	2 353.66	424.86	14.9	1.19
1999-11-29	2 408.9	415.28	15.5	1.06	1999-11-29	2 354.09	424.8	14.7	1.21
1999-12-02	2 408.35	415.23	15	1.04	1999-12-02	2 354.45	424.72	14.2	1.24
1999-12-06	2 408.88	415.12	14.2	1.08	1999-12-06	2 355.32	424.3	13.2	1.31
1999-12-13	2 409.71	415.01	13.5	1.14	1999-12-13	2 356.19	424.44	12.1	1.38
1999-12-20	2 410.92	414.78	12.1	1.24	1999-12-20	2 354.49	424.18	10.3	1.33
1999-12-22	2 411.15	414.72	11.8	1.26	1999-12-22	2 357.71	424.15	10.2	1.50
2000-01-03	2 412.06	414.58	10.9	1.33	2000-01-03	2 358.65	423.97	9.3	1.57
2000-01-10	2 413.2	414.37	9.7	1.42	2000-01-10	2 359.59	423.77	7.9	1.65
2000-01-17	2 414.26	414.2	8.2	1.51	2000-01-17	2 360.24	423.67	6.3	1.72
2000-01-27	2 414.49	414.18	8.2	1.52	2000-01-27	2 359.95	423.74	7.4	1.68
2000-02-01	2 414.79	414.13	7.8	1.54	2000-02-01	2 360.03	423.72	7.5	1.69
2000-02-14	2 415.02	414.09	7.6	1.56	2000-02-14	2 360.17	423.68	7.2	1.70
2000-02-21	2 416.01	413.9	6.4	1.64	2000-02-21	2 361.48	423.46	5.5	1.81
2000-02-28	2 416.16	413.87	6.1	1.65	2000-02-28	2 361.48	2194.6	5.6	1.80
2000-03-06	2 416.31	413.85	6.1	1.66	2000-03-06	2 361.33	423.49	5.7	1.79
2000-03-21	2 415.55	413.98	7.4	1.59	2000-03-21	2 360.17	423.7	7.3	1.70
2000-03-27	2 414.79	414.17	8.6	1.52	2000-03-27	2 358.72	423.94	9.1	1.58
2000-04-03	2 413.88	414.27	9.3	1.46	2000-04-03	2 358.21	424.05	9.7	1.54
2000-04-10	2 413.2	414.4	10.3	1.40	2000-04-10	2 357.35	424.23	10.9	1.47
2000-04-17	2 412.68	414.48	11	1.36	2000-04-17	2 356.69	424.31	11.4	1.42
2000-04-24	2 411.91	414.62	11.9	1.30	2000-04-24	2 355.83	424.48	12.5	1.35
2000-05-01	2 411.07	414.71	12.9	1.23	2000-05-01	2 354.89	424.66	13.8	1.28
2000-05-08	2 410.39	414.88	13	1.19	2000-05-08	2 353.88	424.83	14.9	1.20
2000-07-10	2 405.56	415.68	19.2	0.80	2000-07-10	2 348.26	425.86	20.8	0.77
2000-07-17	2 404.43	415.9	20.2	0.71	2000-07-17	2 346.76	426.12	22	0.67
2000-08-07	2 403.94	416.05	21.2	0.66	2000-07-27	2 345.18	426.4	23.7	0.55
2000-08-28	2 405.07	415.75	19.8	0.76	2000-08-07	2 346.83	426.07	21.9	0.67

续表 3-7

J6 – 11					J6 – 12				
观测日期（年-月-日）	频率（Hz）	周期（μs）	温度（℃）	缝宽（mm）	观测日期（年-月-日）	频率（Hz）	周期（μs）	温度（℃）	缝宽（mm）
2000-09-08	2 405.41	415.74	19.3	0.78	2000-08-28	2 348.61	425.78	20.3	0.80
2000-09-19	2 405.83	415.66	19.1	0.81	2000-09-08	2 348.62	425.82	19.8	0.82
2000-09-29	2 406.09	415.61	18.6	0.84	2000-09-19	2 348.62	425.72	19.5	0.82
2000-10-10	2 406.39	415.55	18.3	0.86	2000-09-29	2 349.27	425.66	19	0.87
2000-10-18	2 407.33	415.43	17.3	0.93	2000-10-10	2 349.63	425.56	18.4	0.90
2000-10-31	2 406.62	415.55	18.1	0.88	2000-10-18	2350.6	425.39	17.2	0.98
2000-11-08	2 406.96	415.43	17.4	0.91	2000-10-31	2 349.41	425.65	18.4	0.89
2000-11-22	2 408.28	415.22	16.1	1.01	2000-11-08	2 350.96	425.39	16.9	1.00
2000-12-05	2 410.36	414.88	14.1	1.16	2000-11-22	2 351	425.14	15.7	1.03
2000-12-18	2 410.92	414.71	13.1	1.22	2000-12-05	2 354.45	424.72	12.9	1.27
2001-01-02	2 412.44	414.49	11.6	1.33	2000-12-18	2 355.11	424.54	12	1.33
2001-02-02	2 414.87	414.09	8.2	1.54	2001-01-02	2 354.73	424.43	10	1.35
2001-02-16	2 416.04	414.03		1.79	2001-02-02	2 358.65	423.96	8	1.60
2001-02-26	2 416.61	413.93	7.1	1.66	2001-02-16	2 359.63	423.86		1.83
2001-03-14	2 414.34	414.13	10	1.47	2001-02-26	2 359.81	423.7	6.8	1.69
2001-03-27	2 413.35	414.36	10.7	1.40	2001-03-14	2 357.45	424.22	10.1	1.49
2001-04-10	2 413.98	414.22	9.5	1.46	2001-03-27	2 356.33	424.4	11.1	1.41
2001-04-24	2 414.34	414.4	9.4	1.48	2001-04-10	2 357.8	424.12	9.4	1.53
2001-05-08	2 413.88	414.27	9.6	1.45	2001-04-24	2 358	424.02	9.1	1.54
2001-05-22	2 412.44	414.52	11.5	1.33	2001-05-08	2 357.71	424.14	9.2	1.53
2001-06-05	2 412.44	414.52	11.7	1.33	2001-05-22	2 355.9	424.46	11.3	1.38
2001-06-19	2 411.07	414.76	13.4	1.22	2001-06-05	2 355.32	424.61	12.6	1.33
2001-07-17	2 406.92	415.48	18.6	0.88	2001-06-19	2 353.66	424.92	14.5	1.20
2001-08-14	2 408.84	415.2	16.3	1.03	2001-07-17	2 349.2	425.68	18.9	0.87
2001-08-28	2 405.64	415.66	19.5	0.79	2001-08-14	2 348.98	425.68	19.2	0.85
2001-09-11	2 405.64	415.69	19	0.80	2001-08-28	2 346.83	426.17	21.8	0.68
2001-09-25	2 405.83	415.58	18.8	0.82	2001-09-11	2 347.01	426.11	21.3	0.70
2001-10-09	2 406.39	415.62	19	0.84	2001-09-25	2 348.26	425.85	20.1	0.79
2001-10-23	2 406.39	415.56	18.6	0.85	2001-10-09	2 348.09	425.94	20.3	0.78
2001-10-29	2 406.39	415.56		1.27	2001-10-23	2 348.26	425.78	20	0.79
2001-11-13	2 407.52	415.4	17.4	0.94	2001-10-29	2 348.8	425.75		1.26

续表 3-7

J6－11					J6－12				
观测日期（年-月-日）	频率（Hz）	周期（μs）	温度（℃）	缝宽（mm）	观测日期（年-月-日）	频率（Hz）	周期（μs）	温度（℃）	缝宽（mm）
2001-11-27	2 409.03	415.14	16.9	1.03	2001-11-13	2 350.6	425.42	17.5	0.97
2001-12-21	2 410.73	414.84	13.6	1.20	2001-11-27	2 352.4	425.06	15.9	1.10
2002-01-05	2 410.73	414.81	13.6	1.20	2001-12-21	2 354.74	424.71	12.9	1.29
2002-01-17	2 410.55	414.88	13.8	1.18	2002-01-05	2 354.2	424.77	13.3	1.25
2002-02-01	2 410.7	414.82	13.7	1.19	2002-01-17	2 354.02	424.77	13.6	1.24
2002-02-07	2 410.92	414.81	13.9	1.20	2002-02-01	2 354.02	424.76	13.8	1.23
2002-02-22	2 410.36	414.88	14.2	1.16	2002-02-07	2 353.84	424.87	14.1	1.21
2002-03-08	2 412.82	414.45	10.8	1.37	2002-02-22	2 352.94	424.93	14.6	1.16
2002-03-22	2 414.52	414.22	9.2	1.50	2002-03-08	2 357.64	424.15	9	1.53
2002-04-05	2 414.14	414.16	8.8	1.49	2002-03-22	2 358.36	424.09	8.4	1.58
2002-04-19	2 413.73	414.3	10.1	1.43	2002-04-05	2 358.18	423.99	8.5	1.57
2002-05-02	2 412.63	414.45	11.6	1.34	2002-04-19	2 356.7	424.31	10.6	1.44
2002-05-17	2 411.11	414.71	13.1	1.23	2002-05-02	2 355.47	424.58	12.2	1.34
2002-05-31	2 411.49	414.62	12.9	1.25	2002-05-17	2 354.38	424.77	13.6	1.25
2002-06-14	2 411.53	414.69	12.5	1.26	2002-05-31	2 354.02	424.8	14.1	1.22
2002-06-28	2 410.62	414.84	13.9	1.18	2002-06-14	2 355.32	424.58	11.9	1.34
2002-07-13	2 407.75	415.32	17.2	0.96	2002-06-28	2 352.29	425.12	16.5	1.08
2002-07-26	2 408.13	415.26	16.8	0.99	2002-07-13	2 349.2	425.6	19.1	0.86
2002-08-09	2 408.28	415.17	16.4	1.00	2002-07-26	2 350.56	425.42	17.5	0.97
2002-08-23	2 406.92	415.47	18.3	0.89	2002-08-09	2 351.32	425.26	16.9	1.02
2002-09-06	2 406.2	415.62	19.2	0.83	2002-08-23	2 347.9	425.91	20.6	0.76
2002-09-19	2 406.01	415.59	18.8	0.83	2002-09-06	2 346.65	426.11	21.7	0.67
2002-10-03	2 406.39	415.56	18.8	0.85	2002-09-19	2 348.09	425.91	20.3	0.78
2002-10-18	2 406.58	415.53	18.4	0.87	2002-10-03	2 348.62	425.72	19.4	0.82
2002-11-01	2 406.92	415.47	18	0.89	2002-10-18	2 349.34	425.75	19.3	0.86
2002-11-29	2 406.96	415.46	18	0.90	2002-11-01	2 349.27	425.65	18.8	0.87
2002-12-12	2 407.15	415.46	17.9	0.91	2002-11-29	2350.06	425.59	18.6	0.92
2002-12-27	2 407.15	415.4	17.7	0.91	2002-12-12	2 349.88	425.52	18.3	0.91
2003-01-10	2 409.79	414.94	14.5	1.13	2002-12-27	2 350.78	425.36	18.2	0.96
2003-01-24	2 412.44	414.52	11.1	1.34	2003-01-10	2 356.55	424.38	11.9	1.41
2003-02-09	2 414.34	414.19	9.2	1.49	2003-01-24	2 358.72	423.96	9.2	1.58

续表 3-7

J6－11					J6－12				
观测日期（年-月-日）	频率（Hz）	周期（μs）	温度（℃）	缝宽（mm）	观测日期（年-月-日）	频率（Hz）	周期（μs）	温度（℃）	缝宽（mm）
2003-02-19	2 416.23	413.9	6.8	1.64	2003-02-09	2 360.17	423.63	7.5	1.69
2003-03-05	2 416.01	413.9	6.8	1.63	2003-02-19	2 361.8	423.37	5.8	1.82
2003-03-18	2 415.42	414	8.7	1.56	2003-03-05	2 361.33	423.7	6.4	1.78
2003-04-03	2 415.85	414.06	8.1	1.59	2003-03-18	2 360.75	423.58	7.2	1.73
2003-04-17	2 415.47	413.96	8.1	1.57	2003-04-03	2 360.53	423.63	7.9	1.70
2003-04-30	2 414.64	414.13	8.6	1.52	2003-04-17	2 360.53	423.63	8	1.70
2003-05-15	2 414.64	414.63	8.7	1.51	2003-04-30	2 360.17	423.7	8.2	1.68
2003-05-30	2 412.82	414.42	11.7	1.35	2003-05-15	2 360.7	423.68	8.4	1.70
2003-06-12	2 411.8	414.68	13.2	1.26	2003-05-30	2 357.13	424.26	13	1.41
2003-06-26	2 410.55	414.84	14.4	1.17	2003-06-12	2 355.9	424.48	14.4	1.32
2003-07-10	2 410.47	414.86	14.1	1.17	2003-06-26	2 354.8	424.67	16	1.22
2003-08-01	2 409.03	415.1	15.8	1.06	2003-07-10	2 355.68	424.52	15.1	1.29
2003-08-14	2 409.03	415.07	16.1	1.05	2003-08-01	2 353.3	424.93	17.4	1.11
2003-08-28	2 409.22	415.04	16.3	1.05	2003-08-14	2 353.84	424.87	17.7	1.13
2003-09-11	2 407.22	415.4	18.2	0.91	2003-08-28	2 354.02	424.8	17.8	1.14
2003-09-25	2 406.69	415.47	18.4	0.87	2003-09-11	2 351.43	425.27	20.4	0.95
2003-10-09	2 407.71	415.49	17.7	0.94	2003-09-25	2 351.64	425.23	20.3	0.96
2003-10-21	2 407.6	415.35	17.3	0.95	2003-10-09	2 353.66	424.9	18	1.12
2003-11-13	2 408.5	415.19	16.2	1.02	2003-10-21	2 353.81	424.88	17.8	1.13
2003-11-27	2 409.03	415.1	15.6	1.06	2003-11-13	2 354.96	424.65	16.3	1.22
2003-12-11	2 410.92	414.78	13.2	1.21	2003-11-27	2 355.65	424.51	15.7	1.27
2003-12-24	2 411.49	414.62	12.2	1.27	2003-12-11	2 358	424.02	12.5	1.47
2004-01-07	2 411.49	414.68	13	1.25	2003-12-24	2 358.54	423.99	11.6	1.52
2004-01-16	2 411.23	414.72	13	1.24	2004-01-07	2 357.82	424.15	13.2	1.44
2004-02-13	2 413.96	414.26	9.1	1.47	2004-01-16	2 357.49	424.18	13.7	1.42
2004-02-27	2 415.25	414.03	7.5	1.57	2004-02-13	2 361.04	423.53	8.2	1.72
2004-03-11	2 415.47	413.98	7.2	1.59	2004-02-27	2 362.2	423.33	6.8	1.82
2004-03-24	2 415.85	414	7.3	1.61	2004-03-11	2 362.2	423.33	6.7	1.82
2004-04-07	2 415.7	413.97	7.1	1.61	2004-03-24	2 362.17	423.34	7	1.81
2004-04-20	2 415.01	414.09	8.5	1.54	2004-04-07	2 362.06	423.36	6.9	1.81
2004-05-02	2 414.34	414.19	9.7	1.48	2004-04-20	2 360.97	425	9.1	1.70

续表 3-7

J6－11					J6－12				
观测日期（年-月-日）	频率（Hz）	周期（μs）	温度（℃）	缝宽（mm）	观测日期（年-月-日）	频率（Hz）	周期（μs）	温度（℃）	缝宽（mm）
2004-05-18	2 412.82	414.45	11.3	1.36	2004-05-02	2 359.95	423.75	10.3	1.62
2004-06-01	2 411.87	414.65	12.7	1.28	2004-05-18	2 358.58	423.98	12.5	1.50
2004-06-18	2 414.81	411.62	11.7	1.46	2004-06-01	2 357.45	424.19	13.8	1.41
2004-06-24	2 412.44	414.45	11.3	1.34	2004-06-18	2 360.53	415.89	11.3	1.63
2004-06-30	2 411.83	414.67	12.2	1.29	2004-06-24	2 359.08	423.86	11.6	1.55
2004-07-06	2 411.38	414.7	13.4	1.23	2004-06-30	2 358.5	424	12.4	1.50
2004-07-13	2 409.03	415.12	16.2	1.05	2004-07-06	2 357.35	424.19	14.2	1.40
2004-07-22	2 409.6	415.4	16.2	1.08	2004-07-13	2 354.38	424.74	18.3	1.15
2004-08-05	2 408.84	415.14	15.8	1.05	2004-07-22	2 354.24	424.86	17.8	1.15
2004-08-17	2 409.22	415.1	15.8	1.07	2004-08-05	2 354.74	424.71	17.3	1.19
2004-09-02	2 406.2	415.62	19.1	0.83	2004-08-17	2 355.47	424.54	17.1	1.23
2004-09-09	2 406.77	415.52	18.4	0.88	2004-09-02	2 352.08	425.15	20.8	0.97
2004-09-21	2 406.77	415.53	18.2	0.88	2004-09-09	2 352.22	425.14	20.7	0.98
2004-10-02	2 406.69	415.51	18.2	0.88	2004-09-21	2 351.86	425.23	21	0.96
2004-10-21	2 407.15	415.44	17.7	0.91	2004-10-02	2 352.15	425.13	20.6	0.98
2004-11-04	2 407.15	415.42	18.2	0.90	2004-10-21	2 352.94	425	19.7	1.04
2004-11-18	2 407.3	415.4	17.4	0.93	2004-11-04	2 353.23	424.93	19.4	1.07
2004-12-01	2 409.41	415.04	15	1.09	2004-11-18	2 353.59	424.88	18.8	1.10
2004-12-14	2 410.32	414.86	13.7	1.17	2004-12-01	2 357.27	424.24	14.4	1.39
2005-01-03	2 412.44	414.52	11.7	1.33	2004-12-14	2 358.21	424.05	12.5	1.48
2005-01-18	2 411.45	414.69	12.7	1.25	2005-01-03	2 359.3	423.87	11.7	1.55
2005-02-03	2 411.15	414.72	13	1.23	2005-01-18	2 358.29	424.03	13.2	1.47
2005-02-17	2 411.45	414.69	12.7	1.25	2005-02-03	2 357.85	424.09	13.7	1.43
2005-03-01	2 412.3	414.74	13.1	1.29	2005-02-17	2 358	424.1	13.8	1.44
2005-03-17	2 411.68	414.65	12.5	1.27	2005-03-01	2 358	424.06	13.7	1.44
2005-04-09	2 410.73	414.03	13.3	1.20	2005-03-17	2 358.54	423.99	12.6	1.49
2005-04-22	2 410.92	414.78	13.7	1.20	2005-04-09	2 357.27	424.02	13.5	1.41
2005-05-08	2 410.19	414.92	14.3	1.15	2005-04-22	2 358	424.09	13.9	1.44
2005-05-26	2 411.3	414.78	12.8	1.24	2005-05-08	2 357.42	424.2	14.7	1.39
2005-06-09	2 412.51	414.5	10.8	1.35	2005-05-26	2 359.99	423.74	10.5	1.62
2005-06-16	2 413	414.45	10.5	1.39	2005-06-09	2 360.39	423.66	9.6	1.66

续表 3-7

J6－11					J6－12				
观测日期（年-月-日）	频率（Hz）	周期（μs）	温度（℃）	缝宽（mm）	观测日期（年-月-日）	频率（Hz）	周期（μs）	温度（℃）	缝宽（mm）
2005-06-23	2 412.63	414.49	11.4	1.35	2005-06-16	2 360.3	423.62	9.2	1.66
2005-06-30	2 411.3	414.75	13	1.24	2005-06-23	2 359.45	423.79	11.6	1.56
2005-07-07	2 408.58	415.18	16.3	1.02	2005-06-30	2 357.45	424.19	14.8	1.39
2005-07-19	2 407.71	415.3	16.9	0.96	2005-07-07	2 354.53	424.7	18.7	1.15
2005-08-01	2 407.9	415.3	17	0.97	2005-07-19	2 353.3	424.84	19.5	1.07
2005-08-17	2 407.67	415.34	16.8	0.96	2005-08-01	2 354.67	424.67	18.5	1.16
2005-09-06	2 406.96	415.49	17.8	0.90	2005-08-17	2 354.45	424.74	18.2	1.16
2005-09-20	2 406.96	415.46	17.5	0.91	2005-09-06	2 354.02	424.8	19	1.12
2005-10-08	2 405.64	415.69	19.1	0.80	2005-09-20	2 354.38	424.8	18.6	1.14
2005-10-25	2 406.39	415.56	17.9	0.87	2005-10-08	2 353.3	424.93	19.8	1.06
2005-11-08	2 407.45	415.38	16.8	0.95	2005-10-25	2 354.38	424.74	18.2	1.15
2005-11-22	2 407.9	415.3	16.6	0.98	2005-11-08	2 355.39	424.54	16.9	1.23
2005-12-06	2 408.88	415.13	15	1.07	2005-11-22	2 355.97	424.45	16.3	1.28
2005-12-20	2 409.98	414.84	13.5	1.16	2005-12-06	2 357.6	424.26	14.4	1.41
2006-01-10	2 413.01	414.42	10.5	1.39	2005-12-20	2 358.18	423.99	12.6	1.48
2006-01-21	2 413.35	414.37	9.7	1.42	2006-01-10	2 360.72	423.57	9.3	1.68
2006-02-07	2 413.8	414.27	9.1	1.46	2006-01-21	2 361.48	423.47	8.2	1.75
2006-03-07	2 414.52	414.19	8.1	1.52	2006-02-07	2 361.7	423.42	8	1.76
2006-03-21	2 415.32	414.03	7	1.59	2006-03-07	2 361.8	423.37	7.1	1.79
2006-04-04	2 415.09	414	7.3	1.57	2006-03-21	2 361.33	423.45	6.8	1.77
2006-05-16	2 414.49	414.48	8.5	1.51	2006-04-04	2 362.2	423.41	7.2	1.81
2006-05-18	2 416.04	413.96	8.6	1.59	2006-04-18	2 361.91	423.38	7.6	1.78
2006-06-07	2 413.39	414.3	9.6	1.43	2006-05-16	2 360.9	423.45	8.5	1.71
2006-06-19	2 412.59	414.59	11.1	1.35	2006-05-18	2 359.27	423.6	8.5	1.62
2006-07-04	2 408.5	415.23	16.2	1.02	2006-06-07	2 360.24	423.64	9.7	1.65
2006-07-18	2 409.49	415.18	15.5	1.09	2006-06-19	2 358.04	423.81	12.1	1.48
2006-08-01	2 405.64	415.66	19.3	0.80	2006-07-04	2 354.31	424.74	18.9	1.13
2006-08-15	2 405.34	415.75	19.5	0.78	2006-07-18	2 354.96	424.61	17.6	1.20
					2006-08-01	2 351.86	425.36	22.1	0.93
					2006-08-15	2 351.64	425.25	22	0.92

表 3-8　J6－14 和 J6－15 缝宽计算

J6－14					J6－15				
观测日期（年-月-日）	频率（Hz）	周期（μs）	温度（℃）	缝宽（mm）	观测日期（年-月-日）	频率（Hz）	周期（μs）	温度（℃）	缝宽（mm）
1999-02-09	2 376.05	420.9	29.3	0.00	1999-02-09	2 257.76	422.91	33.3	0.00
1999-02-22	2 382.13	419.79	19.9	0.44	1999-02-11	2 257.83	442.9	32.2	0.03
1999-03-01	2 382.87	419.66	19.2	0.48	1999-02-12	2 259.02	442.67	29.6	0.13
1999-03-08	2 383.61	419.53	19	0.52	1999-02-13	2 260.22	442.63	26.6	0.23
1999-03-22	2 394.16	573.27	18	0.98	1999-02-22	2 264.82	441.54	18.2	0.59
1999-03-29	2 393.12	417.86	17.2	0.95	1999-03-01	2 265.28	441.44	17.7	0.62
1999-04-05	2 393.72	417.77	16.6	0.99	1999-03-08	2 265.49	441.37	17.5	0.63
1999-04-12	2 393.72	417.76	17.1	0.98	1999-03-22	2 266.15	441.24	16.6	0.67
1999-04-19	2 393.94	417.73	17.1	0.99	1999-03-29	2 266.62	441.18	16	0.70
1999-04-26	2 394.01	417.69	17.3	0.99	1999-04-05	2 266.96	441.13	15.8	0.72
1999-05-06	2 394.31	417.65	17.5	1.00	1999-04-12	2 266.69	441.17	16.4	0.70
1999-05-13	2 394.32	417.65	17.6	1.00	1999-04-19	2 266.76	441.16	16.5	0.70
1999-05-20	2 394.39	417.63	17.8	1.00	1999-04-26	2 266.82	441.14	16.8	0.69
1999-05-27	2 394.31	417.65	18.1	0.99	1999-05-06	2 266.89	441.13	16.7	0.70
1999-06-03	2 394.46	417.64	18.3	0.99	1999-05-13	2 266.89	441.12	16.8	0.70
1999-06-09	2 394.39	417.68	18.7	0.98	1999-05-20	2 266.96	441.13	17.1	0.69
1999-06-17	2 393.72	417.76	19.4	0.94	1999-05-27	2 267.02	441.11	17.1	0.70
1999-06-24	2 393.49	417.78	19.8	0.92	1999-06-03	2 266.76	441.76	17.6	0.68
1999-07-01	2 393.27	417.82	20.3	0.90	1999-06-09	2 266.76	441.17	18	0.67
1999-07-08	2 393.19	417.81	19.9	0.91	1999-06-17	2 266.42	441.22	18.7	0.64
1999-07-15	2 392.71	417.9	20.4	0.88	1999-06-24	2 266.22	441.25	19.1	0.62
1999-07-22	2 392.75	417.95	20.7	0.87	1999-07-01	2 266.16	441.27	20.2	0.60
1999-07-29	2 392.6	417.95	21	0.86	1999-07-08	2 266.29	441.25	19.2	0.62
1999-08-11	2 392	418.03	21.4	0.83	1999-07-15	2 265.99	441.28	19.7	0.60
1999-08-19	2 391.78	418.1	21.6	0.81	1999-07-22	2 265.95	441.31	20	0.59
1999-08-25	2 391.93	418.08	21.4	0.82	1999-07-29	2 265.75	441.33	20.2	0.58
1999-09-16	2 392.3	418.01	21.2	0.84	1999-08-11	2 265.69	441.38	20.7	0.57
1999-10-07	2 393.94	417.73	19.2	0.95	1999-08-19	2 265.45	441.39	20.8	0.56
1999-10-15	2 393.94	417.65	19.1	0.95	1999-08-25	2 265.82	441.34	20.7	0.57
1999-11-11	2 396.18	417.36	17.2	1.08	1999-09-16	2 266.09	441.29	20.5	0.59
1999-11-18	2 396.55	417.32	16.6	1.11	1999-10-07	2 267.36	441.04	18.7	0.68

续表 3-8

J6 – 14					J6 – 15				
观测日期（年-月-日）	频率（Hz）	周期（μs）	温度（℃）	缝宽（mm）	观测日期（年-月-日）	频率（Hz）	周期（μs）	温度（℃）	缝宽（mm）
1999-11-25	2 397.6	417.13	15.8	1.17	1999-10-15	2 267.63	441.1	18.7	0.69
1999-11-29	2 397.38	417.09	15.6	1.17	1999-11-11	2 268.9	440.75	17	0.77
1999-12-02	2 397.75	417.06	15.2	1.19	1999-11-18	2 269.3	440.68	16.4	0.80
1999-12-06	2 398.58	416.87	14.4	1.24	1999-11-25	2 269.97	440.53	15.7	0.84
1999-12-13	2 399.62	416.78	13.7	1.30	1999-11-29	2 270.04	440.51	15.5	0.85
1999-12-20	2 401.35	416.44	12.1	1.40	1999-12-02	2 270.38	440.47	15.1	0.87
1999-12-22	2 401.95	416.33	11.9	1.43	1999-12-06	2 270.71	440.38	14.4	0.90
2000-01-03	2 403.3	416.11	11.1	1.50	1999-12-13	2 271.32	440.28	13.6	0.94
2000-01-10	2 405.19	415.77	9.8	1.61	1999-12-20	2 272.26	440.09	12.2	1.00
2000-01-17	2 406.09	415.6	8.6	1.67	1999-12-22	2 272.53	440.05	11.9	1.02
2000-01-27	2 406.17	415.6	9	1.67	2000-01-03	2 273.33	439.88	10.8	1.07
2000-02-01	2 406.17	415.6	9	1.67	2000-01-10	2 274.07	439.72	9.5	1.13
2000-02-14	2 406.19	415.6	9	1.67	2000-01-17	2 274.81	439.59	8.3	1.18
2000-02-21	2 407.6	415.35	7.6	1.75	2000-01-27	2 274.81	439.59	8.3	1.18
2000-02-28	2 408.05	415.26	7.2	1.78	2000-02-01	2 274.95	439.57	8.2	1.19
2000-03-06	2 408.28	415.22	7.2	1.79	2000-02-14	2 275.02	439.56	8.1	1.20
2000-03-21	2 407.3	415.4	8.2	1.73	2000-02-21	2 275.82	439.41	7	1.25
2000-03-27	2 406.17	415.6	9.3	1.66	2000-02-28	2 275.96	439.37	6.6	1.26
2000-04-03	2 405.49	415.71	10	1.62	2000-03-06	2 276.09	439.35	6.6	1.27
2000-04-10	2 404.81	415.84	10.9	1.57	2000-03-21	2 275.62	439.44	7.5	1.23
2000-04-17	2 404.06	415.93	11.5	1.53	2000-03-27	2 274.95	439.57	8.6	1.18
2000-04-24	2 403.2	416.13	12.4	1.48	2000-04-03	2 274.48	439.66	10	1.14
2000-05-01	2 402.18	416.3	13.3	1.41	2000-04-10	2 274.01	439.75	10.3	1.11
2000-05-08	2 401.2	416.42	14.2	1.36	2000-04-17	2 273.6	439.84	11	1.08
2000-07-10	2 394.95	417.58	19.5	0.99	2000-04-24	2 273.06	439.93	11.9	1.04
2000-07-17	2 393.49	417.84	20.7	0.90	2000-05-01	2 272.53	440.04	12.8	1.00
2000-07-27	2 392.15	417.98	22.2	0.82	2000-05-08	2 271.99	440.14	13.6	0.96
2000-08-07	2 392.71	417.97	21.6	0.85	2000-07-10	2 268.67	440.79	18.9	0.72
2000-08-28	2 393.83	417.74	20.2	0.93	2000-07-17	2 267.76	440.96	19.9	0.67
2000-09-08	2 393.45	417.74	19.9	0.92	2000-07-27	2 266.96	441.11	21.5	0.60
2000-09-19	2 394.64	417.74	19.4	0.98	2000-08-07	2 267.16	441.01	21	0.62

续表 3-8

J6 – 14					J6 – 15				
观测日期（年-月-日）	频率（Hz）	周期（μs）	温度（℃）	缝宽（mm）	观测日期（年-月-日）	频率（Hz）	周期（μs）	温度（℃）	缝宽（mm）
2000-09-29	2 393.87	417.8	19.1	0.95	2000-08-28	2 268.33	440.85	19.5	0.70
2000-10-10	2 394.16	417.67	18.7	0.97	2000-09-08	2 268.5	440.79	19.2	0.71
2000-10-18	2 395.32	417.41	17.3	1.05	2000-09-19	2 268.83	440.72	18.8	0.73
2000-10-31	2 395.76	417.61	18.6	1.04	2000-09-29	2 269.24	440.68	18.5	0.75
2000-11-08	2 396.74	417.51	17.7	1.10	2000-10-10	2 269.44	440.62	18.2	0.77
2000-11-22	2 395.8	417.36	16.2	1.09	2000-10-18	2 270.01	440.56	17.3	0.81
2000-12-05	2 398.95	416.95	14.1	1.26	2000-10-31	2 269.5	440.62	18	0.77
2000-12-18	2 399.81	416.73	13.2	1.32	2000-11-08	2 270.1	440.56	17.4	0.81
2001-01-02	2 401.5	414.5	12.7	1.40	2000-11-22	2 270.98	440.35	16	0.87
2001-02-02	2 403.8	416.13	9.8	1.55	2000-12-05	2 272.26	440.09	14.1	0.96
2001-02-16	2 403.76			1.74	2000-12-18	2 272.53	440.01	13.1	0.99
2001-02-26	2 404.32	415.95	9	1.59	2001-01-02	2 273.53	439.81	12.7	1.04
2001-03-14	2 401.88	416.37	10.7	1.45	2001-02-02	2 275.15	439.53	9	1.18
2001-03-27	2 400.22	416.55	10.9	1.38	2001-02-16	2 275.22	439.48		1.37
2001-04-10	2 402.44	416.44	10.2	1.48	2001-02-26	2 275.56	439.42	8.1	1.22
2001-04-24	2 402.11	416.21	10	1.47	2001-03-14	2 275.05	439.58	9.9	1.16
2001-05-08	2 402.33	416.29	10.4	1.48	2001-03-27	2 274.48	439.6	11	1.12
2001-05-22	2 399.85	416.73	12.5	1.33	2001-04-10	2 275.05	439.48	9.6	1.17
2001-06-05	2 399.05	416.67	12.7	1.29	2001-04-24	2 275.05	439.55	9.6	1.17
2001-06-19	2 398.65	421.96	14.1	1.25	2001-05-08	2 274.88	439.59	9.9	1.15
2001-07-17	2 393.57	417.93	18.9	0.94	2001-05-22	2 273.87	439.78	11.8	1.07
2001-08-14	2 393.83	417.71	18.6	0.96	2001-06-05	2 273.94	439.75	11.8	1.08
2001-08-28	2 392.34	418.03	21.2	0.84	2001-06-19	2 273	439.93	13.5	1.01
2001-09-11	2 391.78	418.1	21.8	0.81	2001-07-17	2 270.24	440.49	18.1	0.80
2001-09-25	2 392.15	418	20.4	0.85	2001-08-14	2 271.18	440.27	16.4	0.87
2001-10-09	2 392.15	418.02	20.5	0.85	2001-08-28	2 269.5	440.59	19.3	0.75
2001-10-23	2 393.45	417.84	18.8	0.94	2001-09-11	2 269	440.72	19.5	0.72
2001-10-29	2 394.39	417.68	18	0.99	2001-09-25	2 269.67	440.6	18.7	0.77
2001-11-13	2 394.57	417.54	17.7	1.01	2001-10-09	2 269.67	440.59	18.9	0.76
2001-11-27	2 396.63	417.28	16.8	1.11	2001-10-23	2 269.84	440.56	18.5	0.78
2001-12-21	2 398.5	416.86	13.8	1.25	2001-11-13	2 270.68	440.4	17.3	0.84

续表 3-8

J6－14					J6－15				
观测日期（年-月-日）	频率（Hz）	周期（μs）	温度（℃）	缝宽（mm）	观测日期（年-月-日）	频率（Hz）	周期（μs）	温度（℃）	缝宽（mm）
2002-01-05	2 398.5	416.93	14	1.24	2001-11-27	2 272.02	440.2	16.2	0.91
2002-01-17	2 399.06	416.9	14.2	1.26	2001-12-21	2 272.86	439.94	13.6	1.00
2002-02-01	2 399.06	416.86	14.1	1.27	2002-01-05	2 272.86	439.9	13.7	1.00
2002-02-07	2 398.69	416.89	14.3	1.25	2002-01-17	2 273.03	439.94	13.8	1.00
2002-02-22	2 398.5	416.93	14.8	1.23	2002-02-01	2 273.03	439.91	13.7	1.00
2002-03-08	2 401.31	416.47	11.3	1.42	2002-02-07	2 272.86	439.94	13.9	0.99
2002-03-22	2 403.19	416.15	10.2	1.52	2002-02-22	2 273.01	439.97	14.2	0.99
2002-04-05	2 402.82	416.15	10.1	1.50	2002-03-08	2 274.38	439.68	11.8	1.09
2002-04-19	2 402.33	416.29	11.2	1.46	2002-03-22	2 275.39	439.48	9.5	1.18
2002-05-02	2 400.94	416.54	12.6	1.38	2002-04-05	2 275.42	439.46	9.2	1.19
2002-05-17	2 399.06	416.86	14.1	1.27	2002-04-19	2 275.22	439.52	10.2	1.16
2002-05-31	2 399.63	416.76	13.9	1.29	2002-05-02	2 274.38	439.71	12.2	1.09
2002-06-14	2 398.88	416.87	13.3	1.27	2002-05-17	2 273.37	439.88	13.2	1.03
2002-06-28	2 396.26	417.7	14.9	1.13	2002-05-31	2 273.7	439.81	13	1.04
2002-07-13	2 394.39	417.58	18.6	0.98	2002-06-14	2 273.67	439.82	12.6	1.05
2002-08-09	2 395.88	417.41	17.1	1.07	2002-06-28	2 273.06	439.43	13.9	1.00
2002-08-23	2 393.27	417.87	19.9	0.91	2002-07-13	2 271.11	440.3	17.1	0.86
2002-09-06	2 391.22	418.23	20.4	0.81	2002-07-26	2 271.45	440.23	16.7	0.88
2002-09-19	2 390.66	418.26	20.4	0.79	2002-08-09	2 271.69	440.2	16.4	0.89
2002-10-03	2 391.22	418.23	19.9	0.82	2002-08-23	2 270.51	440.43	18.2	0.81
2002-10-18	2 391.41	418.16	20	0.83	2002-09-06	2 270.17	440.56	19	0.78
2002-11-01	2 391.7	418.14	20	0.84	2002-09-19	2 270.01	440.49	18.8	0.78
2002-11-29	2 391.96	418.03	19.2	0.87	2002-10-03	2 270.51	440.49	18.4	0.81
2002-12-12	2 392.15	418	18.7	0.88	2002-10-18	2 270.51	440.46	18.4	0.81
2002-12-27	2 392.71	417.94	18.3	0.92	2002-11-01	2 270.64	440.39	17.8	0.82
2003-01-10	2 396.26	417.28	13.7	1.15	2002-11-29	2 270.68	440.4	17.7	0.83
2003-01-24	2 398.5	416.96	11.1	1.30	2002-12-12	2 270.85	440.36	17.5	0.84
2003-02-09	2 400	416.7	9.6	1.39	2002-12-27	2 270.85	440.33	17.5	0.84
2003-02-19	2 400.94	416.5	8.1	1.46	2003-01-10	2 272.86	439.97	14.3	0.98
2003-03-05	2 401.2	416.48	8.3	1.47	2003-01-24	2 274.38	439.68	11.3	1.10
2003-03-18	2 400.6	416.59	8.9	1.43	2003-02-09	2 275.72	439.39	9.2	1.20

续表 3-8

J6－14					J6－15				
观测日期（年-月-日）	频率（Hz）	周期（μs）	温度（℃）	缝宽（mm）	观测日期（年-月-日）	频率（Hz）	周期（μs）	温度（℃）	缝宽（mm）
2003-04-03	2 400.19	416.65	9.8	1.40	2003-02-19	2 277.07	439.16	6.5	1.31
2003-04-17	2 400.19	416.63	9.3	1.41	2003-03-05	2 277.24	439.11	6.4	1.32
2003-04-30	2 400	416.67	9.8	1.39	2003-03-18	2 276.9	439.19	7.1	1.29
2003-05-15	2 399.7	416.7	9.8	1.38	2003-04-03	2 276.57	439.26	7.9	1.26
2003-05-30	2 397.23	417.17	12.8	1.21	2003-04-17	2 276.4	439.29	8	1.25
2003-06-12	2 396.03	417.39	15.1	1.12	2003-04-30	2 276.06	439.35	8.5	1.23
2003-06-26	2 394.98	417.54	16.5	1.05	2003-05-15	2 276.16	439.33	8.8	1.23
2003-07-10	2 395.36	417.43	16.9	1.06	2003-05-30	2 274.81	439.59	11.5	1.12
2003-08-01	2 393.45	417.77	17.1	0.97	2003-06-12	2 273.87	439.79	13	1.05
2003-08-14	2 393.27	417.81	15.9	0.99	2003-06-26	2 273.33	439.88	14.2	1.00
2003-08-28	2 393.27	417.84	17.8	0.95	2003-07-10	2 273.26	439.89	14.1	1.00
2003-09-11	2 392.15	418.05	19.3	0.87	2003-08-01	2 272.02	440.1	16	0.92
2003-09-25	2 391.55	418	19.9	0.84	2003-08-14	2 272.32	440.08	16	0.93
2003-10-09	2 392.34	418.03	18.3	0.90	2003-08-28	2 272.36	440.07	16	0.93
2003-10-21	2 393.04	417.88	17.3	0.95	2003-09-11	2 271.25	440.27	17.7	0.85
2003-11-13	2 394.09	417.69	16.5	1.01	2003-09-25	2 270.91	440.35	18.2	0.83
2003-11-27	2 394.57	417.61	16	1.04	2003-10-09	2 271.18	440.33	17.6	0.85
2003-12-11	2 396.26	417.32	13.5	1.16	2003-10-21	2 271.45	440.25	17.2	0.87
2003-12-24	2 397.19	417.12	12.5	1.22	2003-11-13	2 272.05	440.17	16.1	0.91
2004-01-07	2 396.78	417.19	13.6	1.18	2003-11-27	2 272.53	440.07	15.5	0.95
2004-01-16	2 396.07	417.26	13.9	1.14	2003-12-11	2 273.53	439.88	13.3	1.03
2004-02-13	2 399.25	416.02	10.1	1.35	2003-12-24	2 274.11	439.68	12.3	1.07
2004-02-27	2 400.15	416.65	9	1.41	2004-01-07	2 273.8	439.78	13.1	1.04
2004-03-11	2 400.37	416.59	8.8	1.42	2004-01-16	2 273.78	439.79		1.31
2004-03-24	2 400.52	416.57	8.8	1.43	2004-02-13	2 275.55	439.45	9.4	1.19
2004-04-07	2 400.75	415.06	8.6	1.44	2004-02-27	2 276.36	439.3	8	1.25
2004-04-20	2 400.3	416.61	9.8	1.40	2004-03-11	2 276.5	439.27	7.6	1.26
2004-05-02	2 399.17	416.81	11	1.33	2004-03-24	2 276.57	437.26	7.7	1.27
2004-05-18	2 397.85	417	12	1.26	2004-04-07	2 276.77	439.23	7.5	1.28
2004-06-01	2 396.63	417.25	13.9	1.17	2004-04-20	2 276.36	439.30	8.5	1.24

续表 3-8

J6 - 14					J6 - 15				
观测日期（年-月-日）	频率（Hz）	周期（μs）	温度（℃）	缝宽（mm）	观测日期（年-月-日）	频率（Hz）	周期（μs）	温度（℃）	缝宽（mm）
2004-06-18	2 398.88	404.56	12.5	1.29	2004-05-02	2 275.76	439.41	9.7	1.19
2004-06-24	2 397.75	417.02	11.9	1.25	2004-05-18	2 274.95	439.56	11.3	1.13
2004-06-30	2 397.38	417.16	12.8	1.22	2004-06-01	2 274.38	439.71	12.7	1.08
2004-07-06	2 396.6	417.2	13.5	1.17	2004-06-18	2 276.14	440.01	11.8	1.16
2004-07-13	2 394.46	417.62	16.6	1.02	2004-06-24	2 274.71	439.5	11.4	1.12
2004-07-22	2 393.04	421.67	17.1	0.95	2004-06-30	2 274.27	439.7	12.2	1.08
2004-08-05	2 393.64	417.77	16.9	0.98	2004-07-06	2 274.04	439.75	12.8	1.06
2004-08-17	2 394.04	417.68	16.8	1.00	2004-07-13	2 272.59	440.1	15.8	0.94
2004-09-02	2 391.48	418.18	19.9	0.83	2004-07-22	2 272.32	440.05	16.1	0.92
2004-09-09	2 391.63	418.14	19.5	0.85	2004-08-05	2 272.19	440.1	15.7	0.93
2004-09-21	2 390.53	418.23	20.3	0.78	2004-08-17	2 272.53	440.04	15.7	0.94
2004-10-02	2 391.33	418.24	20	0.82	2004-09-02	2 270.71	440.4	18.8	0.81
2004-10-21	2 391.48	418.14	19.4	0.84	2004-09-09	2 270.98	440.34	18.2	0.83
2004-11-04	2 391.78	418.10	19.2	0.86	2004-09-21	2 270.48	440.35	18.3	0.81
2004-11-18	2 392.08	418.3	18.7	0.88	2004-10-02	2 270.91	440.34	18.2	0.83
2004-12-01	2 394.39	417.59	15.9	1.03	2004-10-21	2 271.18	440.3	17.7	0.85
2004-12-14	2 395.58	417.39	14.4	1.11	2004-11-04	2 271.25	440.28	17.7	0.85
2005-01-03	2 398.05	416.99	12.2	1.26	2004-11-18	2 271.45	440.25	17.3	0.87
2005-01-18	2 396.78	417.22	13.6	1.18	2004-12-01	2 272.86	439.71	15.1	0.97
2005-02-03	2 396.55	417.28	14.1	1.16	2004-12-14	2 273.4	439.87	13.8	1.01
2005-02-17	2 396.26	417.29	14.2	1.15	2005-01-03	2 274.68	439.61	11.8	1.11
2005-03-01	2 396.48	417.28	14.1	1.16	2005-01-18	2 274.21	439.7	12.8	1.07
2005-03-17	2 397.19	417.19	13.1	1.21	2005-02-03	2 274.01	439.75	13	1.06
2005-04-09	2 392.85	429.82	13.8	1.01	2005-02-17	2 274.21	439.71	12.7	1.07
2005-04-22	2 396.55	417.28	14.1	1.16	2005-03-01	2 274.07	439.75	13	1.06
2005-05-08	2 396.1	417.36	14.7	1.13	2005-03-17	2 274.04	439.71	12.5	1.07
2005-05-26	2 397.98	417.03	11.7	1.27	2005-04-09	2 275.39	439.52	13.2	1.11
2005-06-09	2 398.65	416.9	10.9	1.31	2005-04-22	2 273.8	439.79	13.6	1.03
2005-06-16	2 398.8	416.9	10.7	1.32	2005-05-08	2 273.4	439.87	14.2	1.01
2005-06-23	2 398.5	416.89	11.6	1.29	2005-05-26	2 274.14	439.72	12.4	1.07

续表 3-8

J6 - 14					J6 - 15				
观测日期（年-月-日）	频率（Hz）	周期（μs）	温度（℃）	缝宽（mm）	观测日期（年-月-日）	频率（Hz）	周期（μs）	温度（℃）	缝宽（mm）
2005-06-30	2 397	417.15	13.3	1.19	2005-06-09	2 274.88	439.58	10.9	1.13
2005-07-07	2 394.84	417.59	16.6	1.04	2005-06-16	2 275.02	439.56	10.7	1.14
2005-07-19	2 392.52	417.87	18.7	0.90	2005-06-23	2 274.71	439.58	11.4	1.12
2005-08-01	2 393.04	417.89	18.3	0.93	2005-06-30	2 273.87	439.78	12.9	1.05
2005-08-17	2 392.6	417.94	18.4	0.91	2005-07-07	2 272.53	440.02	15.9	0.94
2005-09-06	2 391.78	418.1	19.2	0.86	2005-07-19	2 272.36	440.14	16.8	0.91
2005-09-20	2 392.34	418.1	19	0.89	2005-08-01	2 271.99	440.14	16.8	0.90
2005-10-08	2 391.41	418.19	19.7	0.83	2005-08-17	2 271.85	440.17	16.8	0.89
2005-10-25	2 392.34	418	18.3	0.90	2005-09-06	2 271.35	440.27	17.5	0.86
2005-11-08	2 393.49	417.78	17.2	0.97	2005-09-20	2 271.52	440.2	17.3	0.87
2005-11-22	2 394.01	417.64	16.8	1.00	2005-10-08	2 270.68	440.4	18.9	0.80
2005-12-06	2 394.9	417.54	15.3	1.07	2005-11-08	2 271.85	440.15	16.7	0.89
2005-12-20	2 396.26	417.32	13.7	1.15	2005-11-22	2 272.12	440.12	16.5	0.91
2006-01-10	2 399.1	416.8	10.6	1.34	2005-12-06	2 272.66	440	14.9	0.96
2006-01-21	2 399.62	416.74	10	1.37	2005-12-20	2 273.53	439.84	13.6	1.02
2006-02-07	2 400.3	416.51	9.2	1.41	2006-01-10	2 275.02	439.56	10.6	1.14
2006-03-07	2 403	416.63	9	1.53	2006-01-21	2 275.35	439.49	9.7	1.18
2006-03-21	2 400.37	416.59	8.5	1.43	2006-02-07	2 275.69	439.41	9.1	1.20
2006-04-04	2 399.92	416.59	8.7	1.41	2006-03-07	2 275.22	439.88	8.1	1.20
2006-04-18	2 398.22	416.48	8.9	1.33	2006-03-21	2 276.57	439.23	6.9	1.28
2006-05-16	2 399.7	416.72	9.4	1.38	2006-04-04	2 276.7	439.24	7	1.28
2006-05-18	2 399.62	416.73	9.5	1.38	2006-04-18	2 276.5	439.36	7.4	1.27
2006-06-07	2 398.88	416.86	10.3	1.33	2006-05-16	2 276.09	439.4	8.3	1.23
2006-07-04	2 393.1	417.92	17.9	0.94	2006-05-18	2 275.72	439.32	8.3	1.22
2006-07-18	2 392.6	427.94	17.7	0.92	2006-06-07	2 275.55	439.45	9.3	1.19
2006-08-01	2 389.92	418.75	20.5	0.76	2006-06-19	2 274.41	439.67	10.7	1.12
2006-08-15	2 388.88	418.61	21.4	0.69	2006-07-04	2 272.12	440.12	15.9	0.92
					2006-07-18	2 272.26	440.05	15.2	0.94
					2006-08-01	2 269.5	440.4	18.8	0.76
					2006-08-15	2 269.84	440.57	19.2	0.76

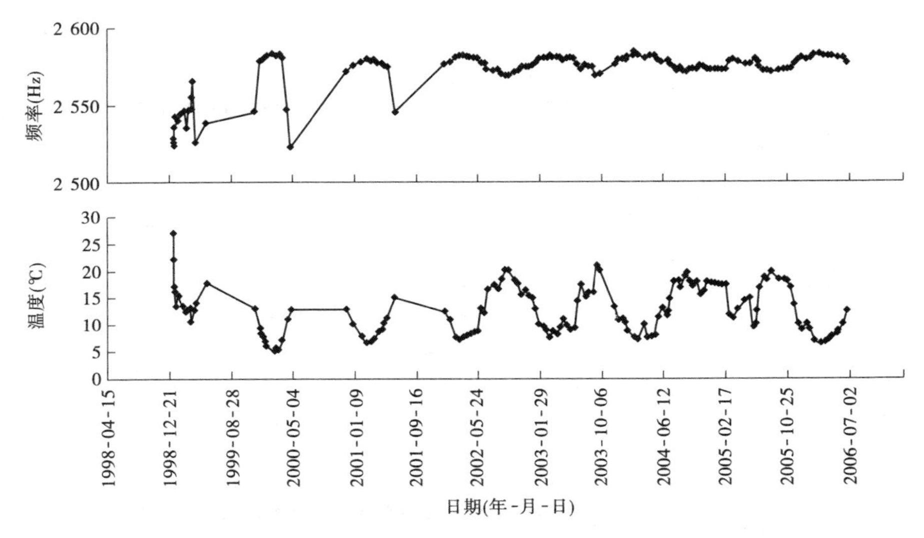

图 3-45　J－1 的频率和温度读数变化过程线

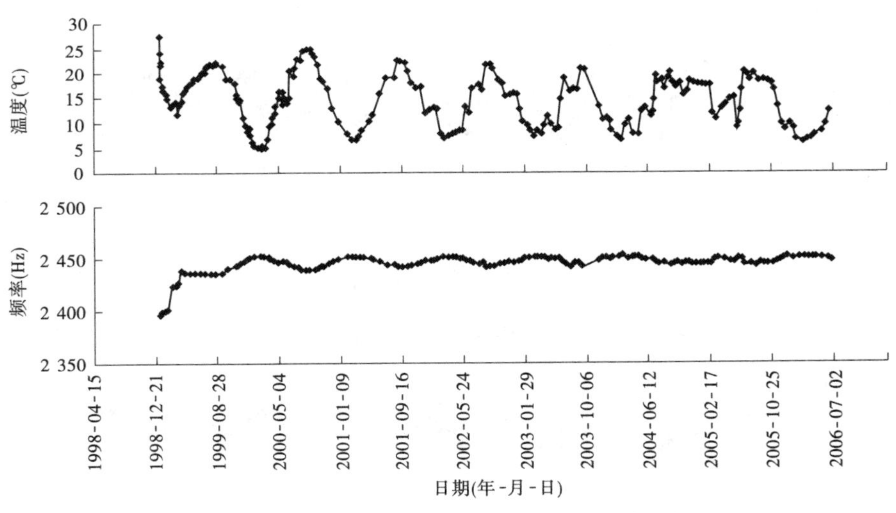

图 3-46　J－2 的频率和温度读数变化过程线

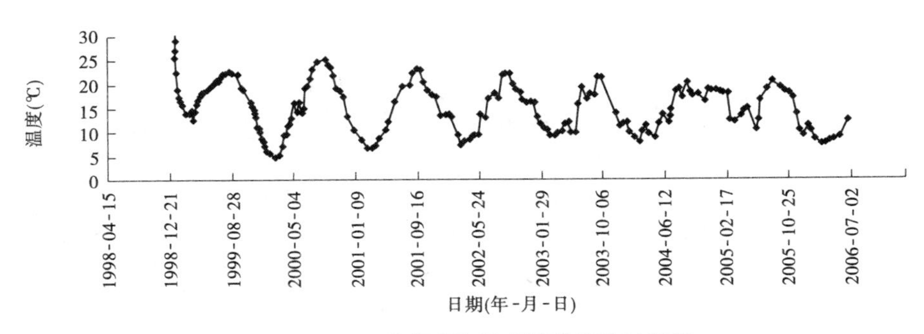

图 3-47　J－3 的频率和温度读数变化过程线

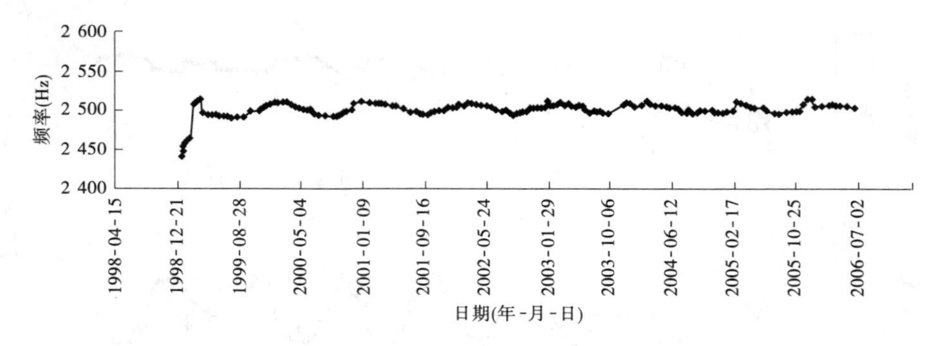

续图 3-47

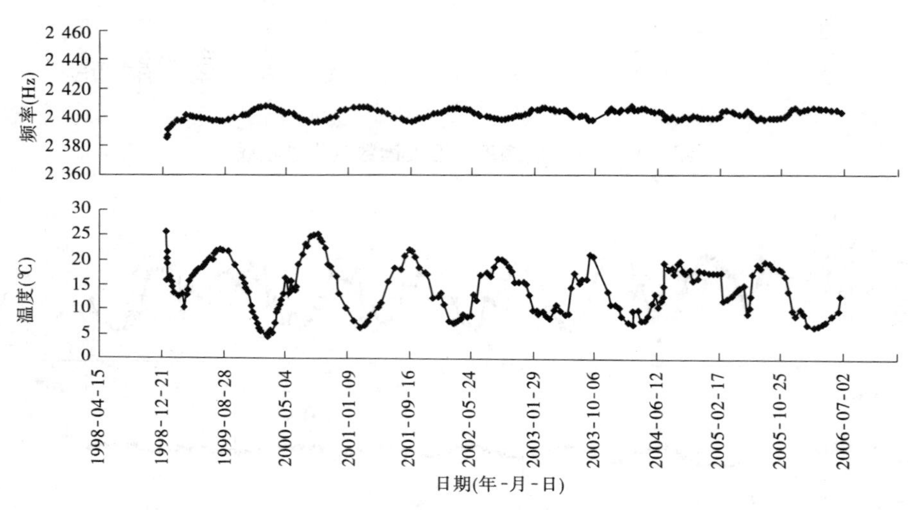

图 3-48　J－5 的频率和温度读数变化过程线

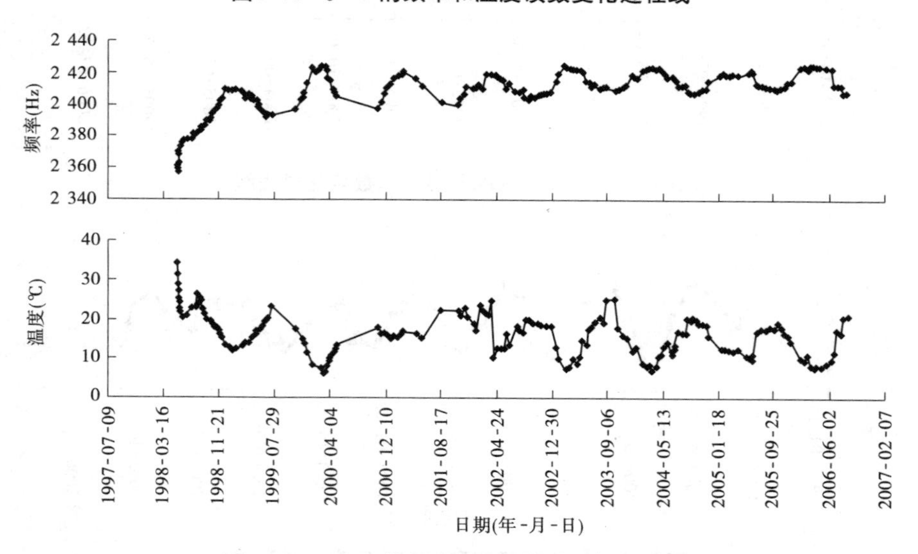

图 3-49　J6－1 的频率和温度读数变化过程线

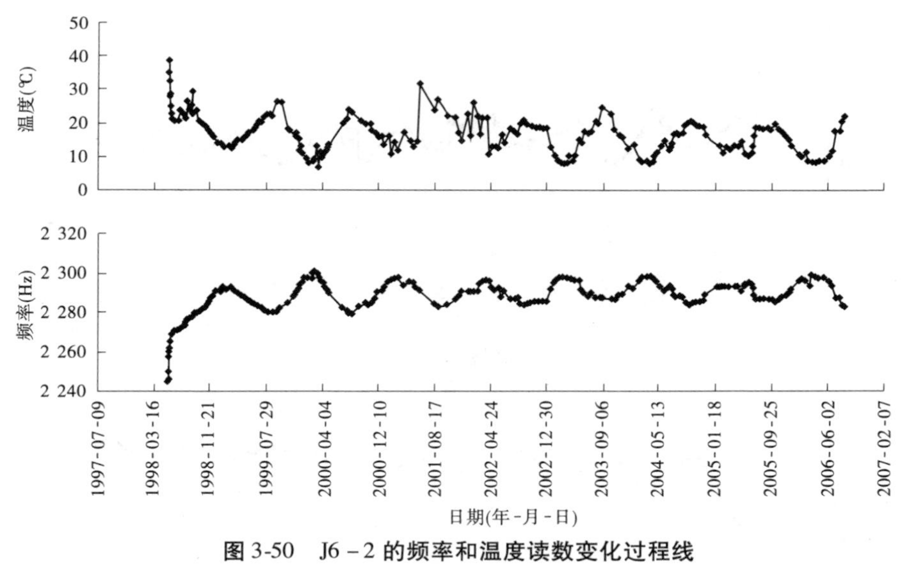

图 3-50　J6－2 的频率和温度读数变化过程线

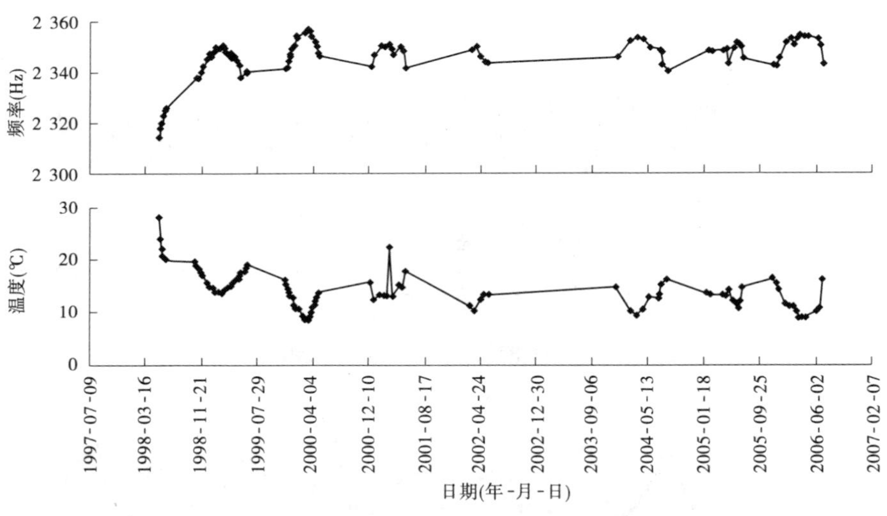

图 3-51　J6－3 的频率和温度读数变化过程线

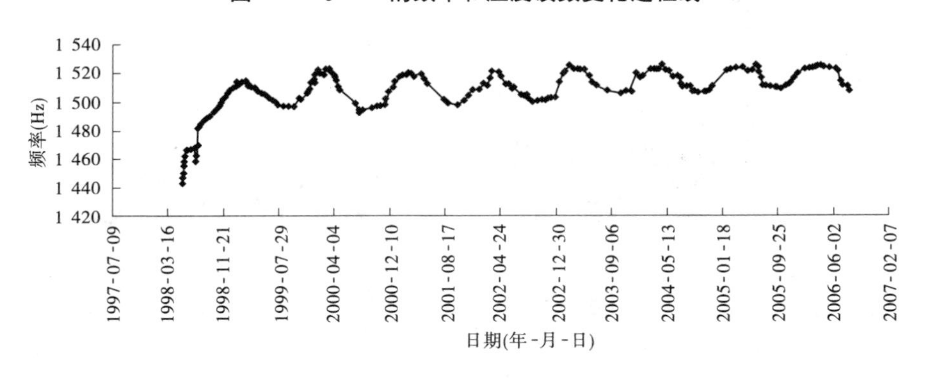

图 3-52　J6－4 的频率和温度读数变化过程线

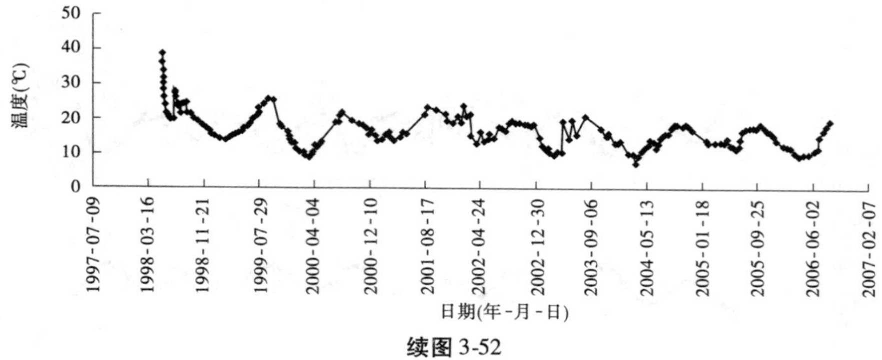

续图 3-52

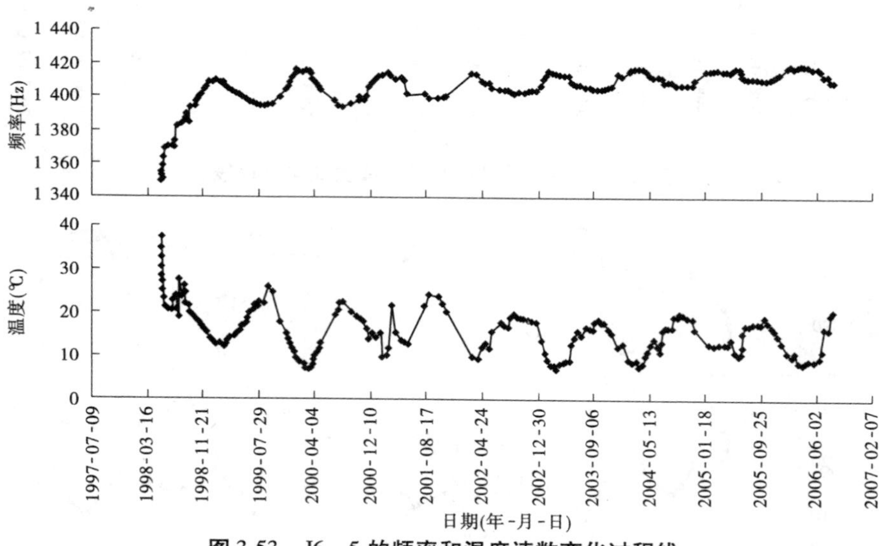

图 3-53　J6－5 的频率和温度读数变化过程线

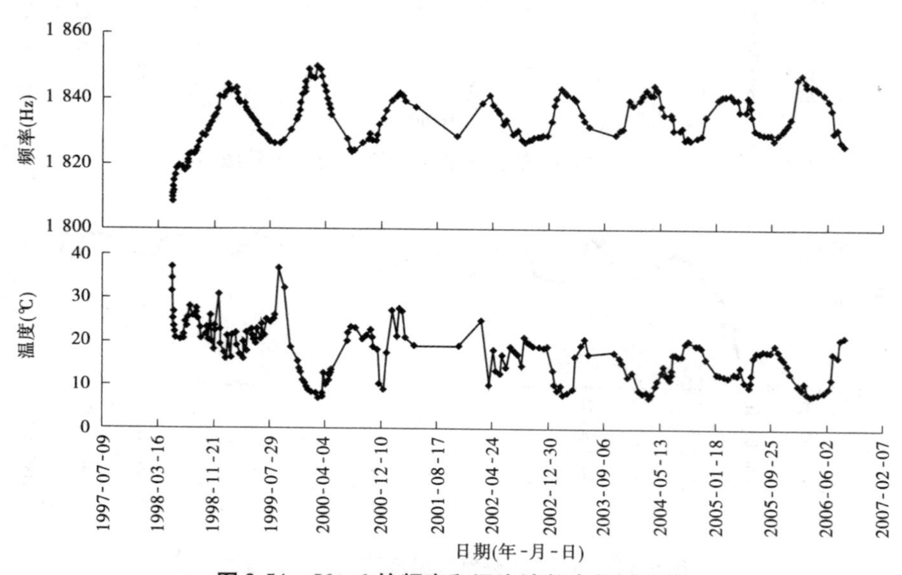

图 3-54　J6－6 的频率和温度读数变化过程线

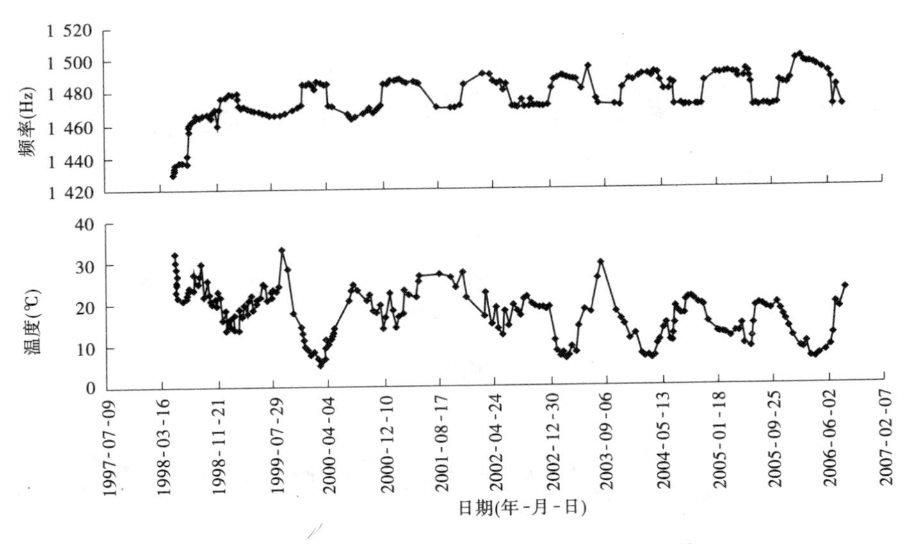

图 3-55　J6－7 的频率和温度读数变化过程线

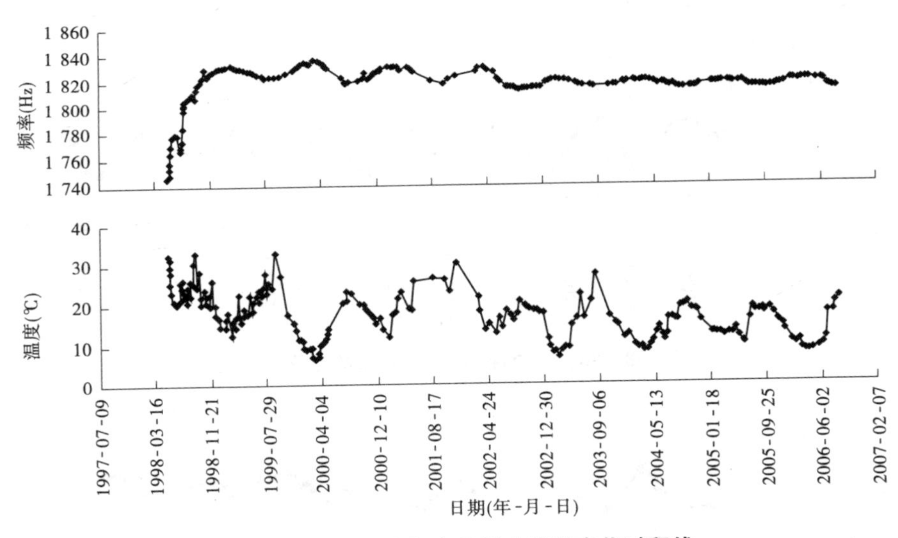

图 3-56　J6－8 的频率和温度读数变化过程线

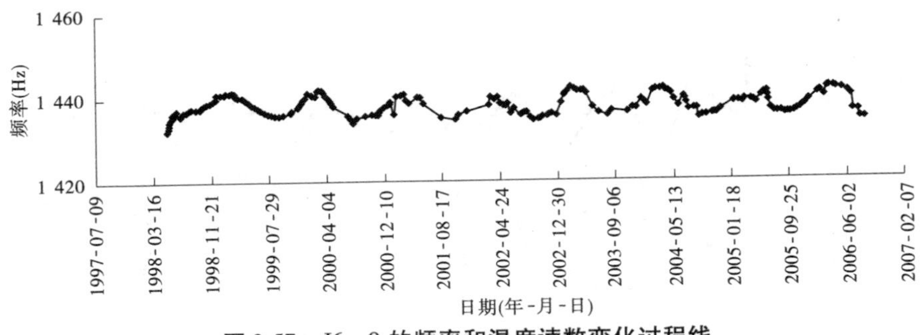

图 3-57　J6－9 的频率和温度读数变化过程线

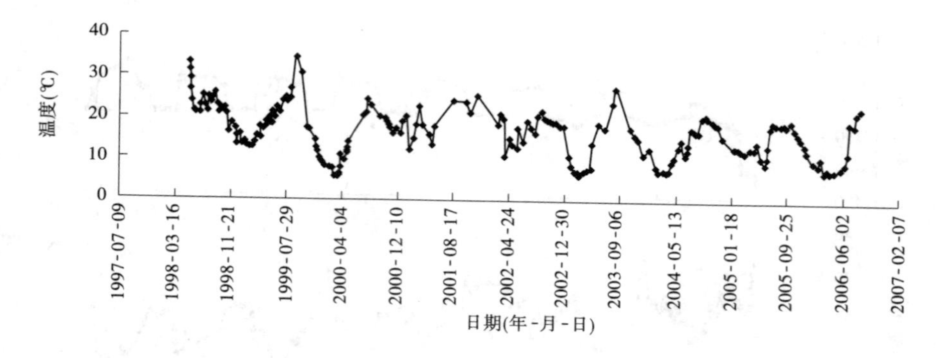

续图 3-57

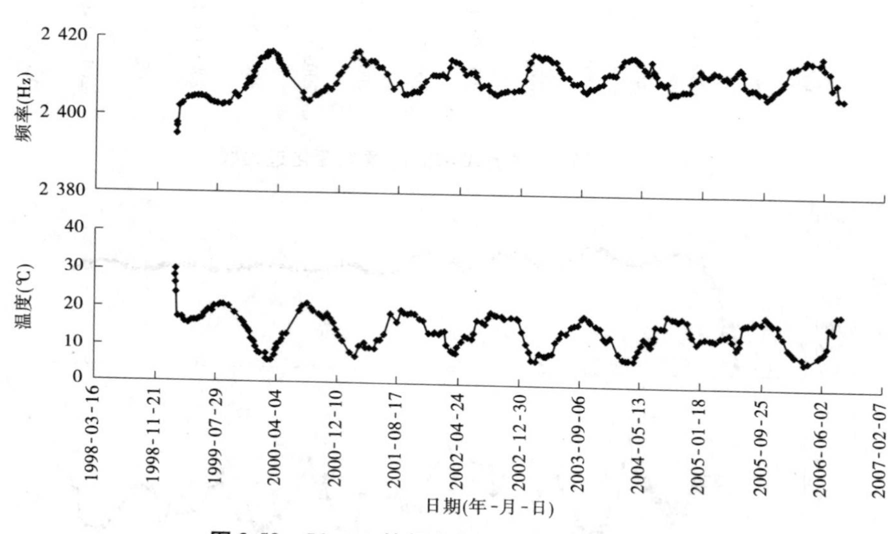

图 3-58　J6－11 的频率和温度读数变化过程线

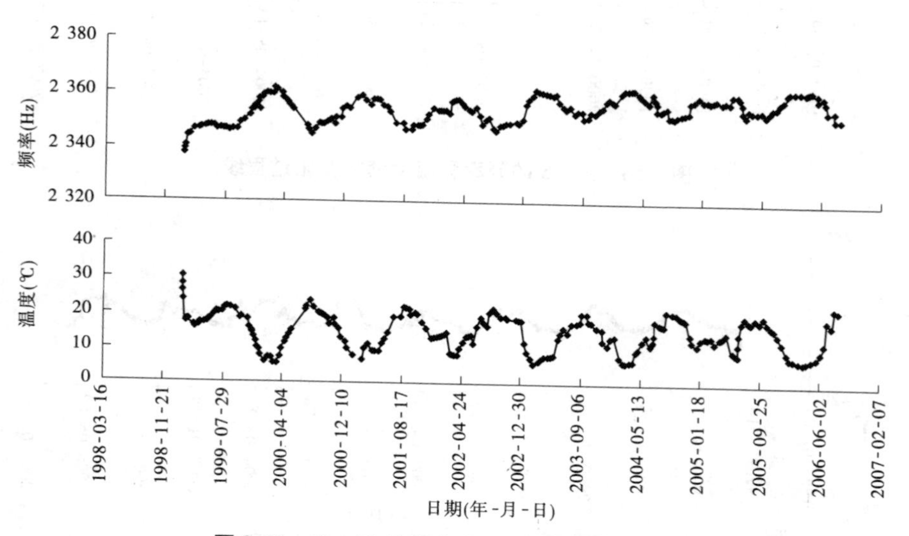

图 3-59　J6－12 的频率和温度读数变化过程线

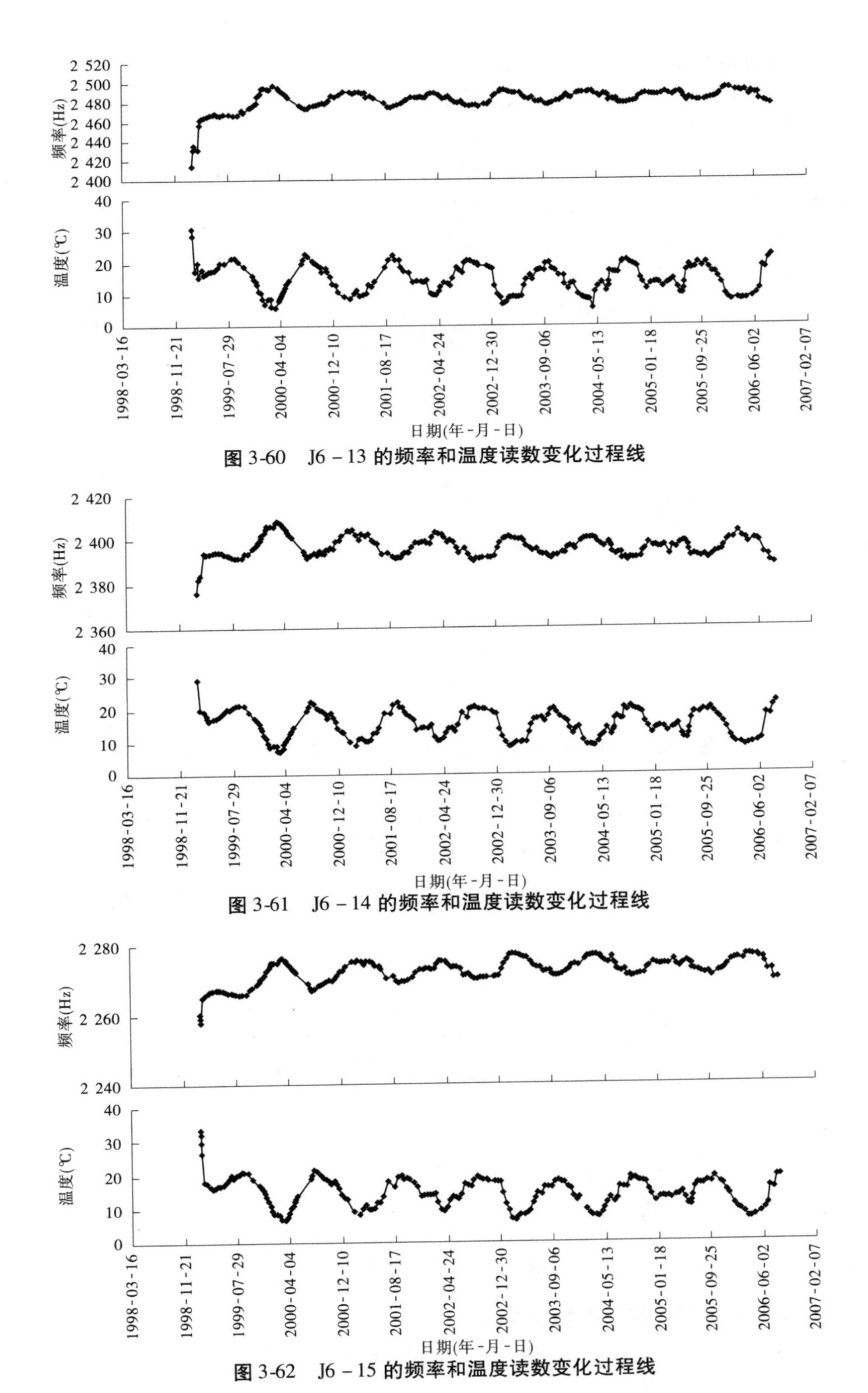

图 3-60 J6 - 13 的频率和温度读数变化过程线

图 3-61 J6 - 14 的频率和温度读数变化过程线

图 3-62 J6 - 15 的频率和温度读数变化过程线

3.3.6 渗压计的频率和温度读数发展变化

小浪底排沙洞共安装渗压计 6 支，其中 ST3－A 安装 3 支，编号为 P6－1～P6－3；ST3－B 安装 3 支，编号为 P6－4～P6－6。

在整理数据时发现，有相当数量的读数组中没有温度读数，由于计算渗水压力的参数为频率和温度，因此凡没有温度读数的读数组在绘制曲线时均已删除。渗压计的频率和温度读数变化过程线如图 3-63、图 3-64 所示。

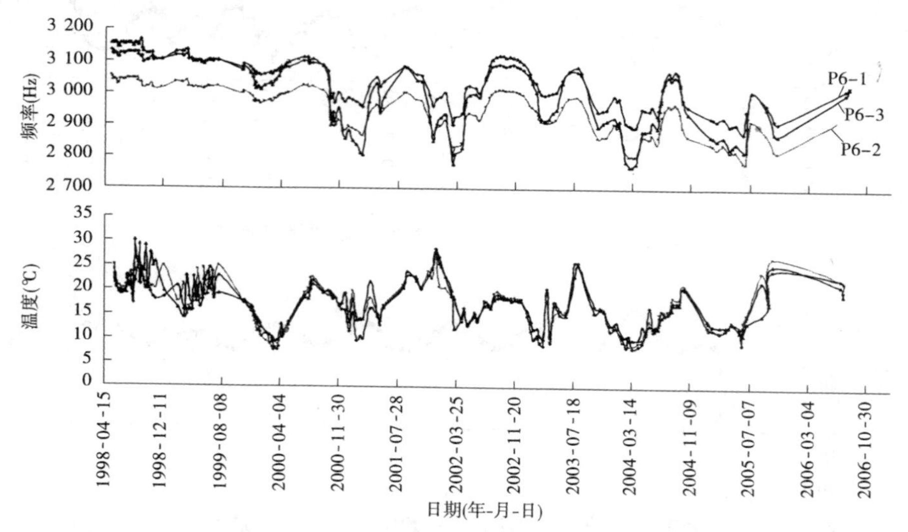

图 3-63　ST3－A 观测段渗压计的频率和温度读数变化过程线

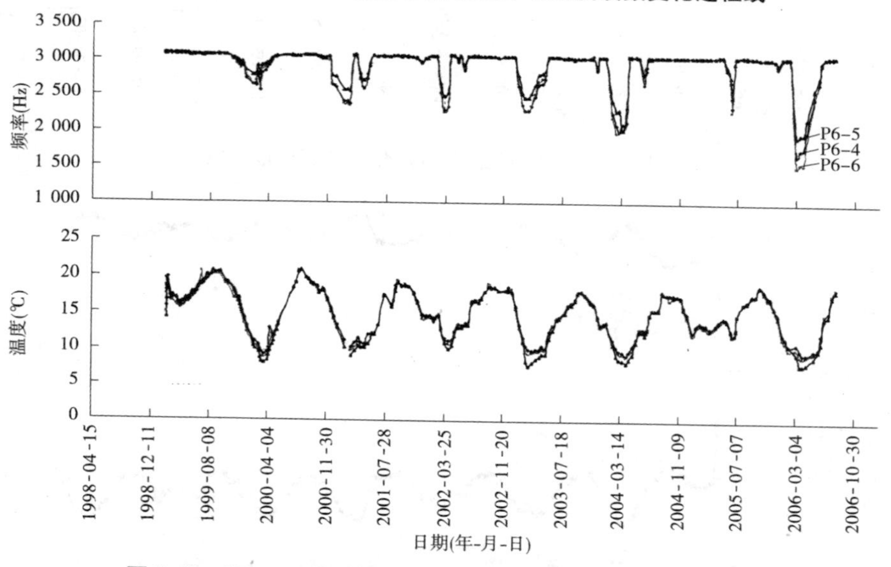

图 3-64　ST3－B 观测段渗压计的频率和温度读数变化过程线

3.3.7 多点位移计的位移读数发展变化

小浪底排沙洞共安装多点位移计 6 支，其中 ST3－A 安装 3 支，编号为 BX6－1～

BX6－3；ST3－B 安装 3 支，编号为 BX6－4～BX6－6。

多点位移计主要是为了监测隧洞开挖过程中围岩的变形情况，以便及时采取适当的支护措施。在衬砌混凝土浇筑以后的运行期，若衬砌出现渗漏，也会使围岩出现较大变形，因此多点位移计在运行期的读数变化情况也能反映衬砌结构是否发生渗漏。

多点位移计的读数只有位移读数一项，6 支多点位移计的位移读数变化过程线如图 3-65～图 3-70 所示。

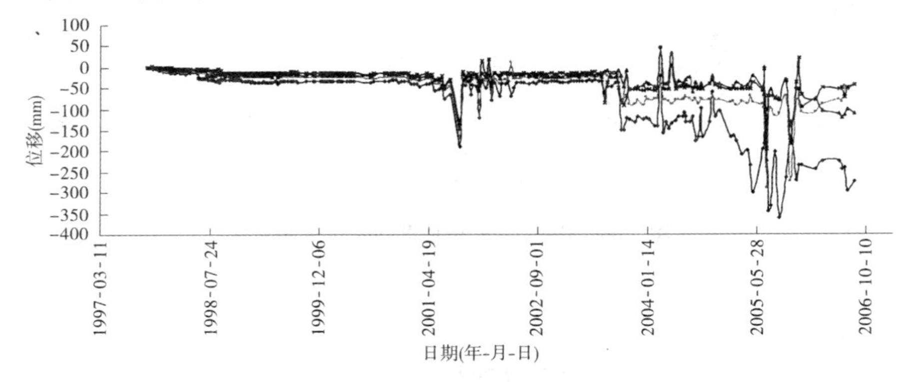

图 3-65　BX6－1 的位移读数变化过程线

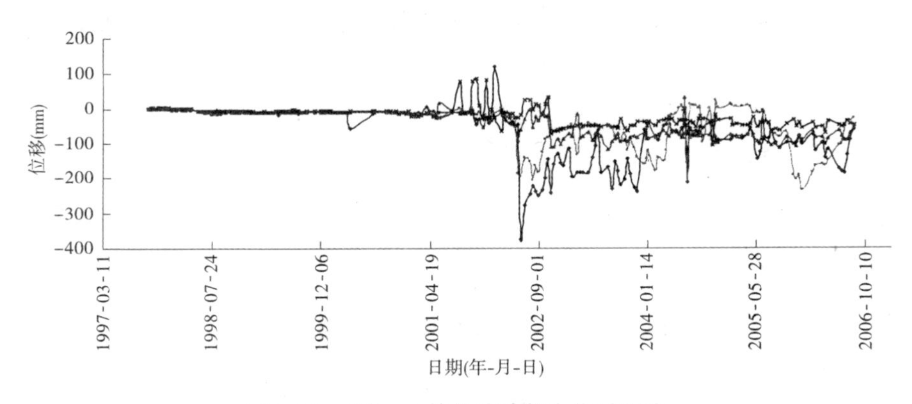

图 3-66　BX6－2 的位移读数变化过程线

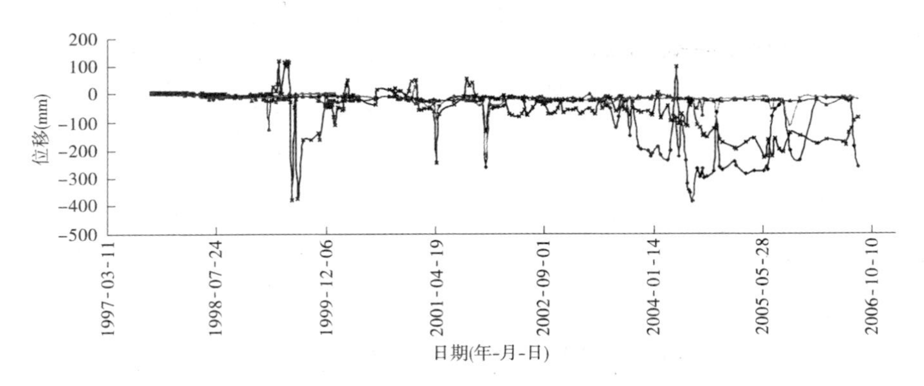

图 3-67　BX6－3 的位移读数变化过程线

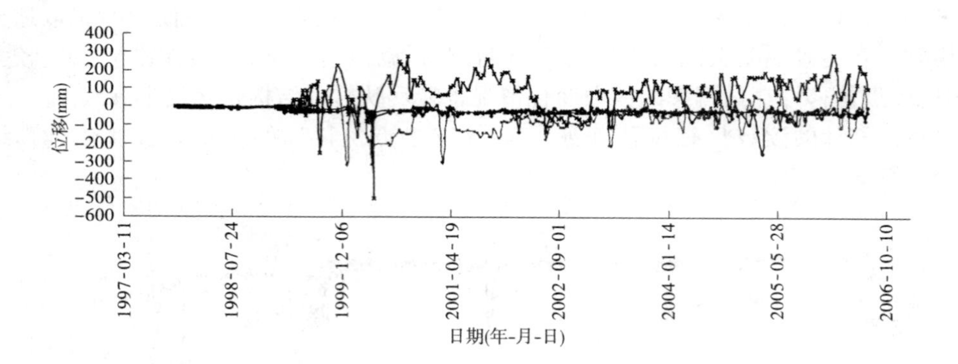

图 3-68　BX6－4 的位移读数变化过程线

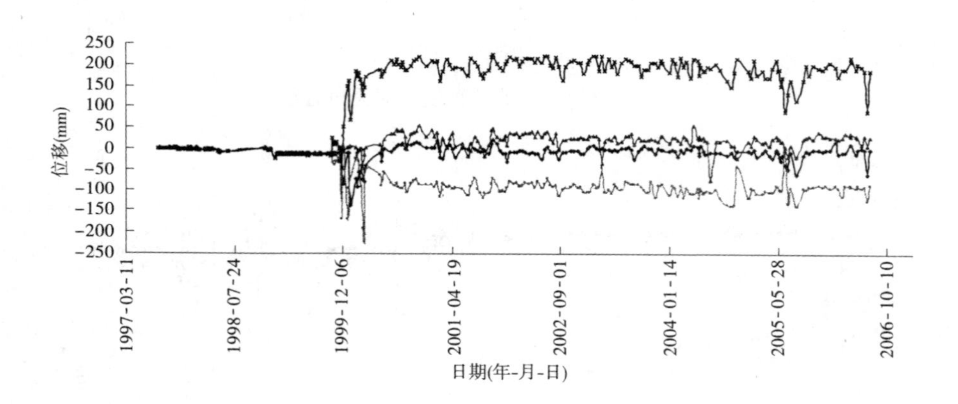

图 3-69　BX6－5 的位移读数变化过程线

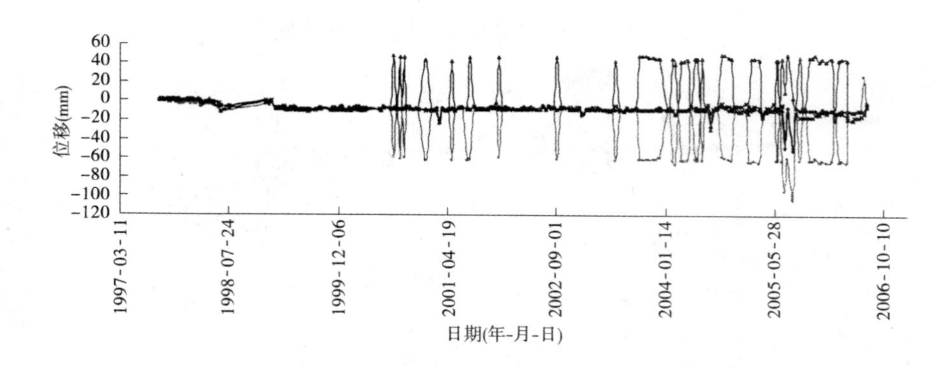

图 3-70　BX6－6 的位移读数变化过程线

第 4 章　锚索张拉期间的观测数据分析与研究

本章通过对锚索张拉施工期间观测数据的整理分析，给出衬砌混凝土中建立的应力数值、应力分布和锚索中有效张拉力，从而对预应力效果进行评价。

4.1　锚索张拉程序

为避免锚索张拉过程中出现环向张拉裂缝，小浪底排沙洞锚索张拉时采取分级施加张拉荷载的做法，仪器观测段的锚索张拉荷载分 3 次施加，锚索张拉顺序如图 4-1 所示。第一轮张拉荷载为设计荷载的 50%，第二轮张拉荷载由 50% 增加到 77%，第三轮张拉荷载由 77% 增加到 100%。在每轮张拉前后分别记录观测仪器的读数变化。

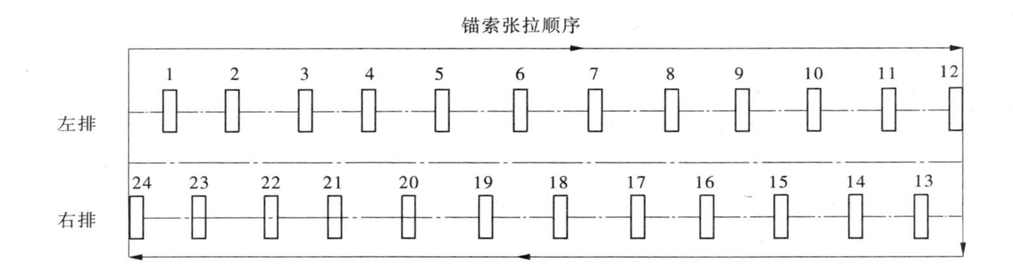

图 4-1　仪器观测段锚索张拉程序

4.2　锚索张拉前后观测仪器的读数变化

2[#]排沙洞观测段 ST2 位于断层区加强段，桩号为 0 + 888. 30 ~ 0 + 900. 35，衬砌为钢筋混凝土衬砌加预应力混凝土衬砌双层结构，靠近围岩的是厚度为 600 mm 的钢筋混凝土衬砌；该观测段的锚索张拉从 1999 年 2 月 10 日开始，2 月 20 日结束，历时 10 d，锚索张拉前后的观测仪器读数变化如表 4-1、表 4-2 所示。

3[#]排沙洞设有两个仪器观测段，其中 ST3 – A 位于靠近进水口的上游，桩号为 0 + 215. 55 ~ 0 + 227. 60；ST3 – B 位于靠近出口的下游，桩号为 0 + 890. 35 ~ 0 + 902. 40。ST3 – A 的锚索张拉从 1998 年 7 月 10 日开始，7 月 25 日结束，历时 15 d，锚索张拉前后的观测仪器读数变化如表 4-3 ~ 表 4-6 所示。ST3 – B 的锚索张拉从 1999 年 3 月 16 日开始，3 月 23 日结束，历时 7 d，锚索张拉前后的观测仪器读数变化如表 4-7 ~ 表 4-9 所示。

表 4-1　2#排沙洞钢筋计锚索张拉前后的读数变化

仪器编号	锚索张拉前						锚索张拉后						读数变化	
	sensor A			sensor B			sensor A			sensor B			应变（με）	温度（℃）
	频率（Hz）	应变（με）	温度（℃）	频率（Hz）	应变（με）	温度（℃）	频率（Hz）	应变（με）	温度（℃）	频率（Hz）	应变（με）	温度（℃）		
R－1	1 652.06	37.8	13.9	1 544.96	－221.9	13.8	1 379.25	－589.1	13.5	1 198.08	－942.9	13.4	－674.0	－0.4
R－2	1 691.82	138.3	14.0	1 574.50	－152.2	14.1	1 481.84	－366.4	12.9	1 331.95	－686.3	12.9	－519.4	－1.2
R－3	1 833.04	515.5	14.7	1 644.10	17.9	14.4	1 732.95	244.9	13.4	1 527.83	－261.9	13.1	－275.2	－1.3
R－4	1 782.63	377.5	15.7	1 789.48	395.3	15.7	1 591.79	－110.6	14.4	1 581.06	－136.6	14.4	－510.0	－1.3
R－5	1 623.51	－33.3	16.3	1 754.68	302.2	16.2	1 423.94	－494.1	14.7	1 582.85	－132.2	14.8	－447.6	－1.5
R－6	1 704.58	170.9	16.0	1 841.51	538.6	16.2	1 495.25	－336.5	14.6	1 691.72	138.3	14.8	－453.9	－1.4
R－7	1 743.77	273.4	14.7	1 664.95	69.9	14.6	1 618.63	－45.5	13.7	1 526.16	－265.6	13.6	－327.2	－1.0
R－8	1 536.84	－240.8	14.2	1 965.83	896.8	14.2	1 194.63	－949.1	13.8	1 751.72	294.0	13.9	－655.6	－0.3
R－9	1 584.98	－127.4	16.2	1 690.05	133.7	16.1	1 365.76	－617.2	14.4	1 490.61	－346.7	14.5	－485.1	－1.7
R－10	1 738.15	258.9	15.5	1 580.04	－138.7	15.4	1 546.52	－218.4	14.1	1 680.34	108.9	14.0	－114.9	－1.4

表 4-2　2#排沙洞混凝土应变计和无应力计锚索张拉前后的读数变化

仪器编号	锚索张拉前			锚索张拉后			读数变化	
	频率（Hz）	应变（με）	温度（℃）	频率（Hz）	应变（με）	温度（℃）	应变（με）	温度（℃）
S－1	1 119.98	2 022.9	13.0	1 049.97	1 793.3	12.4	－229.6	－0.6
S－2	1 149.44	2 124.0	13.8	1 017.62	1 691.9	13.4	－432.1	－0.4
S－3	1 075.48	1 875.6	13.7	967.07	1 539.0	12.2	－336.6	－1.5
S－4	1 142.56	2 099.5	14.6	1 025.88	1 717.5	12.8	－382.0	－1.8
S－5	1 145.11	2 109.0	16.0	1 039.10	1 759.1	12.7	－349.9	－3.3
S－6	1 146.65	2 114.5	14.8	1 053.71	1 805.4	13.0	－309.1	－1.8
S－7	1 149.18	2 123.1	16.0	1 046.82	1 783.4	14.5	－339.7	－1.5
S－8	1 150.00	2 126.2	12.5	945.00	1 474.6	11.4	－651.6	－1.1
S－9	1 148.20	2 119.2	14.4	1 040.12	1 762.2	13.3	－357.0	－1.1
S－10	1 171.00	2 199.6	12.9	1 092.97	1 933.1	12.3	－266.5	－0.6
S－11	1 138.16	2 085.2	14.8	1 013.73	1 679.9	12.9	－405.3	－1.9
S－12	1 038.64	1 757.5	13.3	894.35	1 331.8	11.9	－425.7	－1.4
N－1	1 156.45	2 108.3	12.7	1 143.88	2 104.9	11.9	－3.4	－0.8
N－2	1 177.19	2 221.7	14.0	1 177.28	2 221.8	12.5	0.1	－1.5

4.3　锚索张拉过程中的混凝土徐变变化分析

4.3.1　混凝土的自由应变

在混凝土应变计和钢筋计的应变读数中，不仅有锚索张拉引起的应变，还有混凝土的徐变和混凝土的自由应变。在分析锚索张拉在混凝土衬砌中建立的预压应力大小和应力分布状态之前，必须确定混凝土的自由应变和混凝土的徐变引起的应变数值。

混凝土的自由应变包括混凝土的自生体积变形和温度变化引起的应变，其值可根据无应力计的应变变化确定。3 个仪器观测段所埋的 8 支无应力计的应变变化如表 4-10 所示。

从表 4-10 的数据可以看出，锚索张拉期间的自由应变很小，并且有的为正，有的为负，考虑到观测误差的影响，在下面的分析中锚索张拉期间的混凝土自由应变按零处理。

表 4-3　3[#]排沙洞 ST3 – A 钢筋计锚索张拉前后的读数变化

仪器编号	锚索张拉前						锚索张拉后						读数变化	
	sensor A			sensor B			sensor A			sensor B			应变(με)	温度(℃)
	频率(Hz)	应变(με)	温度(℃)	频率(Hz)	应变(με)	温度(℃)	频率(Hz)	应变(με)	温度(℃)	频率(Hz)	应变(με)	温度(℃)		
R6 – 1	1 669.75	80.2	23.0	1 702.09	164.5	23.4	1 506.51	–312.9	24.0	1 540.39	–232.7	26.1	–395.2	1.9
R6 – 2				1 753.12	297.1	23.8				1 669.11	80.5	25.2	–216.6	1.4
R6 – 3	1 706.76	176.7	23.5	1 704.87	171.5	23.4	1 661.08	59.9	25.2	1 658.93	54.6	25.8	–116.9	2.1
R6 – 4	1 602.25	–84.7	23.5	1 774.49	355.3	23.1	1 549.95	–210.2	25.5	1 731.58	241.4	25.0	–119.7	2.0
R6 – 5	1 836.33	524.2	39.8	1 500.00	–325.1	40.2	1 855.41	577.5	31.7	1 532.09	–251.7	29.3	63.4	–9.5
R6 – 6	1 549.25	–211.8	28.1	1 773.26	352.6	28.4	1 497.59	–331.0	26.9	1 733.05	245.3	27.2	–113.3	–1.2
R6 – 7	1 631.44	–14.4	23.1	1 757.44	309.9	23.5	1 588.50	–118.7	24.9	1 721.10	213.7	25.8	–100.3	2.1
R6 – 8	1 480.64	–369.3	22.6	1 774.18	354.5	24.5	1 267.80	–812.5	24.6	1 607.11	–73.7	26.2	–435.7	1.9
R6 – 9	1 633.52	–8.0	41.9	1 678.05	103.4	40.6	1 614.72	–54.9	29.0	1 663.78	67.0	28.7	–41.7	–12.4
R6 – 10	1 646.34	23.3	24.1	1 783.14	378.4	23.3	1 572.08	–157.9	26.1	1 712.57	191.8	25.6	–183.9	2.2
R6 – 11	1 663.66	65.2	22.2	1 675.03	95.6	22.9	1 338.27	–673.7	25.2	1 354.98	–636.4	21.7	–735.5	0.9
R6 – 12	1 683.38	116.5	27.7	1 624.97	–29.7	26.5	1 544.81	–222.2	27.4	1 477.21	–377.2	26.1	–343.1	–0.4
R6 – 13	1 671.02	85.3	22.9	1 657.76	51.8	22.8	1 598.42	–94.4	25.2	1 587.27	–121.6	24.8	–176.6	2.2
R6 – 14	1 515.54	–290.3	23.5	1 673.66	92.6	25.3	1 198.50	–942.2	24.1	1 384.84	–577.4	25.7	–661.0	0.5
R6 – 15	2 114.07	1 355.8	34.7	1 917.84	756.7	34.7	1 890.93	679.0	26.2	2 088.60	1 275.7	26.6	–78.9	–8.3
R6 – 16	1 469.28	–394.5	21.3	1 747.94	284.7	22.6	1 364.20	–620.5	24.2	1 667.39	75.9	24.6	–217.4	2.5
R6 – 17	1 474.09	–384.0	25.8	1 555.96	–191.7	23.0	1 295.38	–759.2	22.8	1 390.67	–565.4	24.8	–374.5	–0.6
R6 – 18	1 609.05	–68.8	27.3	1 500.81	–323.8	26.7	1 468.94	–395.6	25.5	1 339.96	–666.9	24.1	–335.0	–2.2
R6 – 19	1 501.17	–322.8	22.7	1 599.09	–92.8	25.8	1 413.90	–510.9	23.0	1 515.30	–290.7	26.1	–193.0	0.3
R6 – 20	1 670.75	83.4	23.7	1 718.99	208.0	24.8	1 586.74	–122.9	22.7	1 638.71	0.0	23.7	–207.2	–1.1

表 4-4　3#排沙洞 ST3 - A 混凝土应变计和无应力计锚索张拉前后的读数变化

仪器编号	锚索张拉前			锚索张拉后			读数变化	
	频率 (Hz)	应变 (με)	温度 (℃)	频率 (Hz)	应变 (με)	温度 (℃)	应变 (με)	温度 (℃)
S6 - 1	1 112.80	1 999.0	26.7	1 087.09	1 913.8	26.0	-85.2	-0.7
S6 - 2	1 113.12	2 000.2	24.0	1 037.70	1 754.6	24.6	-245.6	0.6
S6 - 3	1 083.56	1 901.9	26.0	1 051.69	1 798.8	27.1	-103.1	1.1
S6 - 4	1 061.25	1 829.4	31.0	985.37	1 593.6	27.5	-235.8	-3.5
S6 - 5	1 183.50	2 244.1	38.6	1 124.99	2 040.3	29.7	-203.8	-8.9
S6 - 6	1 062.90	1 835.1	31.0	984.84	1 591.9	30.0	-243.2	-1.0
S6 - 7	1 082.87	1 899.9	32.0	1 046.00	1 780.7	28.6	-119.2	-3.4
S6 - 8	1 108.42	1 984.5	22.9	1 048.21	1 787.7	26.8	-196.8	3.9
S6 - 9	1 084.82	1 905.9	25.6	1 050.90	1 796.4	26.7	-109.5	1.1
S6 - 10	1 136.43	2 079.2	24.6	1 144.73	2 107.8	25.7	28.6	1.1
S6 - 11	1 111.96	1 996.4	24.8	1 111.83	1 995.8	24.9	-0.6	0.1
S6 - 12	1 107.35	1 980.8	25.8	1 128.13	2 050.9	26.4	70.1	0.6
S6 - 13	1 125.98	2 044.2	23.5	1 128.79	2 053.5	25.2	9.3	1.7
S6 - 14	1 092.11	1 930.5	40.0	1 129.25	2 054.6	32.5	124.1	-7.5
S6 - 15	1 151.38	2 130.7	43.6	1 143.71	2 104.2	23.8	-26.5	-19.8
S6 - 16	1 108.66	1 985.5	26.5	1 121.21	2 027.6	27.1	42.1	0.6
S6 - 17	1 112.56	1 998.3	25.4	1 118.96	2 019.8	26.2	21.5	0.8
S6 - 18	1 115.06	2 006.7	25.5	1 089.28	1 920.7	27.1	-86.0	1.6
S6 - 19	1 055.89	1 812.4	34.9	977.78	1 571.0	26.5	-241.4	-8.4
S6 - 20	1 113.61	2 001.5	27.4	1 060.90	1 828.2	26.6	-173.3	-0.8
S6 - 21	1 121.41	2 028.0	25.7	1 088.13	1 916.9	26.7	-111.1	1.0
S6 - 22	1 098.96	1 952.6	28.2	1 028.70	1 726.0	26.8	-226.6	-1.4
S6 - 23	1 120.51	2 024.9	25.4	1 058.76	1 821.7	26.9	-203.2	1.5
S6 - 24	1 129.33	2 054.9	26.1	1 132.53	2 066.0	26.6	11.1	0.5
S6 - 25	1 115.10	2 006.7	27.4	1 130.50	2 058.9	27.6	52.2	0.2
S6 - 26	1 127.84	2 050.0	25.9	1 098.28	1 950.6	26.8	-99.4	0.9
S6 - 27	1 125.65	2 042.6	26.2	1 072.25	1 865.1	26.1	-177.5	-0.1
S6 - 28	1 091.72	1 928.9	27.6	1 031.39	1 734.8	24.5	-194.1	-3.1
S6 - 29	1 090.25	1 924.0	28.1	1 021.58	1 704.2	27.6	-219.8	-0.5
S6 - 30	1 115.31	2 007.4	27.9	997.92	1 631.5	25.4	-375.9	-2.5
N6 - 1	1 164.83	2 178.2	26.4	1 165.05	2 178.4	25.1	0.2	-1.3
N6 - 2	1 136.30	2 077.2	25.2	1 135.97	2 077.9	26.0	0.7	0.8
N6 - 3	1 177.33	2 222.0	25.3	1 178.54	2 224.5	25.7	2.5	0.4

表 4-5　3#排沙洞 ST3 – A 测缝计锚索张拉前后的读数变化

仪器编号	锚索张拉前			锚索张拉后			读数变化	
	频率(Hz)	缝宽(mm)	温度(℃)	频率(Hz)	缝宽(mm)	温度(℃)	缝宽(mm)	温度(℃)
J6 – 1	2 377.92	0.05	22.8	2 380.84	0.18	23.6	0.13	0.8
J6 – 2	2 272.02	0.14	23.3	2 275.22	0.31	23.1	0.17	–0.2
J6 – 3	—	—	38.1	—	—	23.4	—	–14.7
J6 – 4	1 461.46	0.13	26.2	1 481.7	0.80	23.7	0.67	–2.5
J6 – 5	1 369.35	0	23.1	1 382.35	0.40	23.6	0.40	0.5
J6 – 6	1 817.97	0	24.8	1 822.17	0.14	25.8	0.14	1.0
J6 – 7	1 436.92	0	23.6	1 459.87	0.69	23.9	0.69	0.3
J6 – 8	1 772.85	0.18	24.5	1 801.76	1.29	22.5	1.11	–2.0
J6 – 9	1 436.25	0.01	24.1	1 439.86	0.13	23.1	0.12	–1.0
J6 – 10	1 400.88	0.26	25.2	1 408.72	0.49	24.8	0.23	–0.4

表 4-6　3#排沙洞 ST3 – A 锚索测力计张拉前后的读数变化

仪器编号	锚索张拉前		锚索张拉后		读数变化	
	应变(με)	温度(℃)	应变(με)	温度(℃)	应变(με)	温度(℃)
ST3 – 1	66.6	23.8	–462.0	23.2	–528.6	–0.6
ST3 – 2	–213.2	23.4	–694.7	23.3	–481.5	–0.1
ST3 – 3	522.4	23.7	50.2	24.6	–472.2	0.9

表 4-7　3#排沙洞 ST3 – B 混凝土应变计和无应力计锚索张拉前后的读数变化

仪器编号	锚索张拉前			锚索张拉后			读数变化	
	频率(Hz)	应变(με)	温度(℃)	频率(Hz)	应变(με)	温度(℃)	应变(με)	温度(℃)
S6 – 31	1 087.70	1 915.5	17.1	1 059.24	1 823.2	13.8	–92.3	–3.3
S6 – 32	1 083.99	1 900.2	18.2	936.04	1 448.7	16.3	–451.5	–1.9
S6 – 33	1 078.27	1 884.6	17.7	1 011.32	1 672.4	15.8	–212.2	–1.9
S6 – 34	1 110.95	1 992.7	19.1	992.44	1 614.5	17.3	–378.2	–1.8
S6 – 35	1 063.71	1 837.8	19.0	932.04	1 437.4	17.6	–400.4	–1.4
S6 – 36	1 000.13	1 638.0	18.7	901.62	1 352.1	16.7	–285.9	–2.0
S6 – 37	1 123.42	2 035.1	19.0	1 016.34	1 687.5	17.7	–347.6	–1.3
S6 – 38	1 090.20	1 922.8	18.9	938.10	1 454.6	14.9	–468.2	–4.0
S6 – 39	1 042.52	1 769.9	17.4	964.49	1 531.4	15.8	–238.5	–1.6
S6 – 40	1 134.75	2 073.5	17.9	1 139.17	2 088.8	15.8	15.3	–2.1
S6 – 88	1 124.29	2 037.9	17.4	1 136.18	2 078.7	15.4	40.8	–2.0
S6 – 89	1 135.46	2 075.7	17.5	1 106.87	1 979.1	14.5	–96.6	–3.0
S6 – 90	1 043.90	1 774.2	18.5	914.23	1 386.7	14.4	–387.5	–4.1
S6 – 91	930.15	1 432.0	17.9	812.60	1 116.3	16.7	–315.7	–1.2
S6 – 92	1 162.27	2 168.7	17.0	1 150.35	2 127.1	14.1	–41.6	–2.9
S6 – 93	1 134.54	2 072.8	19.4	1 047.82	1 613.3	17.5	–459.5	–1.9
S6 – 94	1 105.47	1 974.5	18.1	1 039.28	1 617.6	16.3	–356.9	–1.8
S6 – 95	1 157.72	2 153.0	16.7	1 138.92	2 088.0	13.8	–65.0	–2.9
S6 – 96	1 146.53	2 114.2	18.1	1 063.23	1 835.7	16.5	–278.5	–1.6
S6 – 97	1 133.66	2 069.8	19.1	1 047.93	1 595.1	17.2	–474.7	–1.9
S6 – 98	1 108.87	1 985.7	18.9	1 045.79	1 780.0	17.1	–205.7	–1.8
S6 – 99	1 113.53	2 001.5	17.5	959.46	1 516.6	15.6	–484.9	–1.9
N6 – 4	1 148.50	2 120.9	16.9	1 148.28	2 120.4	16.1	–0.5	–0.8
N6 – 5	1 149.31	2 124.0	18.2	1 149.23	2 122.2	14.8	–1.8	–3.4
N6 – 6	1 164.30	2 175.9	17.0	1 164.03	2 174.8	16.3	–1.1	–0.7

表 4-8　3[#]排沙洞 ST3 - B 钢筋计锚索张拉前后的读数变化

仪器编号		锚索张拉前			锚索张拉后			读数变化	
		频率(Hz)	应变(με)	温度(℃)	频率(Hz)	应变(με)	温度(℃)	应变(με)	温度(℃)
R6 - 21	A	1 701.28	162.5	17.0	1 411.57	-520.7	15.3	-708.1	-1.75
	B	1 514.64	-292.2	17.2	1 151.77	-1 025.1	15.4		
R6 - 22	A	1 668.39	78.1	17.7	1 507.29	-309.0	15.8	-376.4	-1.9
	B	1 639.62	6.5	17.7	1 485.13	-359.2	15.8		
R6 - 23	A	1 672.11	88.2	17.5	1 538.23	-237.8	16.1	-284.9	-1.4
	B	1 621.28	-38.8	17.6	1 518.84	-282.5	16.2		
R6 - 24	A	1 668.66	79.5	18.2	1 516.89	-287.2	17.1	-382.8	-1.1
	B	1 478.91	-373.2	18.3	1 288.75	-772.0	17.2		
R6 - 25	A	1 651.26	35.9	19.1	1 624.62	-30.4	17.9	-50.7	-1.2
	B	1 643.84	16.8	19.4	1 629.62	-18.2	18.2		
R6 - 26	A	1 514.34	-293.0	18.8	1 747.90	-441.8	17.7	-147.3	-1.1
	B	1 544.11	-223.8	18.9	1 480.62	-369.5	17.8		
R6 - 27	A	1 752.92	298.2	17.7	1 668.11	77.4	16.3	-233.2	-1.35
	B	1 570.63	-161.3	17.5	1 463.76	-406.9	16.2		
R6 - 28	A	1 646.50	8.3	16.8	1 347.49	-655.0	15.3	-686.8	-1.65
	B	1 585.79	-125.1	17.1	1 255.98	-835.3	15.3		
R6 - 29	A	1 562.88	-179.7	17.2	1 534.62	-245.8	18.1	-62.4	0.4
	B	1 553.00	-203.0	19.3	1 527.83	-261.7	19.2		
R6 - 30	A	1 416.58	-509.7	18.1	1 261.08	-825.5	17.0	-303.9	-1.05
	B	1 702.03	164.5	17.9	1 584.81	-127.4	16.9		

续表 4-8

仪器编号		锚索张拉前			锚索张拉后			读数变化	
		频率(Hz)	应变(με)	温度(℃)	频率(Hz)	应变(με)	温度(℃)	应变(με)	温度(℃)
R6 - 31	A	1 567.51	-169.4	17.0	1 215.86	-910.4	15.4	-720.3	-1.55
	B	1 797.86	419.2	16.9	1 519.96	-280.3	15.4		
R6 - 32	A	1 825.20	493.7	20.0	1 731.39	240.6	18.4	-274.1	-1.55
	B	1 354.38	-640.5	19.9	1 202.07	-935.5	18.4		
R6 - 33	A	1 814.74	464.8	18.0	1 731.39	240.6	16.9	-251.6	-1.05
	B	1 511.96	-298.2	17.7	1 384.84	-577.2	16.7		
R6 - 34	A	1 618.72	-46.9	16.6	1 298.12	-753.6	15.2	-709.7	-1.4
	B	1 561.77	-182.5	16.6	1 224.15	-895.1	15.2		
R6 - 35	A	1 546.91	-217.3	17.3	1 393.39	-559.3	15.4	-339.5	-1.95
	B	1 690.07	135.4	17.3	1 553.60	-201.5	15.3		
R6 - 36	A	1 717.45	204.6	17.5	1 637.81	-1.5	16.3	-204.0	-1.3
	B	1 741.60	268.0	17.4	1 663.67	66.1	16.0		
R6 - 37	A	1 831.84	512.0	18.1	1 743.95	272.4	17.1	-246.2	-1.0
	B	1 567.35	-169.1	18.1	1 457.50	-421.9	17.1		
R6 - 38	A	2 014.64	1 045.3	19.7	1 919.38	760.6	18.2	-303.8	-1.55
	B	1 157.67	-1 014.9	19.8	956.74	-1 337.8	18.2		
R6 - 39	A	1 647.71	26.6	18.7	1 560.18	-186.8	17.6	-215.4	-1.1
	B	1 706.29	175.5	18.6	1 620.25	-41.9	17.5		
R6 - 40	A	1 785.11	384.0	17.4	1 692.84	140.2	16.3	-246.2	-1.15
	B	1 601.08	-88.3	17.3	1 495.33	-336.9	16.1		

表 4-9　3#排沙洞 ST3 - B 锚索测力计锚索张拉前后的读数变化

仪器编号	锚索张拉前		锚索张拉后		读数变化	
	应变(με)	温度(℃)	应变(με)	温度(℃)	应变(με)	温度(℃)
ST3 - 4	-329.1	16.2	-860.0	12.9	-530.9	-3.3
ST3 - 5	-246.1	16.1	-828.1	13.4	-582.0	-2.7
ST3 - 6	-200.5	15.7	-731.0	13.4	-530.5	-2.3

表 4-10　锚索张拉期间无应力计的应变变化和温度变化

项目	无应力计							
	N - 1	N - 2	N6 - 1	N6 - 2	N6 - 3	N6 - 4	N6 - 5	N6 - 6
应变变化(με)	-3.4	0.1	0.2	0.7	2.5	-0.5	-1.8	-1.1
温度变化(℃)	-0.8	-1.5	-1.3	0.8	0.4	-0.8	-3.4	-0.7

4.3.2　混凝土的徐变

混凝土徐变是一个非常复杂的问题,根据目前的计算理论和试验手段尚无法确定其精确值。混凝土的徐变不仅与材料特性有关,而且与所受荷载的大小,荷载持续时间以及混凝土所处部位和环境的温度、湿度等诸多因素密切相关。混凝土的徐变是混凝土应变计应变读数的重要组成部分,为了确定锚索张拉期间混凝土徐变的变化情况,在 3#排沙洞 ST3 - B 观测段锚索张拉过程中,把整个张拉期间划分为 3 个阶段,即第一轮张拉(张拉荷载 0 ~ 50% P_0)、第二轮张拉(50% P_0 ~ 77% P_0)和第三轮张拉(77% P_0 ~ 100% P_0),每个阶段又划分为张拉期和停置准备期,张拉期是指依次张拉浇筑段 24 束锚索所用的时间,左侧一排锚索的编号从端部开始依次为 1,2,3,…,12,右侧一排锚索的编号从端部开始依次为 13,14,15,…,24;停置准备期是指该轮张拉完毕至下轮张拉开始所用的时间。分别测定张拉期和停置准备期的应变读数变化,并假定张拉期的应变变化为弹性应变,停置准备期的应变变化为混凝土徐变变化,这样基本上就可把二者从总应变中分离出来。虽然这种处理方法不能给出精确的徐变数值(因为锚索张拉期的徐变也在不断发展变化),但基本上能够反映锚索张拉期间混凝土徐变的大致变化情况,并且由此得到的徐变量小于实际徐变量。每轮张拉过程中观测仪器的应变读数变化情况如表 4-11 所示。

需要说明的是,表 4-11 中同时列出了钢筋计在停置准备期的应变变化,其目的在于与混凝土应变计进行对比。实际上,混凝土徐变会使混凝土应力降低,但会使相近部位钢筋中的应力增加。

表4-12为ST3－B观测段锚索张拉过程中停置准备期的应变变化与总应变变化的比值。

从表4-11和表4-12可以看出，锚索张拉过程中张拉期的应变变化 ε_t 和停置准备期的应变变化 ε_p 随着观测仪器所在位置的不同而变化，比值 $\varepsilon_p/\Delta\varepsilon$ 也随着部位的不同而变化，其值为6%～30%（衬砌底部内侧除外）。相对而言，靠近浇筑块端部的 $\varepsilon_p/\Delta\varepsilon$ 比值相对较小，浇筑块中部的 $\varepsilon_p/\Delta\varepsilon$ 比值相对较大。特别需要注意的有以下两点：

（1）钢筋计R6－25、R6－26和R6－29在进行最后一轮张拉时，应变读数出现了反常变化，可能是仪器出了问题，因此这3支仪器应按失效处理。

（2）浇筑块底部衬砌内侧受相邻锚具槽临空面的影响，在停置准备期的压应变不是增加，反而减小，表明该部位存在比较明显的应力调整。

4.4 锚索张拉完毕后衬砌结构的应力状态分析

衬砌结构的应力状态包括衬砌混凝土的应力状态和钢筋的应力状态。混凝土的应力状态根据混凝土应变计的观测结果确定，钢筋的应力状态根据钢筋计的应变变化确定。考虑到锚索张拉过程中直至全部锚索张拉完毕后衬砌混凝土的应力状态为弹性应力状态，在进行预应力效果分析时，按如下原则确定对应变变化观测数据进行分离：

（1）假定衬砌底部内侧所埋混凝土应变计的应变变化均为弹性应变，徐变为零，即 $\varepsilon_e=\Delta S, \varepsilon_c=0$。

（2）其他混凝土应变计在张拉期的应变变化 ε_t 为弹性应变 ε_e，停置准备期的应变变化 ε_p 为徐变 ε_c。

（3）钢筋计的总应变变化均为弹性应变 ε_e。

（4）应力计算中取混凝土弹模为 $E_c=3.25\times10^4$ MPa，钢筋弹模为 1.65×10^5 MPa。

（5）应力以拉应力为正，压应力为负。

4.4.1 ST3－B观测段

ST3－B观测段锚索张拉完毕后混凝土应变计和钢筋计的测定结果如表4-13和表4-14所示。

考虑到钢筋与混凝土之间没有相对位移，钢筋计的应变变化与其周围混凝土的应变相同，因此也可根据钢筋计的应变变化计算混凝土的应力，但须把停置准备期的应变变化作为徐变处理，而计算钢筋应力时则将其作为弹性应变处理。钢筋计周围的混凝土应力测试结果如表4-15所示。

为了便于对衬砌结构的预应力效果进行分析，按照图4-2的角度划分方法，根据混凝土应变计和钢筋计的应力测试结果绘制环向预应力分布展开图，如图4-3所示。与图4-2中的角度相对应的观测仪器如表4-16所示，在绘制应力分布图时，135°和315°两个位置有两支观测仪器（位于相近的两个断面），绘图时取其平均值作为代表值。

表 4-11　ST3－B 观测段锚索张拉过程中仪器应变读数变化　（单位：με）

锚索张拉	第一轮张拉（0～50% P_0）				第二轮张拉（50% P_0～77% P_0）				第三轮张拉（77% P_0～100% P_0）				应变变化		
施工日期（月-日）	03-16	03-16	03-17	03-17	03-19	03-19	03-20	03-20	03-22	03-22	03-23	03-23	张拉期	停置准备期	合计
读数时间（时：分）	13:30	15:40	7:50	10:00	13:40	16:00	8:40	10:30	7:40	10:10	7:40	9:30			
状况	B	A1	B2	A2	B1	A1	B2	A2	B1	A1	B2	A2	ε_t	ε_p	$\Delta\varepsilon$
S6－31	1 915.5	1 881.9	1 881.1	1 851.9	1 869.6	1 853.7	1 854.8	1 842.5	1 849.9	1 835.0	1 830.7	1 823.2	－113.4	21.1	－92.3
S6－32	1 900.2	1 814.2	1 801.1	1 721.0	1 693.2	1 635.0	1 625.3	1 575.5	1 552.0	1 501.7	1 492.1	1 448.7	－367.8	－83.7	－451.5
S6－33	1 884.6	1 846.6	1 841.4	1 797.2	1 791.6	1 762.1	1 757.3	1 730.2	1 721.9	1 696.3	1 689.8	1 672.4	－ 181.8	－30.4	－212.2
S6－34	1 992.7	1 945.5	1 945.6	1 904.9	1 902.3	1 876.8	1 874.0	1 849.3	1 842.5	1 823.8	1 808.5	1 614.5	－350.8	－27.4	－378.2
S6－35	1 837.8	1 798.5	1 793.1	1 756.4	1 749.2	1 725.5	1 722.0	1 700.3	1 692.2	1 575.8	1 504.8	1 437.4	－305.2	－95.2	－400.4
S6－36	1 638.0	1 592.1	1 591.7	1 543.8	1 542.3	1 510.5	1 506.6	1 476.4	1 469.9	1 410.3	1 380.1	1 352.1	－243.4	－42.5	－285.9
S6－37	2 035.1	2 000.6	1 997.5	1 964.9	1 957.9	1 935.9	1 933.2	1 913.5	1 905.0	1 881.9	1 879.8	1 687.5	－324.2	－23.4	－347.6
S6－38	1 922.8	1 835.6	1 828.8	1 730.7	1 717.0	1 657.6	1 646.6	1 583.9	1 559.1	1 505.5	1 495.0	1 454.6	－401.4	－66.8	－468.2
S6－39	1 769.9	1 719.3	1 714.8	1 668.1	1 659.0	1 627.1	1 622.8	1 594.3	1 582.7	1 556.1	1 551.2	1 531.4	－204.1	－34.4	－238.5
S6－40	2 073.5	2 073.4	2 074.4	2 076.9	2 081.9	2 081.2	2082.2	2 083.0	2 082.9	2 088.7	2 088.7	2 088.8	8.4	6.9	15.3
S6－88	2 037.9	2 038.8	2 039.0	2 053.2	2 059.6	2 059.4	2 059.6	2 066.8	2 071.0	2 072.0	2 072.6	2 078.7	29.2	11.6	40.8
S6－89	2 075.7	2 042.6	2 042.5	2 011.7	2 028.3	2 012.0	2 013.3	1 999.4	2 006.7	1 992.3	1 988.6	1 979.1	－118.0	21.4	－96.6
S6－90	1 774.2	1 727.2	1 728.1	1 684.5	1 682.3	1 656.5	1 653.7	1 626.6	1 619.0	1 608.1	1 596.8	1 386.7	－364.5	－23.0	－387.5
S6－91	1 432.0	1 373.6	1 370.5	1 323.8	1 318.0	1 285.4	1 280.5	1 253.3	1 246.8	1 222.7	1 217.3	1 116.3	－290.0	－25.7	－315.7
S6－92	2 168.7	2 159.9	2 148.0	2 130.3	2 153.0	2 142.7	2 143.6	2 134.5	2 147.7	2 137.6	2 133.8	2 127.1	－62.7	21.1	－41.6
S6－93	2 072.8	2 044.2	2 005.6	1 941.6	1 929.1	1 895.7	1 889.8	1 854.6	1 843.0	1 817.4	1 810.4	1 613.3	－383.9	－75.6	－459.5
S6－94	1 974.5	1 950.4	1 924.3	1 886.2	1 882.3	1 854.5	1 849.8	1 827.3	1 821.2	1 797.6	1 789.4	1 759.1	－307.9	－49.0	－356.9
S6－95	2 153.0	2 145.6	2 127.1	2 107.6	2 125.2	2 123.0	2 113.3	2 100.2	2 113.3	2 100.2	2 096.3	2 088.0	－63.6	－1.4	－65.0
S6－96	2 114.2	2 094.2	2 060.6	1 998.7	1 982.0	1 951.1	1 943.4	1 909.4	1 895.0	1 868.7	1 858.2	1 835.7	－195.6	－82.9	－278.5
S6－97	2 069.8	2 045.9	2 010.4	1 957.0	1 943.8	1 905.4	1 897.7	1 859.5	1 846.4	1 818.9	1 810.9	1 786.8	－397.2	－77.5	－474.7
S6－98	1 985.7	1 971.5	1 946.2	1 897.9	1 892.8	1 865.4	1 861.0	1 831.0	1 823.4	1 800.1	1 793.0	1 780.0	－156.2	－49.5	－205.7
S6－99	2 001.5	1 963.8	1 900.5	1 799.6	1 772.5	1 721.0	1 708.8	1 651.0	1 623.6	1 579.3	1 562.3	1 516.6	－337.9	－147.0	－484.9

续表 4-11

锚索张拉	第一轮张拉(0～50% P_0)				第二轮张拉(50% P_0～77% P_0)				第三轮张拉(77% P_0～100% P_0)				应变变化		
施工日期(月-日)	03-16	03-16	03-17	03-17	03-19	03-19	03-20	03-20	03-22	03-22	03-23	03-23	张拉期	停置准备期	合计
读数时间(时:分)	13:30	15:40	7:50	10:00	13:40	16:00	8:40	10:30	7:40	10:10	7:40	9:30			
状况	B	A1	B2	A2	B1	A1	B2	A2	B1	A1	B2	A2	ε_t	ε_p	$\Delta\varepsilon$
R6－21	162.5 －292.2	34.2 －427.5	16.5 －446.4	－103.6 －573.7	－147.4 －622.6	－235.1 －715.5	－251.0 －735.2	－326.4 －813.2	－365.7 －858.8	－441.2 －938.7	－456.5 －956.9	－520.7 －1 025.1	－551.2 －581.6	－132.0 －151.3	－708.1
R6－22	78.1 6.5	－1.3 －67.3	－11.0 －76.3	－87.1 －148.4	－102.2 －164.1	－151.8 －210.5	－159.4 －218.6	－203.0 －259.4	－220.1 －276.4	－263.5 －316.9	－274.7 －327.1	－309.0 －359.2	－326.4 －305.7	－60.7 －60.0	－376.4
R6－23	88.2 －38.8	26.8 －84.7	19.2 －91.0	－49.1 －140.9	－65.4 －153.8	－104.2 －182.3	－111.2 －187.6	－150.1 －216.9	－166.3 －229.3	－199.4 －253.8	－206.9 －259.7	－237.8 －282.5	－271.4 －200.9	－54.6 －42.8	－284.9
R6－24	79.5 －373.2	－35.0 －492.6	－41.5 －502.2	－121.5 －590.1	－136.2 －607.2	－177.2 －651.6	－184.0 －659.7	－214.6 －692.5	－229.1 －709.2	－261.0 －743.0	－267.0 －750.5	－287.2 －772.0	－318.2 －339.8	－48.5 －59.0	－382.8
R6－25	35.9 16.8	－8.8 －26.3	－13.5 －31.0	－56.9 －72.9	－67.5 －83.0	－95.6 －111.0	－100.6 －116.0	－126.4 －140.7	－137.8 －151.5	－181.6 －186.4	－184.7 －171.9	－30.4 －18.2	－31.5 －18.9	－34.8 －16.1	－50.7
R6－26	－293.0 －223.8	－332.4 －262.8	－337.0 －267.6	－374.6 －304.6	－383.3 －314.2	－408.8 －339.3	－412.3 －343.2	－435.6 －366.4	－445.0 －376.6	－468.7 －401.0	－468.4 －400.9	－441.8 －369.5	－122.9 －117.3	－25.9 －28.4	－147.3
R6－27	298.2 －161.3	248.8 －215.1	243.7 －221.1	202.4 －267.6	192.2 －278.5	162.5 －311.7	158.4 －316.0	135.4 －342.2	124.9 －354.7	99.8 －382.7	95.9 －386.9	77.4 －406.9	－187.0 －207.7	－33.8 －37.9	－233.2
R6－28	8.3 －125.1	－113.0 －258.9	－129.1 －276.9	－249.7 －404.0	－294.5 －452.9	－377.2 －539.2	－393.7 －557.2	－467.7 －635.4	－505.3 －676.8	－575.1 －750.7	－589.9 －767.2	－655.0 －835.3	－533.5 －567.4	－129.8 －142.8	－686.8
R6－29	－179.7 －203.0	－227.1 －250.8	－231.8 －256.1	－280.6 －305.3	－291.8 －315.9	－322.2 －346.0	－327.4 －351.3	－356.0 －379.7	－367.7 －391.0	－417.9 －436.4	－404.0 －422.6	－245.8 －261.7	－47.2 －40.0	－18.9 －18.7	－62.4
R6－30	－509.7 164.5	－568.8 108.4	－575.5 102.1	－639.4 44.0	－653.5 30.4	－692.8 －5.6	－699.3 －11.6	－739.7 －48.8	－757.7 －65.4	－801.0 －105.8	－809.0 －113.2	－825.5 －127.4	－262.5 －242.0	－53.3 －49.9	－303.9

续表 4-11

锚索张拉	第一轮张拉(0~50% P_0)				第二轮张拉(50% P_0~77% P_0)				第三轮张拉(77% P_0~100% P_0)				应变变化		
施工日期(月-日)	03-16	03-16	03-17	03-17	03-19	03-19	03-20	03-20	03-22	03-22	03-23	03-23	张拉期	停置准备期	合计
读数时间(时:分)	13:30	15:40	7:50	10:00	13:40	16:00	8:40	10:30	7:40	10:10	7:40	9:30			
状况	B	A1	B2	A2	B1	A1	B2	A2	B1	A1	B2	A2	ε_t	ε_p	$\Delta\varepsilon$
R6-31	-169.4	-261.3	-330.6	-441.5	-523.5	-609.4	-630.9	-710.6	-757.9	-826.6	-845.2	-910.4	-502.3	-238.7	-720.3
	419.2	335.3	269.3	163.3	86.2	3.5	-15.7	-92.3	-135.8	-201.7	-218.4	-280.3	-477.0	-222.5	
R6-32	493.7	463.9	446.0	400.9	381.8	349.6	343.0	311.0	298.7	271.9	265.6	240.6	-190.9	-62.2	-274.1
	-640.5	-674.1	-695.7	-749.2	-772.1	-809.8	-817.2	-854.0	-867.9	-898.8	-906.4	-935.5	-221.6	-73.4	
R6-33	464.8	441.1	422.3	385.5	367.0	340.8	335.3	305.2	293.0	270.6	264.0	240.6	-162.6	-61.6	-251.6
	-298.2	-328.4	-353.7	-399.5	-423.8	-455.1	-462.4	-497.8	-514.1	-541.0	-550.1	-577.2	-196.7	-82.3	
R6-34	-46.9	-139.9	-196.5	-308.5	-381.7	-464.7	-484.6	-562.6	-606.6	-672.9	-690.6	-753.6	-495.3	-211.4	-709.7
	-182.5	-276.9	-332.6	-445.7	-519.5	-603.6	-624.0	-702.8	-746.3	-813.5	-830.7	-895.1	-502.0	-210.6	
R6-35	-217.3	-257.6	-292.6	-342.1	-375.1	-416.0	-426.4	-463.6	-483.0	-518.3	-530.6	-559.3	-231.9	-110.1	-339.5
	135.4	97.1	63.6	15.0	-18.5	-58.6	-69.4	-106.6	-126.6	-161.1	-173.1	-201.5	-227.1	-109.8	
R6-36	204.6	170.9	159.9	116.9	104.9	83.2	77.7	53.9	40.4	21.4	16.3	-1.5	-159.0	-47.1	-204.0
	268.0	235.5	224.3	180.4	168.4	146.6	141.1	117.8	104.7	87.1	81.8	66.1	-154.8	-47.1	
R6-37	512.0	476.6	464.5	416.8	404.0	377.0	368.1	341.1	323.7	299.0	289.0	272.4	-178.4	-61.2	-246.2
	-169.1	-205.6	-218.8	-270.0	-283.0	-312.6	-321.9	-349.6	-367.6	-393.5	-404.3	-421.9	-188.5	-64.3	
R6-38	1 045.3	1 005.3	990.3	928.1	915.3	879.9	868.0	837.8	821.8	791.8	783.7	760.6	-220.9	-63.8	-303.8
	-1 014.9	-1 061.1	-1 079.5	-1 149.1	-1 163.2	-1 203.5	-1 214.3	-1 251.0	-1 269.9	-1 302.9	-1 312.6	-1 337.8	-251.0	-71.9	
R6-39	26.6	-4.5	-19.1	-65.1	-74.5	-99.8	-105.8	-129.9	-142.6	-164.5	-170.2	-186.8	-165.0	-48.4	-215.4
	175.5	144.0	129.2	83.0	73.1	47.3	40.9	15.7	2.6	-19.3	-25.5	-41.9	-167.0	-50.4	
R6-40	384.0	343.5	328.6	277.4	264.6	236.2	229.6	203.2	188.6	164.5	159.4	140.2	-189.8	-54.0	-246.2
	-88.3	-127.2	-142.0	-192.2	-205.7	-236.1	-242.8	-270.7	-286.1	-311.5	-317.1	-336.9	-192.6	-56.0	

注:B — 锚索张拉前的观测仪器应变初读数;A1— 左侧一排锚索(1# ~12#)全部张拉后的应变读数;A2 — 右侧一排锚索(13# ~24#)全部张拉后的应变读数;B1— 开始左侧一排锚索(1# ~12#)张拉前的应变读数;B2 — 开始右侧一排锚索(13# ~24#)张拉前的应变读数。

表 4-12　ST3 - B 观测段锚索张拉过程中停置准备期的应变变化与总应变变化的比值(%)

位置		衬砌内侧						衬砌中部		衬砌外侧					
		浇筑块端部			浇筑块中部			浇筑块端部	浇筑块中部	浇筑块端部			浇筑块中部		
顶部	仪器编号	S6 - 34	S6 - 90	平均	S6 - 93	S6 - 97	平均	S6 - 35		R6 - 25	R6 - 29	平均	R6 - 32	R6 - 38	平均
	$\varepsilon_p/\Delta\varepsilon$	7.2	5.9	6.55	19.7	15.9	17.8	23.8		—	—	—	24.7	22.3	23.5
腰部	仪器编号	S6 - 33	S6 - 91	平均	S6 - 94	S6 - 96	平均			R6 - 24	R6 - 30	平均	R6 - 33	R6 - 37	平均
	$\varepsilon_p/\Delta\varepsilon$	14.3	8.1	11.2	19.5	29.8	24.65			14.0	17.0	15.5	28.6	25.5	27.05
底部	仪器编号	S6 - 31	S6 - 89	平均	S6 - 92	S6 - 95	平均	S6 - 32		R6 - 21	R6 - 28	平均	R6 - 31	R6 - 34	平均
	$\varepsilon_p/\Delta\varepsilon$	-22.9	-22.2	-22.55	-50.7	2.2	-24.25	18.5		20.0	19.8	19.9	24.7	22.3	23.5
上半环 45°	仪器编号	S6 - 36		平均	S6 - 98		平均	S6 - 37		R6 - 26		平均	R6 - 39		平均
	$\varepsilon_p/\Delta\varepsilon$	14.9		14.9	24.1		24.1	6.7		—		—	22.9		22.9
下半环 45°	仪器编号	S6 - 38		平均	S6 - 99		平均	S6 - 39		S6 - 22	S6 - 27	平均	R6 - 36	R6 - 40	平均
	$\varepsilon_p/\Delta\varepsilon$	14.3		14.3	30.3		30.3	14.4		16.0	15.4	15.7	23.1	22.3	22.7

注:ST3 - B 浇筑块的桩号为 0 + 890.35 ~ 0 + 902.40,表中浇筑块端部指 0 + 891.625 ~ 0 + 891.875,浇筑块中部指 0 + 897.375 ~ 897.625。

表 4-13 ST3 - B 观测段锚索张拉完毕后混凝土应变计测试结果

混凝土应变计	应变变化(με)			应力(MPa)	混凝土应变计	应变变化(με)			应力(MPa)
	ΔS	ε_e	ε_c			ΔS	ε_e	ε_c	
S6 - 31	-92.3	-92.3	0	-3.00	S6 - 89	-96.6	-96.6	0	-3.14
S6 - 32	-451.5	-367.8	-83.7	-11.95	S6 - 90	-387.5	-364.5	-23.0	-11.85
S6 - 33	-212.2	-181.8	-30.4	-5.91	S6 - 91	-315.7	-290.0	-25.7	-9.43
S6 - 34	-378.2	-350.8	-27.4	-11.40	S6 - 92	-41.6	-41.6	0	-1.35
S6 - 35	-400.4	-305.2	-95.2	-9.92	S6 - 93	-286.5	-210.9	-75.6	-6.85
S6 - 36	-285.9	-243.4	-42.5	-7.91	S6 - 94	-215.4	-166.4	-49.0	-5.41
S6 - 37	-347.6	-324.2	-23.4	-10.54	S6 - 95	-65.0	-65.0	0	-2.11
S6 - 38	-468.2	-401.4	-66.8	-13.05	S6 - 96	-278.5	-195.6	-82.9	-6.36
S6 - 39	-238.5	-204.1	-34.4	-6.63	S6 - 97	-283.0	-205.5	-77.5	-6.68
S6 - 40	15.3	8.4	6.9	0.27	S6 - 98	-205.7	-156.2	-49.5	-5.08
S6 - 88	40.8	29.2	11.6	0.95	S6 - 99	-484.9	-337.9	-147.0	-10.98

表 4-14 ST3 - B 观测段锚索张拉完毕后钢筋计测试结果

钢筋计	应变变化(με)	应力(MPa)	受力(kN)	钢筋计	应变变化(με)	应力(MPa)	受力(kN)
R6 - 21	-708.1	-117.26	-36.82	R6 - 31	-720.3	-123.87	-38.90
R6 - 22	-376.4	-63.53	-19.95	R6 - 32	-274.1	-46.27	-14.53
R6 - 23	-284.9	-49.00	-15.38	R6 - 33	-251.6	-42.47	-13.33
R6 - 24	-382.8	-64.61	-20.29	R6 - 34	-709.7	-119.79	-37.61
R6 - 25	—	—	—	R6 - 35	-339.5	-57.30	-17.99
R6 - 26	—	—	—	R6 - 36	-204.0	-34.43	-10.81
R6 - 27	-233.2	-40.10	-12.59	R6 - 37	-246.2	-41.56	-13.05
R6 - 28	-686.8	-115.92	-36.40	R6 - 38	-303.8	-51.28	-16.10
R6 - 29	—	—	—	R6 - 39	-215.4	-36.36	-11.42
R6 - 30	-303.9	-50.33	-15.80	R6 - 40	-246.2	-41.56	-13.05

表 4-15　钢筋计周围的混凝土应力测试结果

混凝土应变计	应变变化(με)			应力(MPa)	混凝土应变计	应变变化(με)			应力(MPa)
	ΔS	ε_e	ε_c			ΔS	ε_e	ε_c	
R6－21	－708.1	－566.4	－141.7	－18.41	R6－31	－720.3	－489.7	－230.6	－15.91
R6－22	－376.5	－316.1	－60.4	－10.27	R6－32	－274.1	－206.3	－67.8	－6.70
R6－23	－284.9	－236.2	－48.7	－7.67	R6－33	－251.7	－179.7	－72.0	－5.84
R6－24	－382.8	－329.0	－53.8	－10.69	R6－34	－709.7	－498.7	－211.0	－16.21
R6－25	—	—	—	—	R6－35	－339.5	－229.5	－110.0	－7.46
R6－26	—	—	—	—	R6－36	－204.0	－156.9	－47.1	－5.10
R6－27	－233.3	－197.4	－35.9	－6.41	R6－37	－246.3	－183.5	－62.8	－5.96
R6－28	－686.8	－550.5	－136.3	－17.89	R6－38	－303.9	－236.0	－67.9	－7.67
R6－29	—	—	—	—	R6－39	－215.4	－166.0	－49.4	－5.40
R6－30	－303.9	－252.3	－51.6	－8.20	R6－40	－246.2	－191.2	－55.0	－6.21

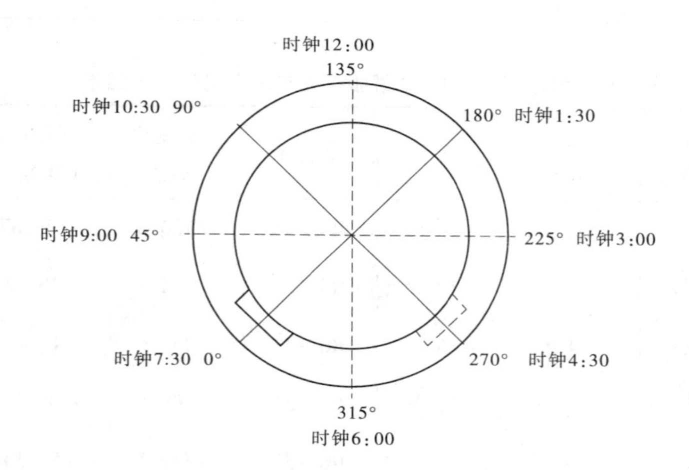

图 4-2　应力分布图中对应角度的位置

对 3#排沙洞 ST3－B 观测段的衬砌预应力效果进行分析,可以看出:

(1) 图 4-3(a)是浇筑块端部断面的环向预应力分布图,图中的较细实线是衬砌内侧和外侧的应力变化,较粗实线是内外侧的平均值。可以看出,除锚具槽所在区域外,其他部位的预应力分布是比较均匀的,混凝土衬砌中建立的平均压应力约为 7.48 MPa。

(2)图 4-3(b)是浇筑块中部断面的环向预应力分布图,与端部断面相比,浇筑块中部的预应力分布更为均匀一些,大部分区域内外侧的应力数值相差很小,但混凝土衬砌中建立的压应力数值要比端部小,其平均值约为 7 MPa。

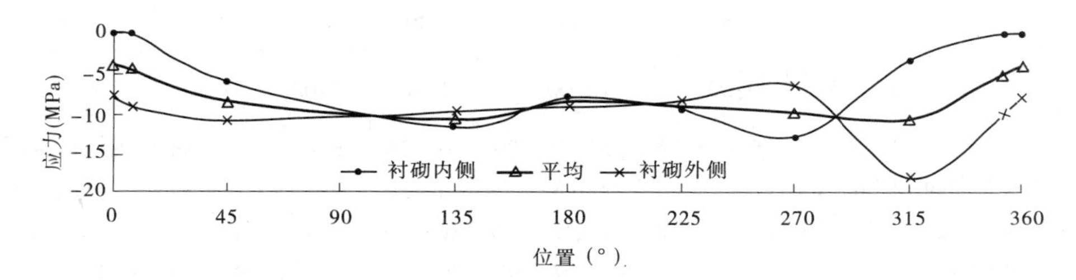

(a)ST3-B观测段端部混凝土环向预应力分布

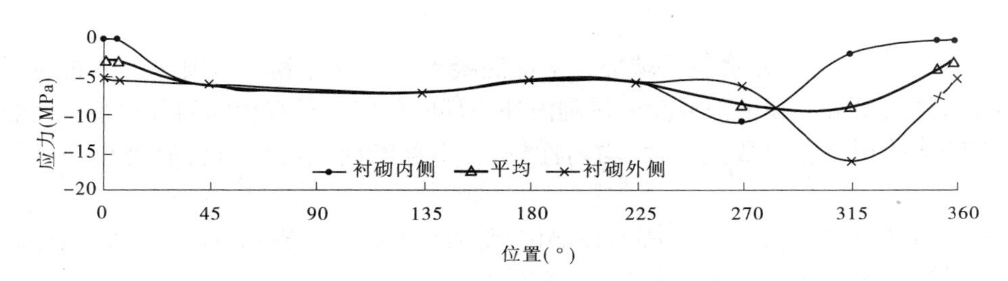

(b)ST3-B观测段中部混凝土环向预应力分布

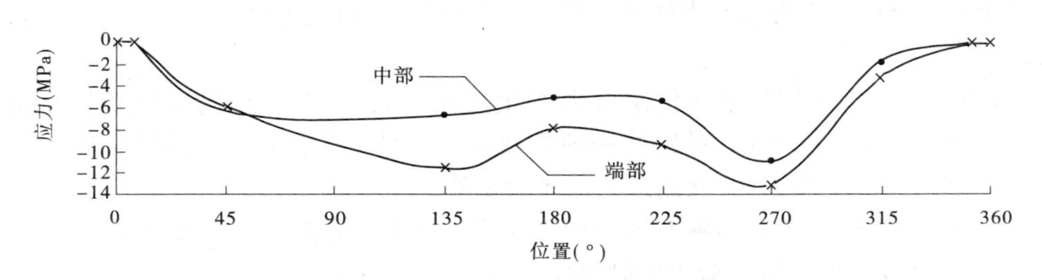

(c)ST3-B观测段端部与中部衬砌内侧混凝土环向预应力对比

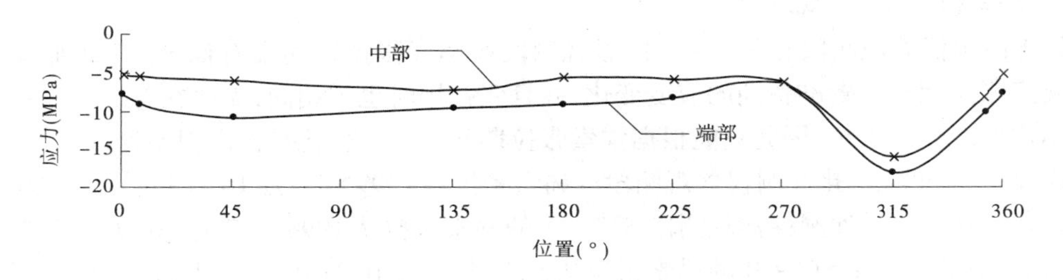

(d)ST3-B观测段端部与中部衬砌外侧混凝土环向预应力对比

图 4-3 ST3 - B 观测段环向预应力分布

表 4-16　与混凝土预压应力分布展开图相对应的观测仪器

项目	角度(°)						
	0	45	135	180	225	270	315
对应时钟位置(时:分)	7:30	9:00	12:00	1:30	3:00	4:30	6:00
浇筑块端部内侧	—	S6－33	S6－34,S6－90	S6－36	S6－91	S6－38	S6－31,S6－89
浇筑块端部中间	R6－22	—	S6－35	S6－37	—	S6－39	S6－32
浇筑块端部外侧	R6－23	R6－24	R6－25,R6－29	R6－26	R6－30	R6－27	R6－21,R6－28
浇筑块中部内侧	—	S6－96	S6－93,S6－97	S6－98	S6－94	S6－99	S6－92,S6－95
浇筑块中部外侧	R6－36	R6－37	R6－32,R6－38	R6－39	R6－33	R6－40	R6－31,R6－34

(3)图 4-3(c)、(d)是浇筑块端部和中部混凝土衬砌内外侧环向预应力分布对比图,可以看出,浇筑块端部和中部混凝土衬砌内外侧环向预应力具有相同的分布规律,相对而言,端部断面的预压应力数值较大,均匀性较差;中部断面预压应力数值较小,但均匀性较好。

(4)角度为 0°处是锚具槽中心所在部位,受锚具槽临空面影响,锚具槽两端衬砌内侧预压应力较小,衬砌外侧的预压应力也相对较小。

(5)270°处是相邻一排锚具槽的中心位置,由于锚具槽对受压面的削弱,该部位衬砌内侧的预压应力较大,成为衬砌内侧预压应力最大的部位,衬砌外侧的预压应力也略高于平均值。

(6)315°处是衬砌底部,该部位是应力变化幅度最大的部位,衬砌内侧受锚具槽影响,预压应力数值为 2～3 MPa;衬砌外侧则是预压应力最大的部位,端部断面为－18.15 MPa,中部断面为－16.06 MPa,外侧约为内侧的 8 倍。

(7)S6－40 和 S6－88 是沿隧洞轴向埋设在锚具槽两端的混凝土应变计,目的是了解锚索张拉过程中锚具槽周围混凝土的轴向应力变化情况。从表 4-13 可知,该部位混凝土的轴向应力为拉应力,S6－40 的测值为 0.27 MPa,S6－88 的测值为 0.95 MPa。

4.4.2　ST2 和 ST3－A 观测段

2#排沙洞仪器观测段和 ST3－A 仪器观测段在锚索张拉期间没有像 ST3－B 那样详细地测定张拉期和停置准备期的应变变化,并且张拉用时也不相同,无法在总应变变化中分离出徐变变化的大小,因此只能根据锚索张拉期间的应变变化量作出粗略评价。

需要说明的是,2#排沙洞仪器观测段的锚索张拉从 1999 年 2 月 10 日开始,2 月 20 日结束,历时 10 d;3#排沙洞仪器观测段 ST3－A 的锚索张拉从 1998 年 7 月 10 日开始,7 月 25 日结束,历时 15 d; ST3－B 的锚索张拉从 1999 年 3 月 16 日开始,3 月 23 日结束,历时 7 d。由于混凝土的徐变与持荷时间成正比,因此 2#排沙洞和 ST3－A 的应变观测读数中,徐变所占的比例要比 ST3－B 的相应大些。

为了便于比较,根据埋设位置选择一些有代表性的仪器及其应变测值列于表 4-17 和表 4-18。ST2 的仪器距离浇筑块端部约 2 m,ST3－A 和 ST3－B 的观测仪器位于浇筑块中部。

表 4-17　3 个观测段相应位置的观测仪器

位置	观测段	0°	45°	135°	180°	225°	270°	315°
衬砌内侧	ST3 – B		S6 – 96	S6 – 93	S6 – 98	S6 – 94	S6 – 99	S6 – 95
	ST3 – A		S6 – 27	S6 – 28	S6 – 29	S6 – 23	S6 – 30	S6 – 26
	ST2		S – 3	S – 4	S – 6	S – 12	S – 8	S – 1
衬砌外侧	ST3 – B	R6 – 36	R6 – 37	R6 – 38	R6 – 39	R6 – 33	R6 – 40	R6 – 34
	ST3 – A	R6 – 16	R6 – 17	R6 – 18	R6 – 19	R6 – 13	R6 – 20	R6 – 14
	ST2	R – 3	R – 4	R – 5	R – 6		R – 7	R – 1

表 4-18　锚索张拉引起的 3 个观测段相应位置的应变读数变化　（单位：$\mu\varepsilon$）

位置	观测段	0°	45°	135°	180°	225°	270°	315°
衬砌内侧	ST3 – B		–278.5	–286.5	–205.7	–215.4	–387.5	–65.0
	ST3 – A		–177.5	–194.1	–219.8	–203.2	–375.9	–99.4
	ST2		–336.6	–382.0	–309.1	–425.7	–651.6	–229.6
衬砌外侧	ST3 – B	–204.0	–246.2	–303.8	–215.4	–251.6	–246.2	–709.7
	ST3 – A	–217.4	–374.5	–335.0	–193.0	–176.6	–207.2	–661.0
	ST2	–275.2	–510.0	–447.6	–453.9		–327.2	–674.0

对表 4-19 中的数据进行分析，可以看出：

（1）3 个观测段混凝土预压应力的分布规律基本相同。

（2）除个别部位外，ST3 – A 的预压应力略低于 ST3 – B，这可能是仪器所在断面衬砌混凝土的厚度不同所致。

（3）ST2 的预压应力值比 ST3 – A 和 ST3 – B 的大，且均匀性更好，这可能是由于 ST2 的预应力混凝土衬砌外层是钢筋混凝土衬砌，衬砌厚度不变，而 3# 排沙洞因围岩超挖，衬砌厚度较大。

（4）在 315°处的衬砌底部内侧，ST2 的应变变化是 ST3 – A 和 ST3 – B 的 2 倍还多，表明该部位的预压应力较大，这对改善衬砌结构的应力状态是非常有利的。其原因可能是 ST2 的外围是钢筋混凝土，弹性模量相对较大，而 ST3 外围是节理裂隙较发育的岩石，弹模较小。

4.5　测缝计观测数据分析

表 4-5 给出了 ST3 – A 两个观测段的测缝计在锚索张拉过程中的频率和温度读数，表 2-2 给出了测缝计的仪器参数。在锚索张拉过程中，混凝土衬砌会因受压变形而导致部分区域与围岩脱开。测缝计的裂缝张开值按式（2-5）计算，测缝计测试结果如表 4-19 所示。

表 4-19　锚索张拉期间测缝计测试结果

测缝计	计算参数			计算数据				缝宽(mm)	对应时钟位置(时:分)
	A	B	K	f(Hz)	f_0(Hz)	T(℃)	T_0(℃)		
J-1	0.718×10^{-5}	0.021 56	-0.020 2	2 547.05	2 544.52	12.1	13.5	0.18	7:30
J-2	1.21×10^{-5}	-0.003 96	-0.019 6	2 421.95	2 400.56	13.1	14.6	1.19	9:00
J-3	1.21×10^{-5}	0.000 15	-0.023 9	2 506.12	2 464.30	13.5	15.3	2.56	12:00
J-4	0.86×10^{-5}	0.013 33	-0.019 2	2 448.78	2 400.00	13.2	14.7	2.71	1:30
J-5	1.19×10^{-5}	-0.002 97	-0.017 6	2 397.94	2 394.76	12.2	13.3	0.19	4:30
J6-1	1.19×10^{-5}	-1.28×10^{-3}	-3.19×10^{-2}	2 380.84	2 377.34	23.6	23.3	0.18	7:30
J6-2	1.35×10^{-5}	-8.45×10^{-3}	-2.98×10^{-2}	2 275.22	2 269.62	23.1	23.6	0.31	9:00
J6-3	1.16×10^{-5}	-3.28×10^{-3}	-2.05×10^{-2}	—	2 130.67	23.4	38.1	—	12:00
J6-4	1.07×10^{-5}	0.429×10^{-3}	-1.25×10^{-2}	1 481.70	1 457.86	23.7	27.2	0.80	1:30
J6-5	1.11×10^{-5}	0.476×10^{-3}	-0.72×10^{-2}	1 382.35	1 369.29	23.6	22.7	0.40	4:30
J6-6	1.07×10^{-5}	0.864×10^{-3}	-1.25×10^{-2}	1 822.17	1 818.21	25.8	24.5	0.14	7:30
J6-7	1.06×10^{-5}	-0.834×10^{-3}	-0.69×10^{-2}	1 459.87	1 436.72	23.9	23.0	0.69	9:00
J6-8	1.03×10^{-5}	0.713×10^{-3}	-1.05×10^{-2}	1 801.76	1 768.42	22.5	26.3	1.29	12:00
J6-9	1.10×10^{-5}	0.341×10^{-3}	-0.47×10^{-2}	1 439.86	1 436.18	23.1	25.3	0.13	1:30
J6-10	1.04×10^{-5}	0.282×10^{-3}	-0.76×10^{-2}	1 408.72	1 392.06	24.8	24.7	0.49	4:30
J6-11	1.13×10^{-5}	-1.41×10^{-3}	-2.26×10^{-2}	2 404.43	2 402.82	15.9	17.4	0.12	7:30
J6-12	0.12×10^{-5}	-4.02×10^{-3}	-2.21×10^{-2}	2 346.76	2 344.31	16.2	18.2	0.17	9:00
J6-13	1.19×10^{-5}	-4.40×10^{-3}	-1.99×10^{-2}	2 462.33	2 431.53	16.9	15.5	1.75	12:00
J6-14	0.86×10^{-5}	1.28×10^{-3}	-1.92×10^{-2}	2 393.12	2 383.61	17.2	19	0.44	1:30
J6-15	1.00×10^{-5}	-6.11×10^{-3}	-2.06×10^{-2}	2 266.62	2 265.49	16	17.5	0.07	4:30

对计算结果进行分析可以看出，锚索张拉使衬砌混凝土与围岩脱离，但不同部位的张开度不同，衬砌顶部(时钟 12:00 位置)缝宽最大，其他部位相对较小。2#排沙洞仪器观测段衬砌顶部张开度为 2.56 mm，3#排沙洞 ST3-A 为 1.29 mm、ST3-B 为 1.75 mm。

4.6　锚索测力计的 $S \sim F$ 关系曲线

根据锚索测力计的工作原理，锚索测力计的应变读数变化与锚索的应变变化并不相同，为使锚索测力计能够反映锚索张拉力的变化情况，需要确定锚索测力计的应变读数 S 与锚索张拉力 F 的关系，具体做法是：锚索张拉时分级施加张拉荷载，分别测定每级荷载施加前后的应变变化，取 3 支应变计读数的平均值及其所对应的锁定荷载值绘制锚索有效张拉力—应变平均读数关系曲线。

3#排沙洞仪器观测段 A 的 3 支锚索测力计（ST3－1、ST3－2、ST3－3）的张拉过程分两次完成，第一次张拉锁定时的荷载为 50% P_0（P_0 为设计荷载），第二次张拉锁定时的荷载为 100% P_0，具体过程如下：

张拉准备完毕 → 张拉至 20% P_0，记录仪器读数 → 锚索锁定，记录锁定后的仪器读数 → 继续张拉至 40% P_0，记录仪器读数 → 锚索锁定，记录锁定后的仪器读数 → 继续张拉至 50% P_0，记录仪器读数 → 锚索锁定，记录锁定后的仪器读数 → 张拉浇筑块的其他锚索至 50% P_0，记录仪器读数→开始第二轮张拉，记录张拉前的仪器读数 → 张拉至 77% P_0，记录仪器读数→ 锚索锁定，记录锁定后的仪器读数 → 继续张拉至 90% P_0，记录仪器读数 → 锚索锁定，记录锁定后的仪器读数 → 继续张拉至 100% P_0，记录仪器读数 → 锚索锁定，记录锁定后的仪器读数。

3#排沙洞仪器观测段 B 的 3 支锚索测力计（ST3－4、ST3－5、ST3－6）的张拉过程分三次完成，第一次张拉锁定时的荷载为 50% P_0，第二次张拉锁定时的荷载为 77% P_0，第三次张拉锁定时的荷载为 100% P_0，其张拉过程中的观测读数记录方法与 ST3－A 相同。

在排沙洞施工过程中，施工单位曾提交过每支锚索测力计的 $S \sim F$ 关系曲线，但这些曲线由于没有考虑锚固回缩损失，因此只能用于反映锚索张拉时千斤顶的张拉力与锚索测力计应变读数之间的关系，不能用于确定运行期锚索张拉力的依据。

为此，本书需要根据锚索张拉时的实测数据，重新建立用于判断运行期锚索有效张拉力的 $S \sim F$ 关系曲线。相关数据的确定方法如下：

（1）千斤顶出力 F。排沙洞每束预应力锚索由 8 根 7 × Φ 5 的高强低松弛钢绞线组成，张拉时用两支千斤顶同时张拉，每支千斤顶张拉 4 根钢绞线，两支千斤顶共用一个油压控制器（保证油压同步），其出力按下列公式计算：

$$F_1 = (p - 2.766\ 66)/0.619\ 333 \tag{4-1}$$

$$F_2 = (p - 2.133\ 33)/0.618 \tag{4-2}$$

$$F = F_1 + F_2 \tag{4-3}$$

式中：p 为是油压表的读数，bar（1 bar = 10^5 Pa，下同）。

小浪底排沙洞预应力锚索的设计张拉力为：

$$P_0 = k f_{ptk} A_s n = 1\ 674\ (\mathrm{kN})$$

式中：f_{ptk} 为钢绞线的标准强度，f_{ptk} = 1 860 MPa；k 为钢绞线张拉应力控制系数，k = 75%；A_s 为钢绞线的断面面积，A_s = 150 mm²；n 为每束锚索钢绞线的根数，n = 8。

（2）锁定前锚固端锚索张拉力 F_b。是指千斤顶出力 F 扣除偏转器摩擦损失后的力，经试验论证，小浪底排沙洞所用偏转器的摩擦损失为 8%，$F_b = F(1 - 8\%)$。

（3）锁定后锚固端锚索张拉力 F_a。锚索锁定时会产生回缩，从而使锚固端锚索张拉力减小，经测定，锚固时钢绞线回缩值为 3 mm，回缩损失按式（4-4）计算：

$$\Delta F = 2F_b l_f\left(\frac{\mu}{r_c} + \kappa\right)\left(1 - \frac{x}{l_f}\right) \tag{4-4}$$

式中：l_f 为钢绞线回缩影响长度，$l_f = \sqrt{\dfrac{aE_s}{1\ 000\sigma_b\left(\dfrac{\mu}{r_c + \kappa}\right)}}$；$r_c$ 为预应力钢绞线的曲率半径，

取平均值 $r_c=3.73$ m;μ 为钢绞线的摩擦损失系数,$\mu=0.032$;κ 为钢绞线的摆动摩擦损失系数,$\kappa=0.0007$;x 为张拉端至计算截面的距离,m;a 为锚固回缩长度,经测定,$a=3$ mm;E_s 为钢绞线的弹模,$E_s=1.85\times10^5$ MPa;σ_b 为锁定前锚固端锚索张拉应力,MPa。

根据以上公式和数据,确定小浪底排沙洞锚索张拉的各项技术参数如下:

(1)单束锚索设计张拉力 $P_0=1\ 674$ kN。

(2)锁定前锚固端锚索张拉力 $F_b=F(1-8\%)=1\ 540$(kN)。

(3)对应于不同的张拉荷载,锚固后锚固端锚索张拉力 F_a 如表 4-20 所示。

表 4-20　千斤顶出力与锚固端锚索张拉力的对应关系

千斤顶油压表读数(bar)	0	100	200	260	360	400	460	520
锁定后锚固端锚索张拉力 F_a(kN)	0	206.60	468.67	630.26	903.48	1 013.74	1 179.91	1 346.86

令锚索测力计的应变变化与锚索的应变变化之间存在如下关系:$\varepsilon_{锚索}=\beta\varepsilon_{钢绞线}$,则每支锚索测力计的应变变化量和系数 β 值如表 4-21 所示。小浪底排沙洞 6 支锚索测力计在锚索张拉过程中的应变变化如表 4-22 ~ 表 4-27 所示,锚索中的张拉力与测力计应变读数之间的关系曲线如图 4-4 和图 4-5 所示。

表 4-21　锚索张拉引起的锚索测力计应变读数变化

项目	锚索测力计					
	ST3 - 1	ST3 - 2	ST3 - 3	ST3 - 4	ST3 - 5	ST3 - 6
应变变化 (με)	-528.6	-481.5	-472.2	-530.9	-582.0	-530.5
β	-0.087 1	-0.079 4	-0.077 8	-0.087 5	-0.095 9	-0.087 4

在观测过程中,锚索测力计 ST3 - 1 中的 SS - 3 和 ST3 - 3 中的 SS - 7 损坏,因此对这两支仪器的率定曲线重作调整,根据剩下两支应变计的平均应变绘制的 $S\sim F$ 曲线(见图 4-5)。

根据锚索测力计应变读数和上述率定曲线,即可确定任一时刻锚索中的有效张拉力和锚索产生的应变变化。

4.7　本章小结

本章通过对锚索张拉程序、锚索张拉前后观测仪器的读数变化、锚索张拉过程中混凝土徐变变化和锚索张拉完毕后衬砌结构的应力状态分析,得出以下成果和结论:

(1)小浪底排沙洞采用的分级加载锚索张拉程序是合理的,有效避免了锚索张拉裂缝的产生。

表 4-22　锚索测力计 ST3 - 1 实测数据

安装位置:ST3 - A　　桩号:0 + 215.825　　第一次张拉(0 ~ 50% P_0)日期:1998 年 7 月 14 日　　第二次张拉(50% P_0 ~ 100% P_0)日期:1998 年 7 月 24 日

千斤顶		锚固端 锚索张拉力 (kN)		锚索测力计读数								
表压 (bar)	出力 (kN)			SS - 1			SS - 2			SS - 3		应变平均值 (με)
				频率(Hz)	应变(με)	温度(℃)	频率(Hz)	应变(με)	温度(℃)	频率(Hz)	应变(με)	
0	0	初始值	0	1 631.96	-12.7	23.7	1 688.00	128.7	23.9	1 670.47	83.7	66.6
100	315.36	锁定前	290.13	1 616.76	-49.9	23.7	1 621.11	-39.2	23.9	1 658.66	54.1	-11.7
		锁定后	206.60	1 607.37	-73.5	23.8	1 637.35	1.0	24.0	1 627.46	-23.4	-32.0
200	638.63	锁定前	587.54	1 600.83	-89.5	23.8	1 568.47	-167.0	24.2	1 640.94	9.9	-82.2
		锁定后	468.67	1 567.03	-169.4	23.9	1 598.70	-96.2	24.1	1 583.34	-130.9	-132.2
260	832.60	锁定前	765.99	1 588.83	-117.7	23.9	1 540.93	-231.6	24.1	1 631.09	-14.6	-121.3
		锁定后	630.26	1 543.95	-223.7	24.0	1 571.76	-158.2	24.2	1 569.43	-164.3	-182.1
260		2 次张拉前		1 547.45	-216.0	23.2	1 574.17	-152.5	22.8	1 574.17	-152.5	-173.7
360	1 155.88	锁定前	1 063.41	1 557.37	-192.9	22.8	1 503.58	-317.1	23.0	1 608.76	-69.6	-193.2
		锁定后	903.48	1 501.47	-321.6	23.0	1 527.90	-261.3	23.0	1 532.40	-250.8	-277.9
460	1 479.15	锁定前	1 360.82	1 534.62	-246.5	23.1	1 465.30	-402.9	23.1	1 588.58	-117.6	-255.7
		锁定后	1 179.91	1 446.33	-445.2	23.1	1 488.30	-352.2	23.1	1 485.49	-357.9	-385.1
520	1 673.12	锁定前	1 539.27	1 522.00	-275.1	23.1	1 432.23	-476.7	23.1	1 572.32	-156.9	-302.9
		锁定后	1 346.86	1 409.37	-524.9	23.2	1 464.39	-405.4	23.2	1 441.71	-455.7	-462.0

表 4-23　锚索测力计 ST3－2 实测数据

安装位置:ST3－A　　桩号:0＋216.325　　第一次张拉(0～50% P_0)日期:1998 年 7 月 14 日　　第二次张拉(50% P_0～100% P_0)日期:1998 年 7 月 24 日

千斤顶		锚固端锚索张拉力(kN)		锚索测力计读数								
表压(bar)	出力(kN)			SS－4			SS－5			SS－6		应变平均值(με)
				频率(Hz)	应变(με)	温度(℃)	频率(Hz)	应变(με)	温度(℃)	频率(Hz)	应变(με)	
0	0	初始值	0	1 715.17	198.4	24.0	1 592.12	－109.6	23.4	1 310.69	－728.5	－213.2
100	315.36	锁定前	290.13	1 709.52	183.9	24.1	1 535.85	－242.9	23.9	1 312.76	－724.4	－261.1
		锁定后	206.60	1 680.43	109.6	24.1	1 554.73	－199.3	24.0	1 268.11	－811.8	－300.5
200	638.63	锁定前	587.54	1 699.87	159.4	24.1	1 480.91	－368.4	24.3	1 302.47	－745.8	－318.3
		锁定后	468.67	1 647.63	26.6	24.5	1 516.81	－287.2	24.0	1 203.43	－932.9	－397.8
260	832.60	锁定前	765.99	1 688.93	130.6	24.2	1 453.51	－429.7	24.1	1 290.08	－769.6	－356.2
		锁定后	630.26	1 622.65	－35.3	23.8	1 499.12	－327.6	23.7	1 181.99	－971.8	－444.9
260		2 次张拉前		1 625.83	－27.9	23.3	1 502.86	－319.1	23.0	1 194.40	－949.9	－432.3
360	1 155.88	锁定前	1 063.41	1 660.27	58.4	23.3	1 422.29	－497.1	23.0	1 263.26	－821.0	－419.9
		锁定后	903.48	1 579.11	－140.7	23.3	1 460.98	－412.6	23.0	1 130.58	－1 061.6	－538.3
460	1 479.15	锁定前	1 360.82	1 634.42	－6.3	23.3	1 367.76	－613.6	23.0	1 234.78	－875.5	－498.5
		锁定后	1 179.91	1 545.12	－221.7	23.3	1 426.71	－487.9	23.0	1 078.92	－1 148.2	－619.3
520	1 673.12	锁定前	1 539.27	1 617.68	－481.8	23.3	1 350.51	－648.8	23.3	1 210.64	－919.8	－683.5
		锁定后	1 346.86	1 509.28	－303.5	23.3	1 396.74	－552.0	23.3	1 028.42	－1 228.7	－694.7

表 4-24 锚索测力计 ST3－3 实测数据

安装位置:ST3－A　桩号:0＋221.825　第一次张拉(0～50% P_0)日期:1998 年 7 月 20 日　第二次张拉(50% P_0～100% P_0)日期:1998 年 7 月 23 日

千斤顶		锚固端锚索张拉力(kN)		锚索测力计读数								
表压(bar)	出力(kN)			SS－7			SS－8			SS－9		应变平均值(με)
				频率(Hz)	应变(με)	温度(℃)	频率(Hz)	应变(με)	温度(℃)	频率(Hz)	应变(με)	
0	0	初始值	0	1 879.59	646.3	23.6	1 883.97	658.7	23.7	1 739.43	262.2	522.4
100	315.36	锁定前	290.13	1 873.28	628.7	23.8	1 844.05	545.7	24.1	1 725.65	225.6	466.7
		锁定后	206.60	1 855.63	578.5	23.8	1 852.83	571.2	24.1	1 696.11	148.5	432.7
200	638.63	锁定前	587.54	1 859.00	588.6	23.9	1 803.24	433.6	24.3	1 710.56	186.8	403.0
		锁定后	468.67	1 811.21	455.1	23.9	1 812.50	458.7	24.3	1 652.50	39.7	317.8
260	832.60	锁定前	765.99	1 845.16	549.4	24.1	1 777.26	362.8	24.4	1 699.02	156.8	356.3
		锁定后	630.26	1 777.47	363.7	24.1	1 788.96	394.6	24.4	1 633.87	－7.8	250.2
260		2 次张拉前		1 783.14	379.0	23.9	1 793.45	406.3	24.1	1 640.06	0.0	261.8
360	1 155.88	锁定前	1 063.41	1 832.94	515.1	24.1	1 757.03	308.1	24.2	1 682.67	114.1	312.4
		锁定后	903.48	1 766.84	335.1	24.1	1 776.54	359.7	24.2	1 608.38	－70.4	208.1
460	1 479.15	锁定前	1 360.82	1 715.43	199.3	24.2	1 812.69	458.9	24.2	1 662.07	62.2	240.1
		锁定后	1 179.91	1 719.47	210.5	24.4	1 741.50	267.4	24.5	1 569.11	－164.9	104.3
520	1 673.12	锁定前	1 539.27	1 796.96	416.1	24.5	1 696.98	144.4	24.5	1 645.91	22.3	194.3
		锁定后	1 346.86	1 707.05	177.4	24.5	1 722.78	218.5	24.7	1 534.99	－245.3	50.2

表 4-25　锚索测力计 ST3－4 实测数据

安装位置:ST3－B　　桩号:0＋891.625

第一次张拉(0～50% P_0)日期:1999 年 3 月 16 日　第二次张拉(50% P_0～77% P_0)日期:1999 年 3 月 19 日　第三次张拉(77% P_0～100% P_0)日期:1999 年 3 月 22 日

千斤顶 表压(bar)	千斤顶 出力(kN)	锚固端锚索张拉力(kN)		锚索测力计读数 SS－10 频率(Hz)	SS－10 应变(με)	SS－10 温度(℃)	SS－11 频率(Hz)	SS－11 应变(με)	SS－11 温度(℃)	SS－12 频率(Hz)	SS－12 应变(με)	应变平均值(με)
0	0	初始值	0	1 433.40	－473.6		1 517.34	－283.4	16.2	1 541.39	－230.2	－329.1
100	315.36	锁定前	290.13	1 425.19	－491.0		1 328.03	－412.0	16.3	1 527.83	－261.6	－388.2
		锁定后	206.60									
200	638.63	锁定前	587.54	1 416.86	－509.7		1 397.00	－551.6	16.3	1 516.36	－288.4	－449.9
		锁定后	468.67	1 354.20	－640.6		1 405.95	－534.4	16.3	1 445.10	－448.7	－541.2
260	832.60	锁定前	765.99	1 406.53	－530.8		1 370.11	－610.4	16.5	1 505.96	－312.0	－484.4
		锁定后	630.26	1 313.61	－722.6		1 380.43	－587.2	15.0	1 426.85	－488.1	－599.3
260		2 次张拉前		1 327.50	－715.9		1 382.33	－579.5	14.3	1 428.50	－483.6	－593.0
360	1 155.88	锁定前	1 063.41	1 385.16	－577.5		1 316.14	－719.2	14.2	1 490.47	－347.3	－548.0
		锁定后	903.48	1 265.13	－817.4		1 336.17	－676.0	14.3	1 371.18	－605.9	－699.8
400	1 285.19	锁定前	1 182.37	1 387.71	－592.2		1 297.12	－757.5	14.3	1 477.40	－375.7	－575.1
		锁定后	1 013.74	1 259.27	－ 829.4		1 325.80	－699.7	14.3	1 352.24	－644.1	－724.4
400		3 次张拉前		1 261.71	－827.7		1 330.22	－688.1	12.7	1 357.85	－633.3	－716.4
460	1 479.15	锁定前	1 360.82	1 350.39	－650.8		1 269.47	－808.8	12.8	1 439.15	－461.0	－640.2
		锁定后	1 179.91	1 213.56	－914.6		1 285.26	－775.6	12.9	1 322.26	－705.4	－798.5
520	1 673.12	锁定前	1 539.27	1 336.76	－679.9		1 230.16	－883.9	12.8	1 420.58	－501.3	－688.4
		锁定后	1 346.86	1 184.54	－967.1		1 256.90	－834.1	12.9	1 284.71	－778.7	－860.0

表 4-26 锚索测力计 ST3－5 实测数据

安装位置:ST3－B　　桩号:0＋897.625

第一次张拉(0～50%P_0)日期:1999 年 3 月 16 日　第二次张拉(50%P_0～77%P_0)日期:1999 年 3 月 19 日　第三次张拉(77%P_0～100%P_0)日期:1999 年 3 月 22 日

千斤顶		锚固端		锚索测力计读数								
		锚索张拉力(kN)		SS－13			SS－14			SS－15		应变平均值(με)
表压(bar)	出力(kN)			频率(Hz)	应变(με)	温度(℃)	频率(Hz)	应变(με)	温度(℃)	频率(Hz)	应变(με)	
0	0	初始值	0	1 586.20	－123.8	16.1	1 563.44	－178.2		1 450.36	－436.3	－246.1
100	315.36	锁定前	290.13	1 584.49	－128.2	16.4	1 510.25	－302.0		1 447.28	－444.1	－291.4
		锁定后	206.60	1 554.58	－199.4	16.5	1 515.61	－291.0		1 407.30	－530.7	－340.4
200	638.63	锁定前	587.54	1 567.59	－168.5	16.5	1 447.21	－443.5		1 432.84	－474.1	－362.0
		锁定后	468.67	1 503.08	－318.6	16.4	1 458.34	－419.1		1 352.41	－643.9	－460.5
260	832.60	锁定前	765.99	1 553.63	－201.7	16.5	1 413.97	－515.9		1 418.35	－506.6	－408.1
		锁定后	630.26	1 479.98	－374.0	16.6	1 429.44	－482.2		1 320.72	－708.9	－521.7
260		2 次张拉前		1 481.41	－367.4	14.0	1 434.04	－472.2		1 325.05	－700.4	－513.3
360	1 155.88	锁定前	1 063.41	1 543.80	－224.6	14.1	1 376.90	－593.8		1 396.30	－553	－457.1
		锁定后	903.48	1 436.99	－466.0	14.0	1 394.34	－557.6		1 274.53	－799.9	－607.8
400	1 285.19	锁定前	1 182.37	1 533.85	－248.2	14.1	1 349.50	－650.6		1 384.91	－577.8	－492.2
		锁定后	1 013.74	1 406.40	－531.4	14.1	1 367.50	－610.8		1 236.66	－873.1	－671.8
400		3 次张拉前		1 411.44	－521.2	13.1	1 375.17	－597.3		1 246.75	－852.8	－657.1
460	1 479.15	锁定前	1 360.82	1 498.98	－328.1	13.2	1 325.91	－698.4		1 363.88	－620.8	－549.1
		锁定后	1 179.91	1 369.96	－608.5	13.2	1 340.61	－668.4		1 208.50	－924.1	－733.7
520	1 673.12	锁定前	1 539.27	1 478.27	－375.2	13.3	1 279.79	－789.2		1 339.38	－670.3	－611.6
		锁定后	1 346.86	1 310.92	－728.2	13.4	1 297.63	－754.1		1 165.49	－1 001.9	－828.1

表 4-27　锚索测力计 ST3－6 实测数据

安装位置:ST3－B　　桩号:0＋892.125

第一次张拉(0～50%P_0)日期:1999 年 3 月 17 日　第二次张拉(50%P_0～77%P_0)日期:1999 年 3 月 20 日　第三次张拉(77%P_0～100%P_0)日期:1999 年 3 月 23 日

千斤顶		锚固端锚索张拉力(kN)		锚索测力计读数								
表压(bar)	出力(kN)			SS－16			SS－17			SS－18		应变平均值(με)
				频率(Hz)	应变(με)	温度(℃)	频率(Hz)	应变(με)	温度(℃)	频率(Hz)	应变(με)	
0	0	初始值	0	1 588.90	－115.6	15.7	1 522.30	－274.7		1 549.32	－211.1	－200.5
100	315.36	锁定前	290.13	1 576.03	－148.4	15.7	1 486.14	－356.8		1 544.18	－221.3	－242.2
		锁定后	206.60	1 535.31	－245.1	15.7	1 501.98	－321.3		1 499.34	－326.7	－297.7
200	638.63	锁定前	587.54	1 565.43	－174.2	15.7	1 430.37	－497.6		1 536.52	－241.3	－304.4
		锁定后	468.67	1 483.77	－361.5	15.8	1 453.93	－429.3		1 450.63	－436.6	－409.1
260	832.60	锁定前	765.99	1 550.81	－209.8	15.7	1 403.77	－573.4		1 522.15	－275.1	－352.8
		锁定后	630.26	1 447.49	－442.9	15.7	1 433.50	－473.7		1 428.90	－483.8	－466.8
260		2 次张拉前		1 452.62	－431.3	13.5	1 433.44	－473.5		1 433.91	－472.8	－459.2
360	1 155.88	锁定前	1 063.41	1 526.46	－265.3	13.5	1 444.54	－660.7		1 498.61	－328.8	－418.3
		锁定后	903.48	1 396.62	－552.2	13.5	1 388.54	－569.4		1 376.16	－595.3	－572.3
400	1 285.19	锁定前	1 182.37	1 513.00	－296.0	13.6	1 331.48	－686.8		1 487.65	－353.5	－445.4
		锁定后	1 013.74	1 386.47	－573.3	13.6	1 371.06	－606.0		1 362.79	－623.8	－601.0
400		3 次张拉前		1 395.22	－555.5	13.4	1 374.50	－598.8		1 368.80	－611.1	－588.5
460	1 479.15	锁定前	1 360.82	1 505.29	－313.4	13.4	1 302.08	－746.0		1 468.45	－396.3	－485.2
		锁定后	1 179.91	1 350.27	－648.5	13.2	1 340.43	－668.8		1 334.55	－681.1	－666.1
520	1 673.12	锁定前	1 539.27	1 481.70	－367.7	13.2	1 264.87	－818.0		1 443.68	－451.2	－545.6
		锁定后	1 346.86	1 317.89	－711.9	13.4	1 305.57	－739.4		1 303.96	－741.6	－731.0

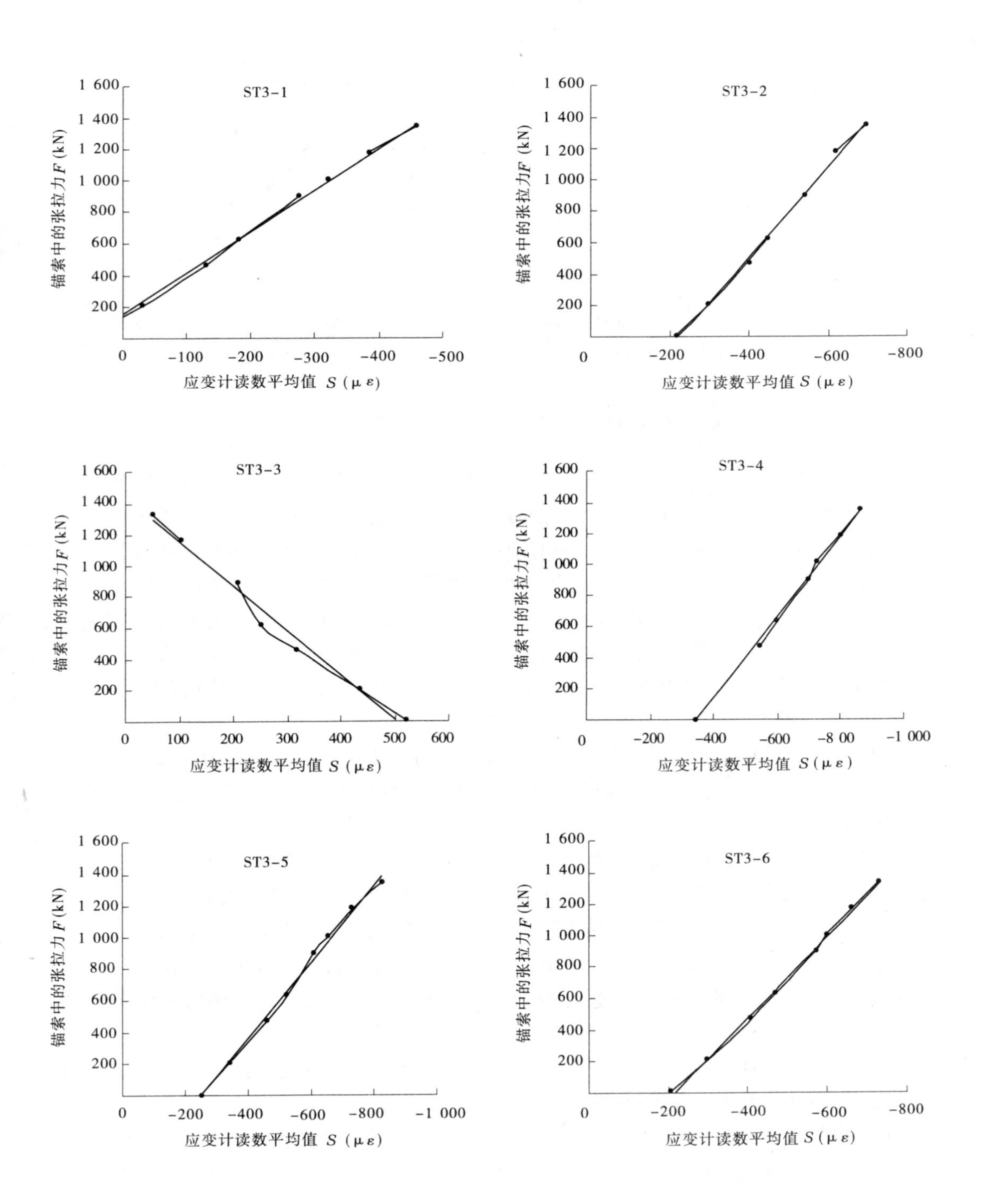

图 4-4　锚索测力计率定曲线

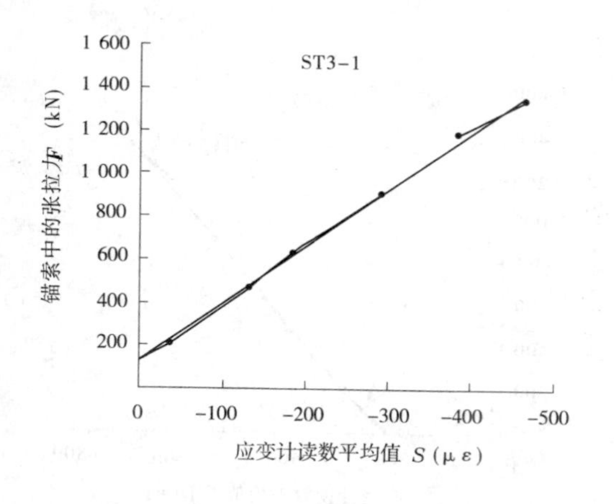

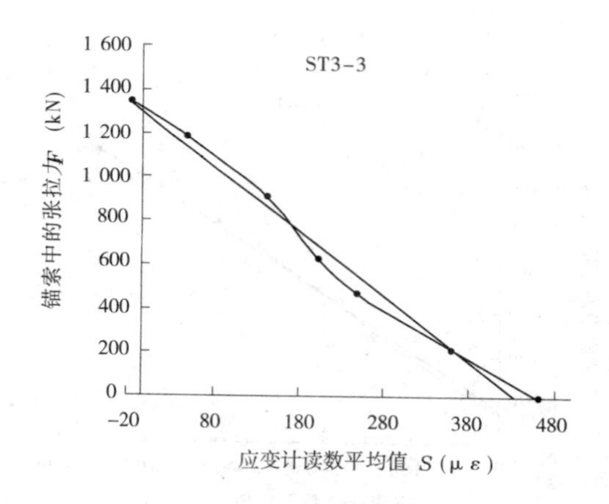

图 4-5　锚索测力计 ST3 - 1 **和** ST3 - 3 **修正后的率定曲线**

(2)小浪底排沙洞环锚预应力混凝土衬砌的结构设计是比较合理的。锚索张拉使衬砌混凝土中建立了相对比较均匀的预压应力,根据 ST3 - B 观测段混凝土应变计的实测结果,衬砌混凝土中建立的平均压应力为 7.48 MPa,衬砌上半环的预压应力分布相当均匀。下半环衬砌外侧的应力分布也比较均匀,但衬砌内侧受锚具槽临空面影响,应力分布均匀性较差;除锚具槽回填混凝土外,最小环向预压应力出现在锚具槽长度方向的端部,下半环底部衬砌内侧(时钟 6:00 位置)的预压应力为 2 ~ 3 MPa;最大环向预压应力出现在时钟 4:30 位置(相邻锚具槽在 7:30 位置时),最大预压应力为 11 ~ 12 MPa。

(3)2#排沙洞断层加强段因外层普通钢筋混凝土衬砌的存在,预应力混凝土衬砌厚度均匀,预应力效果优于其他普通段,预压应力数值大且分布也比较均匀,应力分布规律与 ST3 - B 基本相同。

(4)锚索张拉过程中混凝土应变计的应变读数变化,不仅有弹性应变,而且有徐变应变,根据锚索张拉停置准备期间的应变变化确定的徐变量,其值为总应变的 20% ~30%。由于小浪底排沙洞环锚预应力是采用分级张拉的,分级张拉期间的混凝土徐变引起的压应力减小已由下一级张拉所补偿。但对一次张拉完成的隧洞,在评价预应力效果时,不能简单地根据锚索张拉前后的应变变化量确定,还必须考虑锚索张拉过程中的徐变变化,否则会引起至少 20% 的误差。

(5)锚索张拉使衬砌轴线方向产生拉应力,但拉应力数值不大,两支轴向应变计的实测结果分别为 0.27 MPa 和 0.95 MPa。

(6)根据锚索张拉期间实测数据,本章给出了本工程 6 支锚索测力计的 $S \sim F$ 曲线。根据这些曲线和任意时刻的观测读数,可以比较准确地确定锚索钢绞线的实际应力状态。

第 5 章　运行期观测数据分析与研究

5.1　温度变化对无应力计应变读数的影响分析

在混凝土应变计的应变变化中，除内水压力引起的应变变化外，还包括温度变化、湿度变化、混凝土徐变变化和混凝土化学反应变形引起的应变变化。本工程由于没有混凝土的徐变资料，因此只能通过分析温度变化和内水压力变化对应变读数的影响来间接分析衬砌混凝土的应力状态。

无应力计测值代表了测点混凝土的自由应变，其值 ε_0 由温度变形 ε_T、湿度变形 ε_w 和化学变形 ε_h 三部分组成。由于目前尚无法从无应力计的应变读数中分离出 ε_h 和 ε_w，通常将其统称为自生体积变形 $G(t)$。这样，无应力计的应变测值就由温度变形和自生体积变形两部分组成，通过对其变化曲线进行分析，就可确定二者的具体数值。本工程 8 支无应力计的应变—温度变化曲线如图 5-1 ~ 图 5-3 所示。

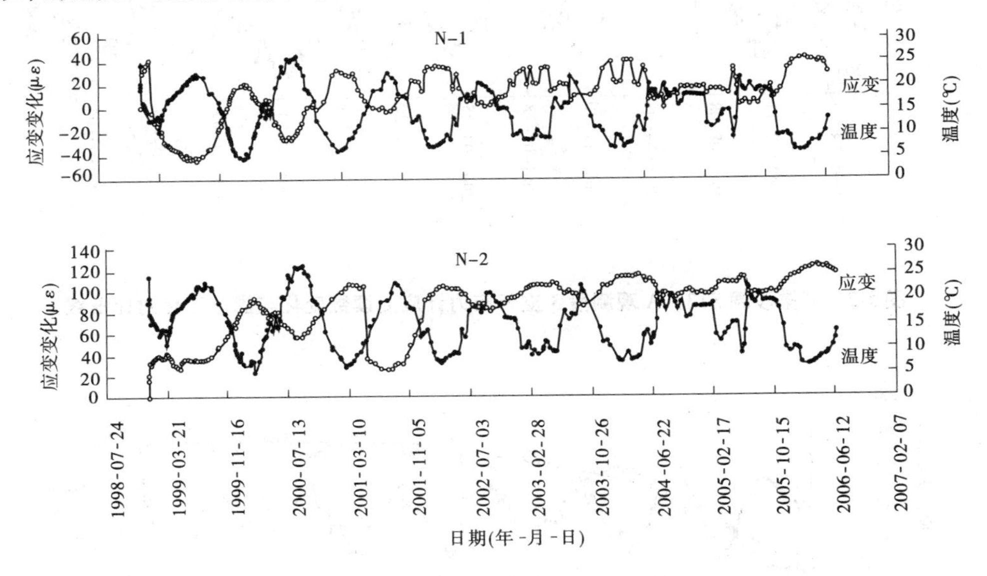

图 5-1　2# 排沙洞两支无应力计应变读数变化与温度变化对比曲线

从图 5-1 ~ 图 5-3 可以看出，温度变化曲线具有明显的周期性（一年），应变曲线与温度变化存在明显的对应关系。以 N6－4、N6－5 和 N6－6 为例，应变曲线以一条逐渐增加的光滑曲线为基准，随着温度的升降而变化，该光滑曲线即为自生体积变形曲线。根据每个温度变化周期中温度变化量和应变变化量，即可确定温度影响系数 α，具体的计算结果如表 5-1 ~ 表 5-4 所示。

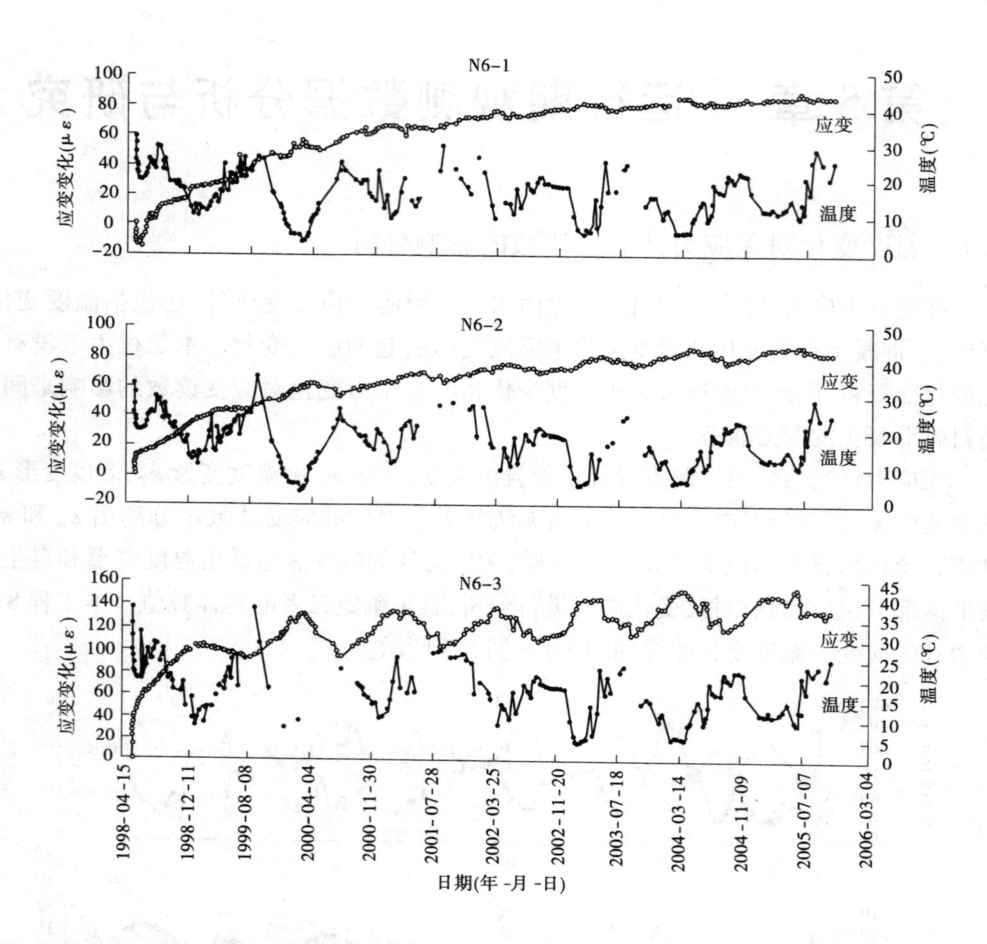

图 5-2　3#排沙洞 ST3－A 观测段 3 支无应力计应变读数变化与温度变化对比曲线

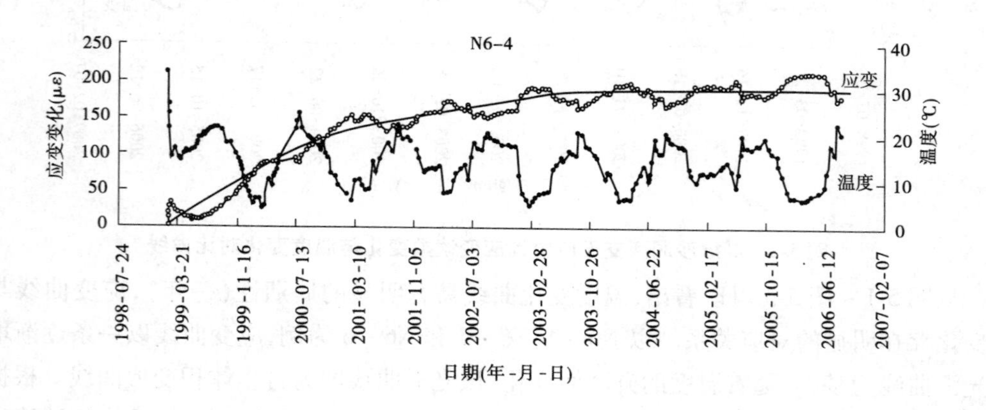

图 5-3　3#排沙洞 ST3－B 观测段 3 支无应力计应变读数变化与温度变化对比曲线

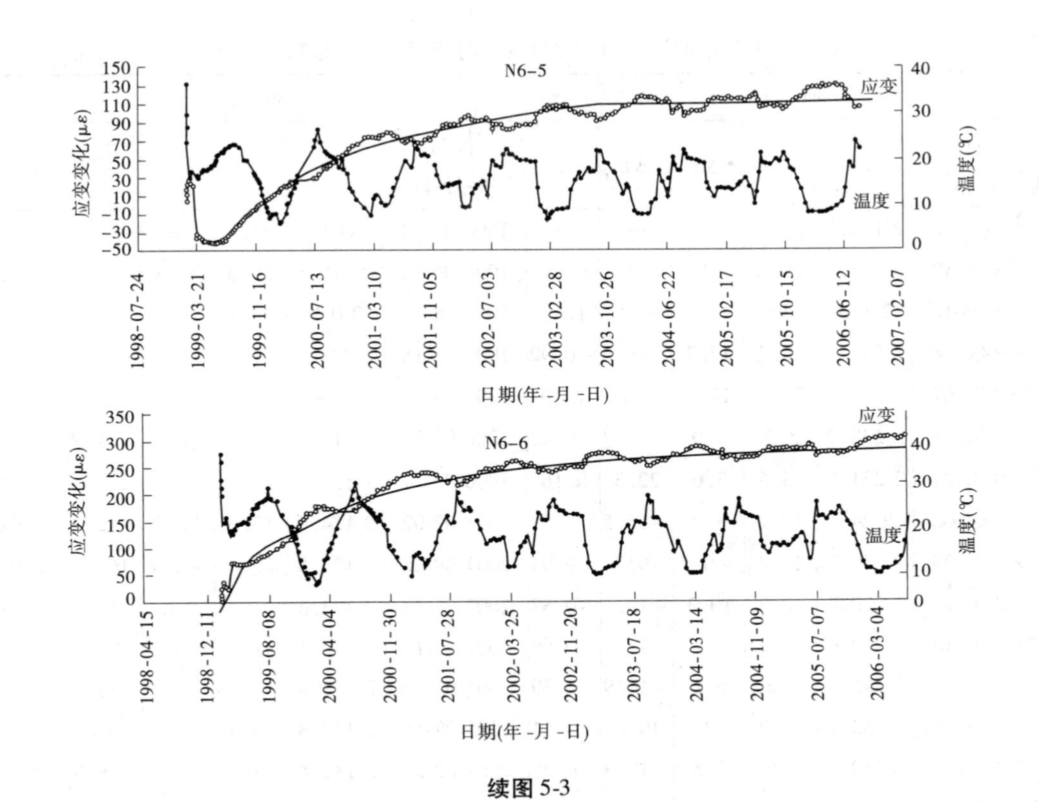

续图 5-3

表 5-1 2#排沙洞无应力计温度变化对应变变化的影响计算

N－1						N－2					
日期（年-月-日）	S	T	ΔS	ΔT	α	日期（年-月-日）	S	T	ΔS	ΔT	α
1999-01-08	2 109.5	24.3	—	—	—	1999-01-08	2 183.4	24.2	—	—	—
1999-02-22	2 105	12	－4.5	－12.3	0.37	1999-02-22	2 221.8	12.7	38.4	－11.5	－3.34
1999-08-19	2 064.7	22.2	－40.3	10.2	－3.95	1999-08-19	2 219.8	23	－2	10.3	－0.19
2000-02-21	2 130.3	4.1	65.6	－18.1	－3.62	2000-02-21	2 274.1	7.3	54.3	－15.7	－3.46
2000-09-08	2 084.5	25.8	－45.8	21.7	－2.11	2000-09-08	2 240	26.4	－34.1	19.1	－1.79
2001-02-26	2 142	5.8	57.5	－20	－2.88	2001-02-26	2 285.9	6.1	45.9	－20.3	－2.26
2001-09-11	2 105.9	22.2	－36.1	16.4	－2.20	2001-09-11	2 213.1	22.9	－72.8	16.8	－4.33
2002-03-08	2 143.5	6.5	37.6	－15.7	－2.39	2002-03-08	2 287.6	6.9	74.5	－16	－4.66
2002-09-06	2 112.7	20.2	－30.8	13.7	－2.25	2002-09-06	2 266.6	20.8	－21	13.9	－1.51
2003-03-05	2 141.8	8	29.1	－12.2	－2.39	2003-03-05	2 287.9	8.6	21.3	－12.2	－1.75
2003-09-11	2 114.1	21.4	－27.7	13.4	－2.07	2003-09-11	2 269.8	22.3	－18.1	13.7	－1.32
2004-02-27	2 131.8	6.6	17.7	－14.8	－1.20	2004-02-27	2 296.8	7.1	27	－15.2	－1.78
2004-09-09	2 110.4	19.7	－21.4	13.1	－1.63	2004-09-09	2 275.6	20.5	－21.2	13.4	－1.58
2005-03-17	2 124.4	10.6	14	－9.1	－1.54	2005-03-17	2 290.6	11.2	15	－9.3	－1.61
2005-09-20	2 112.6	18.6	－11.8	8	－1.48	2005-09-20	2 281.4	19.3	－9.2	8.1	－1.14
2006-03-07	2 150.6	5.9	38	－12.7	－2.99	2006-03-07	2 305.3	6.4	23.9	－12.9	－1.85
2006-06-19	2 139	12.4	－11.6	6.5	－1.78	2006-06-19	2 298.7	13.1	－6.6	6.7	－0.99
平均值					－2.13	平均值					－2.10

表 5-2　3#排沙洞无应力计温度变化对应变变化的影响计算(1)

N6 - 1						N6 - 2					
日期(年-月-日)	S	T	ΔS	ΔT	α	日期(年-月-日)	S	T	ΔS	ΔT	α
1998-05-18	2 175.5	32.6	—	—	—	1998-05-18	2 061.5	33.7	—	—	—
1998-06-12	2 165.6	20.6	-9.9	-12	0.83	1998-06-12	2 075.3	20.6	13.8	-13.1	-1.05
1998-08-10	2 183	30	17.4	9.4	1.85	1998-08-10	2 079	30.1	3.7	9.5	0.39
1999-01-18	2 200.7	10.7	17.7	-19.3	-0.92	1999-01-18	2 098.3	11.5	19.3	-18.6	-1.04
1999-09-07	2 218.3	26.7	17.6	16	1.10	1999-09-07	2 108	35.5	9.7	24	0.40
2000-02-21	2 228.2	3.3	9.9	-23.4	-0.42	2000-02-21	2 119.2	3.6	11.2	-31.9	-0.35
2000-07-27	2 231.8	25.6	3.6	22.3	0.16	2000-07-27	2 113.2	26.3	-6	22.7	-0.26
2001-02-02	2 241	10.1	9.2	-15.5	-0.59	2001-02-02	2 124.9	13.6	11.7	-12.7	-0.92
2001-08-28	2 240.3	29.8	-0.7	19.7	-0.04	2001-08-28	2 123.5	29.8	-1.4	16.2	-0.09
2002-03-13	2 250.6	10.2	10.3	-19.6	-0.53	2002-03-13	2 133.3	16	9.8	-13.8	-0.71
2002-09-13	2 249.6	21.2	-1	11	-0.09	2002-09-13	2 130.1	21.4	-3.2	5.4	-0.59
2003-02-21	2 255.8	5.3	6.2	-15.9	-0.39	2003-02-09	2 135.8	5.4	5.7	-16	-0.36
2003-08-15	2 253.7	24.9	-2.1	19.6	-0.11	2003-08-15	2 137.8	24.8	2	19.4	0.10
2004-02-26	2 259.2	5.6	5.5	-19.3	-0.28	2004-02-26	2 142.4	6	4.6	-18.8	-0.24
2004-09-09	2 257.3	21.7	-1.9	16.1	-0.12	2004-09-09	2 136.3	22.1	-6.1	16.1	-0.38
2005-02-17	2 258.7	11.4	1.4	-10.3	-0.14	2005-02-17	2 145.3	11.8	9	-10.3	-0.87
2005-08-17	2 260.2	28.5	1.5	17.1	0.09	2005-08-17	2 143.8	28.7	-1.5	16.9	-0.09
平均值					0.03	平均值					-0.38

图 5-3　3#排沙洞无应力计温度变化对应变变化的影响计算(2)

N6 - 3						N6 - 4					
日期(年-月-日)	S	T	ΔS	ΔT	α	日期(年-月-日)	S	T	ΔS	ΔT	α
1998-05-18	2 161.2	38	—	—	—	1999-02-09	2 100.8	35.5	—	—	—
1998-06-12	2 212.8	20.6	51.6	-17.4	-2.97	1999-08-19	2 120.9	21.9	20.1	-13.6	-1.48
1998-08-10	2 228.9	27.5	16.1	6.9	2.33	2000-02-21	2 184.6	4.2	63.7	-17.7	-3.60
1999-01-18	2 262.7	9	33.8	-18.5	-1.83	2000-07-27	2 188.7	24.7	4.1	20.5	0.20
1999-09-07	2 255.6	38.1	-7.1	29.1	-0.24	2001-02-26	2 253	6	64.3	-18.7	-3.44
2000-02-21	2 288.4	3.6	32.8	-34.5	-0.95	2001-08-28	2 226.3	22.4	-26.7	16.4	-1.63
2000-07-27	2 256	26.3	-32.4	22.7	-1.43	2002-03-08	2 270.6	7.4	44.3	-15	-2.95
2001-02-02	2 290.9	13	34.9	-13.3	-2.62	2002-09-06	2 249.3	20.8	-21.3	13.4	-1.59
2001-08-28	2 262.8	27.3	-28.1	14.3	-1.97	2003-02-19	2 290.6	4.7	41.3	-16.1	-2.57

续表 5-3

N6－3						N6－4					
日期 （年-月-日）	S	T	ΔS	ΔT	α	日期 （年-月-日）	S	T	ΔS	ΔT	α
2002-03-13	2 290.9	15.4	28.1	－11.9	－2.36	2003-09-11	2 263.7	20.7	－26.9	16	－1.68
2002-09-13	2 268.1	21.1	－22.8	5.7	－4.00	2004-02-27	2 295.6	6	31.9	－14.7	－2.17
2003-02-09	2 297.3	4.9	29.2	－16.2	－1.80	2004-09-02	2 267	20.7	－28.6	14.7	－1.95
2003-08-15	2 282.9	23.7	－14.4	18.8	－0.77	2005-01-03	2 295.8	10	28.8	－10.7	－2.69
2004-02-26	2 308.5	5.9	25.6	－17.8	－1.44	2005-07-07	2 277.7	20.1	－18.1	10.1	－1.79
2004-09-09	2 279.1	21.8	－29.4	15.9	－1.85	2006-03-07	2 310.3	6.1	32.6	－14	－2.33
2005-02-17	2 306.1	11.2	27	－10.6	－2.55	2006-08-01	2 275.4	22.7	－34.9	16.6	－2.10
2005-08-17	2 292.3	21.8	－13.8	10.6	－1.30						
平均值					－1.61	平均值					－2.12

表 5-4　3[#]排沙洞无应力计温度变化对应变变化的影响计算(3)

N6－5						N6－6					
日期 （年-月-日）	S	T	ΔS	ΔT	α	日期 （年-月-日）	S	T	ΔS	ΔT	α
1999-02-09	2 157.5	38.1	—	—	—	1999-02-09	2 103.6	31.4	—	—	—
1999-08-19	2 128.6	23.1	－28.9	－15	1.93	1999-08-19	2 194.1	24.3	90.5	－7.1	－12.75
2000-02-21	2 173.1	6	44.5	－17.1	－2.60	2000-02-21	2 279.9	3.8	85.8	－20.5	－4.19
2000-07-27	2 186.6	25.7	13.5	19.7	0.69	2000-07-27	2 272.1	25.2	－7.8	21.4	－0.36
2001-02-26	2 230.5	7.7	43.9	－18	－2.44	2001-02-26	2 344	5.6	71.9	－19.6	－3.67
2001-08-28	2 221	23.4	－9.5	15.7	－0.61	2001-08-28	2 319	22.9	－25	17.3	－1.45
2002-03-08	2 249.6	9.3	28.6	－14.1	－2.03	2002-03-08	2 361.2	7.3	42.2	－15.6	－2.71
2002-09-06	2 239.4	22	－10.2	12.7	－0.80	2002-09-06	2 343.8	21.3	－17.4	14	－1.24
2003-02-19	2 264.5	6.8	25.1	－15.2	－1.65	2003-02-19	2 376.5	5.4	32.7	－15.9	－2.06
2003-09-11	2 248.6	21.8	－15.9	15	－1.06	2003-09-11	2 353.8	22.5	－22.7	17.1	－1.33
2004-02-27	2 273.8	7.8	25.2	－14	－1.80	2004-02-27	2 387.6	5.7	33.8	－16.8	－2.01
2004-09-02	2 253.5	21.8	－20.3	14	－1.45	2004-09-02	2 363.6	21	－24	15.3	－1.57
2005-01-03	2 272.6	11.6	19.1	－10.2	－1.87	2005-01-03	2 389	10.1	25.4	－10.9	－2.33
2005-07-07	2 263.7	21	－8.9	9.4	－0.95	2005-07-07	2 374	20.7	－15	10.6	－1.42
2006-03-07	2 284.9	8	21.2	－13	－1.63	2006-03-07	2 404.3	5.4	30.3	－15.3	－1.98
2006-08-01	2 261.7	23.6	－23.2	15.6	－1.49	2006-08-01	2 376.2	23.3	－28.1	17.9	－1.57
平均值					－1.41	平均值					－1.99

表 5-1 ~ 表 5-4 中,S 为实测应变读数,με;T 为实测温度,℃;ΔS 和 ΔT 为两个相邻日期的应变变化和温度变化;$\alpha = \Delta S/\Delta T$,为温度对应变测值的影响系数。

将不同无应力计的温度影响系数汇总列于表 5-5。

表 5-5　不同无应力计的温度影响系数　　（单位:με/℃）

无应力计	N－1	N－2	N6－1	N6－2	N6－3	N6－4	N6－5	N6－6
温度影响系数	－2.13	－2.10	0.03	－0.38	－1.61	－2.12	－1.44	－1.99

从表 5-1 ~ 表 5-5 中的计算结果可以看出,即使是同一支无应力计,不同温度变化周期中的 α 也不完全相同,有的变化较小,有的变化较大;同样,不同无应力计测得的温度影响系数 α 也不相同,其中 N－1、N－2、N6－4 和 N6－6 比较接近,约为－2,而 N6－1、N6－2 与其他仪器相差较大。

5.2　衬砌混凝土自生体积变形发展变化规律

自生体积变形包括化学变形和干湿变形,是无应力计应变测值的重要组成部分,在无应力计的应变测值中减去温度变形,得到的即为自生体积变形。小浪底排沙洞由于经常过水,洞内长期处于潮湿状态,而混凝土的化学变形随着水泥的化学反应程度不断连续变化,一般情况下在 3 个月内已完成绝大部分变化,因此其自生体积变形应是连续的呈增长趋势的光滑曲线。

在 5.1 节已给出了不同无应力计在不同时段的温度影响系数,据此可计算出不同日期的温度变化对应变测值的影响量,绘制出初步的自生体积变形曲线,然后根据自生体积变形的特点,对个别不符合规律的数据进行适当修正,得出最后的自生体积变形曲线,如图 5-4所示。图中的自生体积变形初始值取自混凝土浇筑后温度最高的日期,即混凝土浇筑完毕后的第二天,因此不包括混凝土塑性阶段的化学变形。

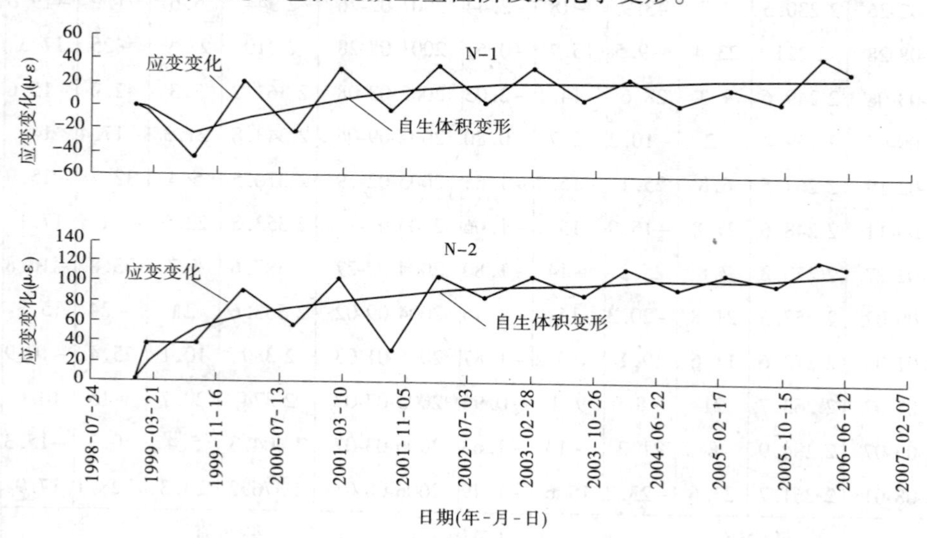

图 5-4　混凝土的自生体积变形(化学变形＋湿度变形)

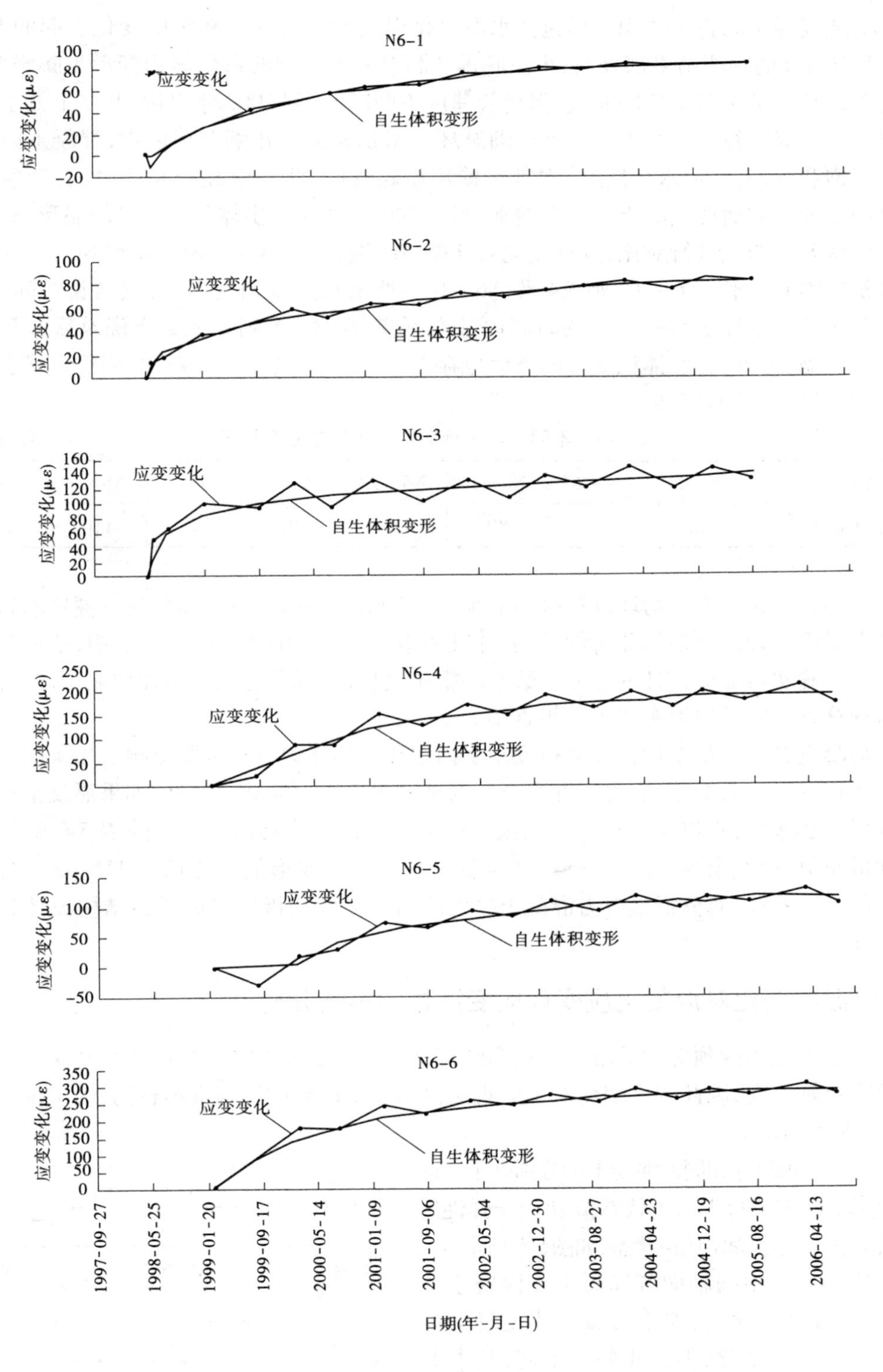
N6-1
应变变化(με)
应变变化
自生体积变形
N6-2
应变变化(με)
应变变化
自生体积变形
N6-3
应变变化(με)
应变变化
自生体积变形
N6-4
应变变化(με)
应变变化
自生体积变形
N6-5
应变变化(με)
应变变化
自生体积变形
N6-6
应变变化(με)
应变变化
自生体积变形
1997-09-27
1998-05-25
1999-01-20
1999-09-17
2000-05-14
2001-01-09
2001-09-06
2002-05-04
2002-12-30
2003-08-27
2004-04-23
2004-12-19
2005-08-16
2006-04-13
日期(年-月-日)

续图 5-4

上述混凝土的自生体积变形包括水泥水化引起的化学变形和湿度变化引起的变形。8 支无应力计的观测结果都表明，小浪底排沙洞混凝土衬砌的自生体积变形为膨胀型，其变化曲线是一条不断增长的曲线，但增长速度不断减小，到 2003 年以后，基本上处于稳定状态。其原因与衬砌混凝土长期处于潮湿环境密切相关。在潮湿环境中，混凝土内部孔隙处于饱和状态，水泥水化反应（尤其是掺用粉煤灰后）将持续相当长的时间，新生水化产物的增加一方面使混凝土密实性增加，另一方面还会使自生体积变形呈膨胀形态。

对这 8 条曲线进行对比，发现变化规律略有不同，其中 N－2、N6－2 和 N6－3 在混凝土浇筑后增长较快，N6－1、N6－4 和 N6－6 虽然增长速度稍慢，但持续增长时间较长；N6－5 在混凝土浇筑后一年多的时间内基本不变，而 N－1 则在混凝土浇筑后的几个月出现了收缩；另外，自生体积变形的量值也存在较大差别，为了便于对比，将稳定状态的自生体积变形值列于表 5-6。

表 5-6　不同无应力计测得的自生体积变形值　（单位：$\mu\varepsilon$）

无应力计	N－1	N－2	N6－1	N6－2	N6－3	N6－4	N6－5	N6－6
自生体积变形值	20	100	80	80	140	180	110	280

上述 8 支无应力计均埋设在衬砌下半环，每个观测段的高程相同，只是桩号不同。从理论上讲没有理由出现如此大的差别，并且锚索张拉期间的实测结果也表明，锚索张拉引起的外力确实对无应力计的应变读数影响很小，也就是说所有无应力计均能正常工作，导致出现这种现象的原因有待进一步查明。

混凝土自生体积变形特征对衬砌承受内水压力的能力具有重要影响。如果混凝土的自生体积变形为收缩型，它将使混凝土衬砌抵抗内水压力的能力降低；如果混凝土自生体积变形为膨胀型，它将使混凝土衬砌抵抗内水压力的能力提高。如去除表 5-6 中的最大值和最小值，取其余 6 个的平均值，则混凝土自生体积变形的平均值为 115 $\mu\varepsilon$。衬砌混凝土的这一特性，对分析预应力混凝土衬砌的结构性能和指导以后类似结构设计具有重要意义。

5.3　温度变化对混凝土应变计应变读数的影响分析

由于本工程的预应力混凝土衬砌为约束结构而非自由构件，则混凝土应变计的应变读数为单轴应变，因此温度变化对不同观测仪器应变读数的影响也不相同，为了说明这个问题，现举例如下。

假定 3 根尺寸相同的混凝土梁分别处于不同的约束状态：1[#]梁处于自由状态，2[#]梁处于弹性约束状态，3[#]梁处于固定约束状态，如图 5-5 所示。

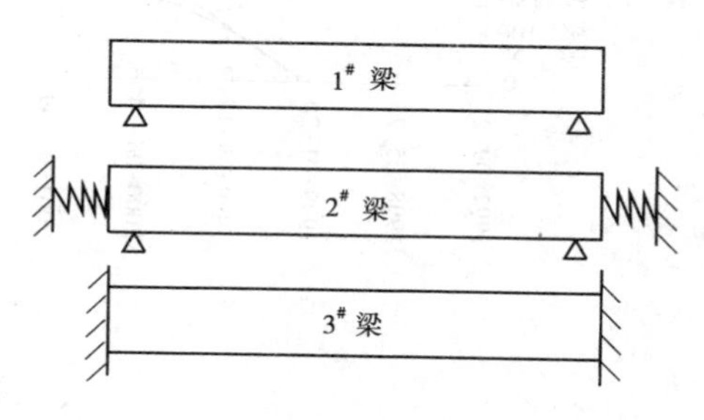

图 5-5　不同约束条件的梁

假定在梁中间轴向各埋设 1 支混凝土应变计，当温度变化时，梁中混凝土应变计的应变读数将发生变化，但变化幅度不同，其中 1[#]梁中的应变计应变读数变化最大，2[#]梁次之，

3#梁最小且等于零。梁中的应力变化也不相同,3#梁变化最大,2#梁次之,1#梁最小且等于零。排沙洞预应力混凝土衬砌的约束条件和2#梁相近,但不同部位的约束度大小不同(锚索张拉建立的预压应力沿衬砌环向分布大小不同)。因此,温度变化对混凝土应变计应变读数的影响系数与无应力计不同。

从混凝土应变计的应变读数发展变化曲线可以看出,应变读数与温度变化存在对应关系,温度升高,压应变读数增大,特别是洞内无水时,这种对应关系更为明显。

在运行期混凝土的徐变稳定后,洞内混凝土应变计的应变读数变化主要由内水压力变化、温度变化和湿度变化所引起。考虑到排沙洞较长,进水口处于封闭状态,分析时可忽略湿度变化的影响,按照二元线性回归分析方法确定内水压力影响系数和温度影响系数,回归方程如下:

$$\Delta S = \alpha_T T + \alpha_w H + C$$

式中:α_T 为温度影响系数;α_w 水头影响系数;H 为作用水头;C 为常数;T 为温度;ΔS 为混凝土应变计读数变化。

但在分析过程中发现,有时水位发生明显变化,而应变读数变化很小,有时水位和温度都没有显著变化,而应变读数却发生了显著变化。如2003年4月30日和5月15日两次相邻测值,洞内水位由EL. 229.96 m变为零,而混凝土应变计的应变读数变化仅为10余 $\mu\varepsilon$;又如2003年12月11日和12月24日两次相邻测值,3#排沙洞洞内无水,温度变化仅为0.2~0.5 ℃,但大多数混凝土应变计的应变读数都发生了30~50 $\mu\varepsilon$ 的变化。类似情况还有很多,具体原因还有待进一步分析。这种缺乏对应关系的数据使二元回归分析结果的置信度很差,水位变化的影响系数非常小,有的甚至为负数。因此,无法根据二元回归分析来确定温度影响系数和水头影响系数。

既然二元回归方法不可行,能否根据无水时段的观测数据按一元回归方法确定温度影响系数呢? 下面以S6-38为例,分析运行期不同无水时段的 $T \sim \Delta S$ 变化特性。

图5-6(a)中的数据选取时段为2000年1月3日至2000年10月18日(10月19日过水),该段锚索张拉完毕日期为1999年3月。图5-6(b)中的数据选取时段为2000年1月3日至2005年9月20日,其中剔除了洞内有水时段的观测数据。

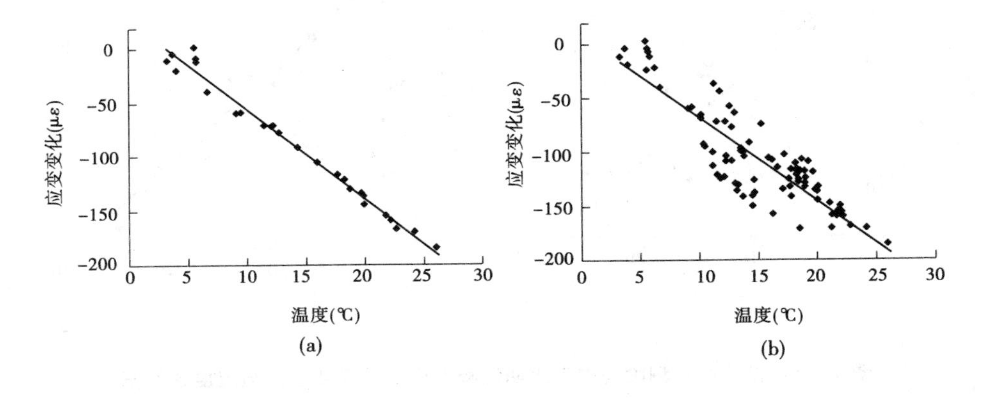

图5-6 无水时段S6-38的回归分析

从图形对比可以看出，图5-6(a)线性关系要比图5-6(b)好得多，这可能是挡水过流记录存在一些问题，也可能是其他未知原因所致。

我们根据无水时段的观测资料，分析了所有混凝土应变计的 $T \sim \Delta S$ 变化曲线，结果发现，所有混凝土应变计都有相同的特性，即图5-6(a)时段线性关系要比图5-6(b)好，用该时段观测数据确定的温度影响系数具有更好的代表性。

5.3.1 2#排沙洞

选择1999年12月20日至2000年7月27日时段的观测资料，此时距仪器观测段张拉完毕已有10个月，假定混凝土徐变已稳定，洞内湿度变化不大。每支混凝土应变计的温度—应变变化曲线列于图5-7。根据仪器所在位置，将 α_T 列表总结于表5-7。

5.3.2 3#排沙洞 ST3 - A 观测段

选择1999年5月27日至2000年10月18日时段的观测资料，此时距仪器观测段张拉完毕已有11个月，假定混凝土徐变已稳定，洞内湿度变化不大。每支混凝土应变计的温度—应变变化曲线列于图5-8。根据仪器所在位置，将 α_T 列表总结于表5-8～表5-10。

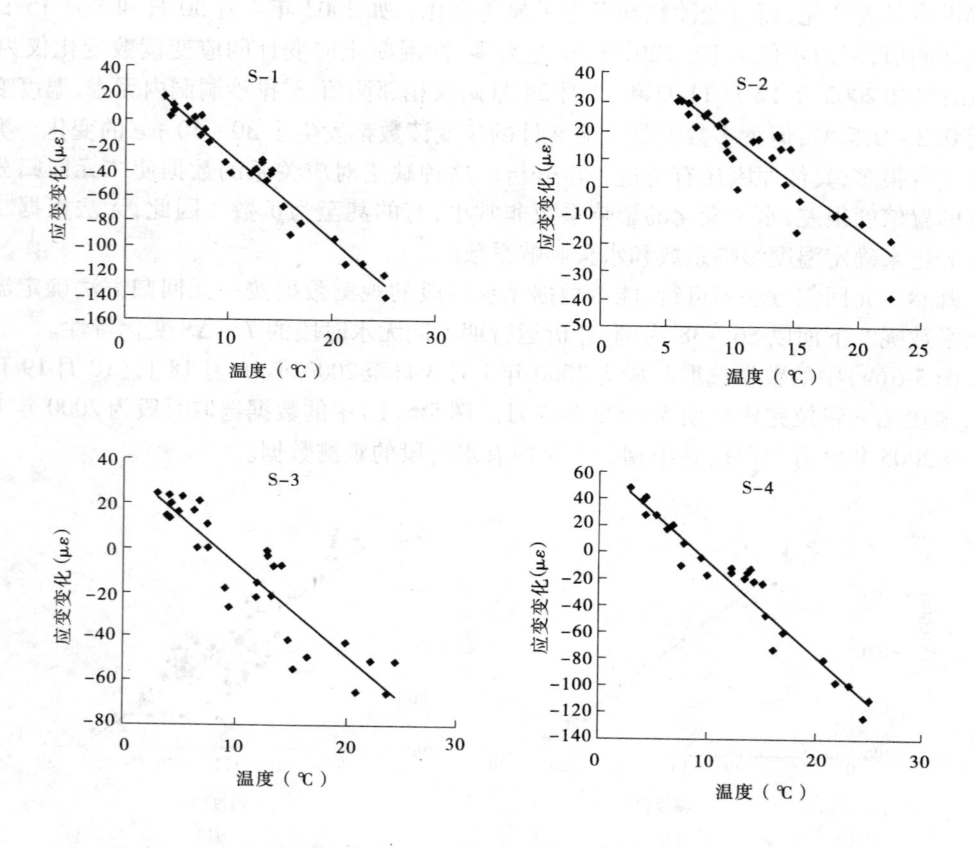

图5-7　2#排沙洞观测段洞内无水期混凝土应变计应变读数与温度的回归

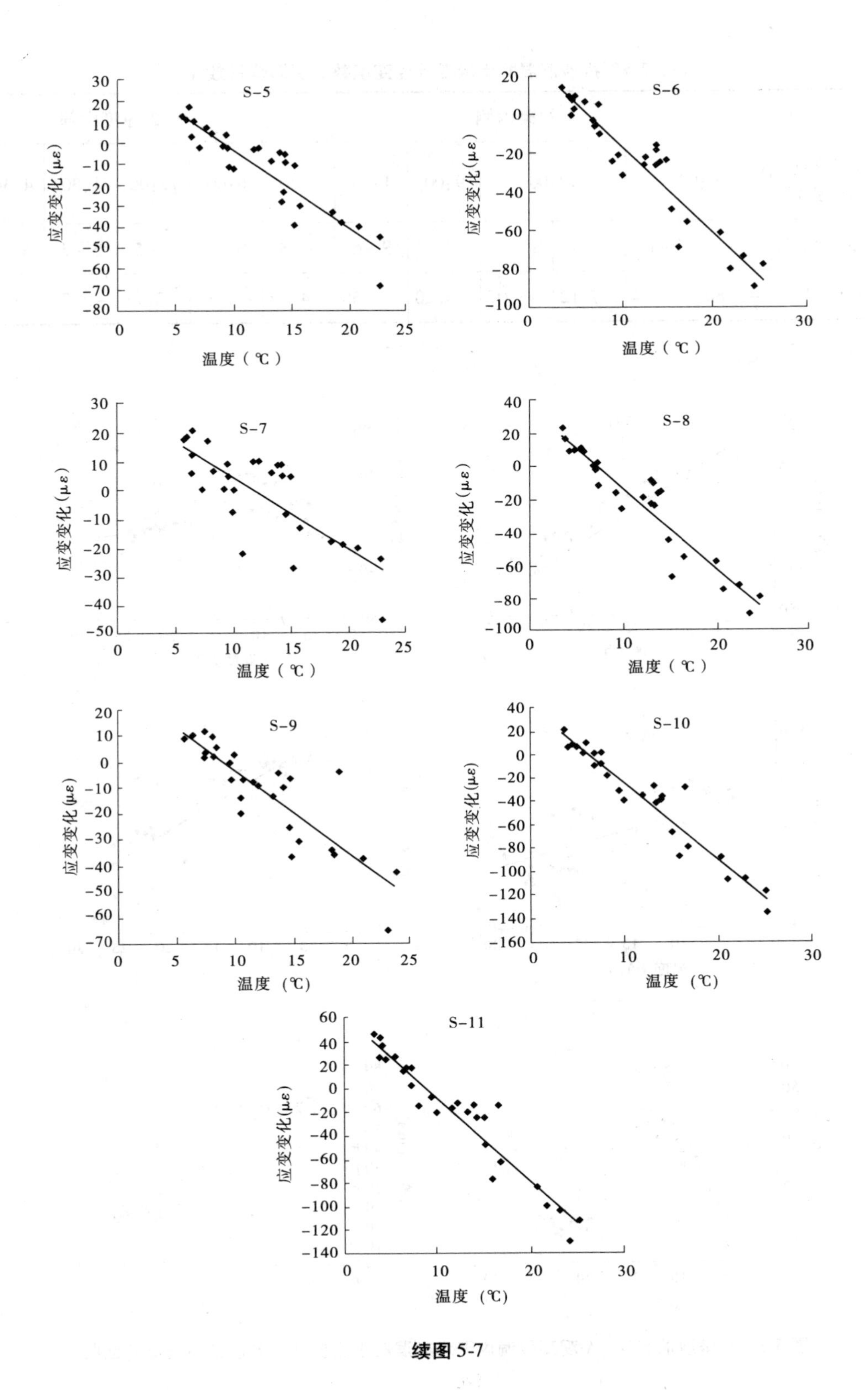

续图 5-7

表 5-7　2#排沙洞混凝土应变计应变读数温度影响系数 α_T

应变计位置	衬砌内侧							衬砌厚度中部			
时钟位置（时:分）	6:00		12:00		9:00	1:30	4:30	6:00	12:00	1:30	4:30
应变计编号	S－1	S－10	S－4	S－11	S－3	S－6	S－8	S－2	S－5	S－7	S－9
α_T(με/℃)	－6.86	－6.54	－7.12	－7.07	－4.20	－4.56	－4.82	－3.34	－3.73	－2.51	－3.31

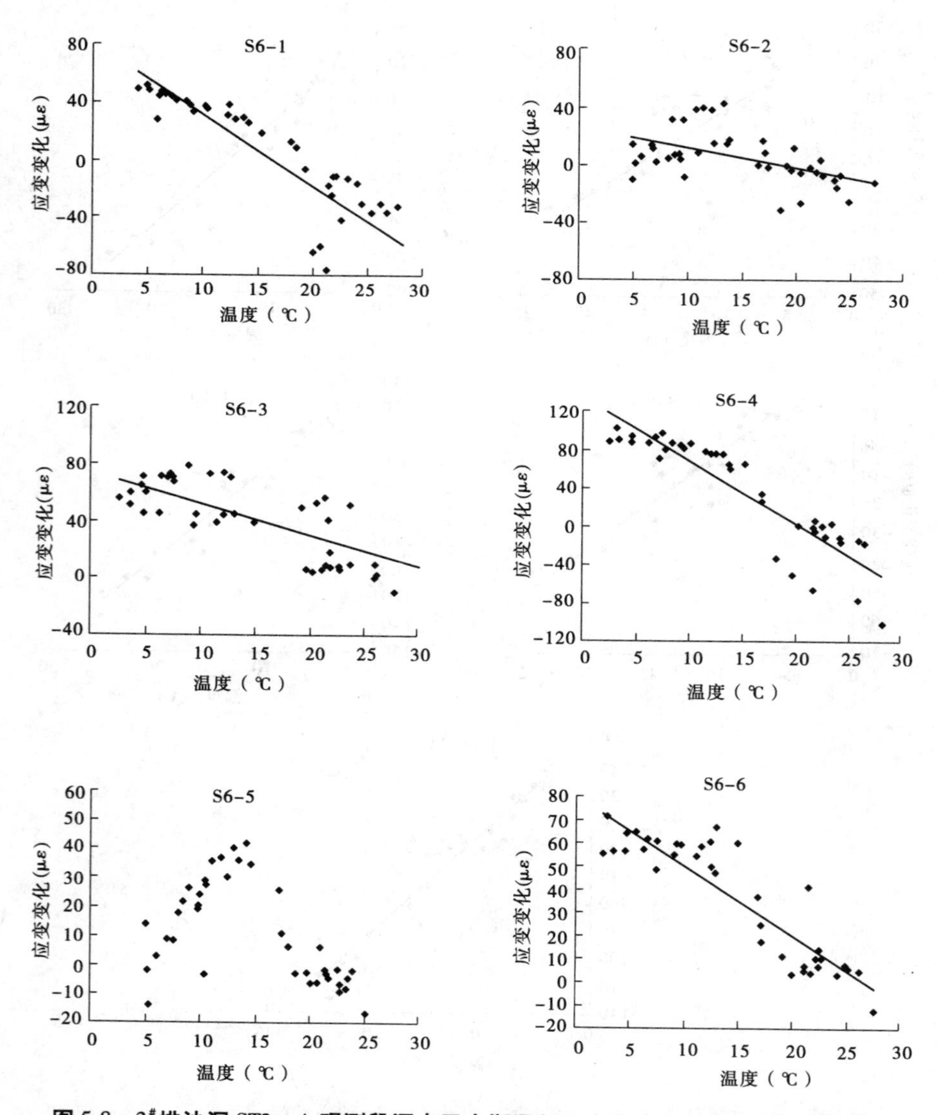

图 5-8　3#排沙洞 ST3－A 观测段洞内无水期混凝土应变计应变读数与温度的回归

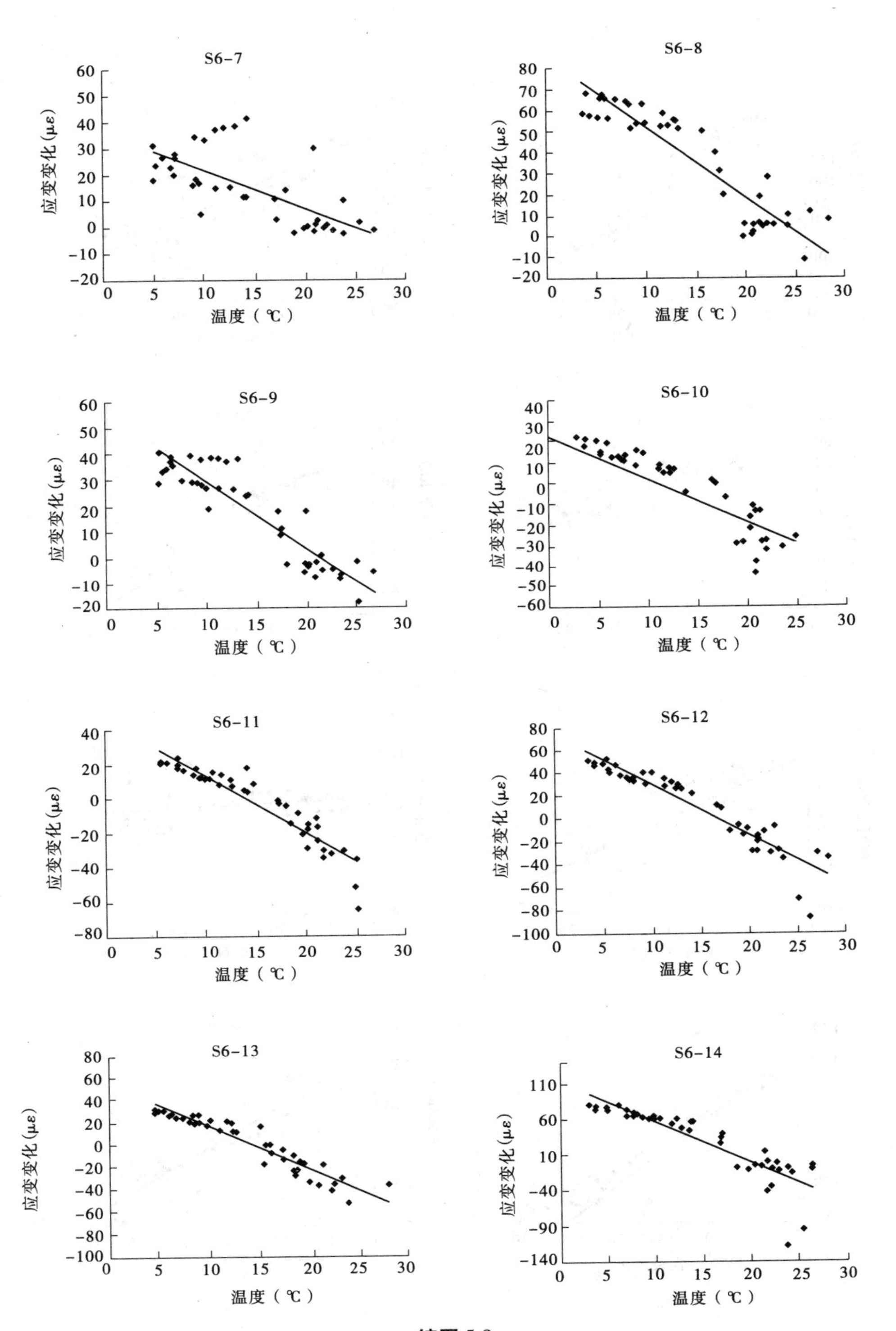

续图 5-8

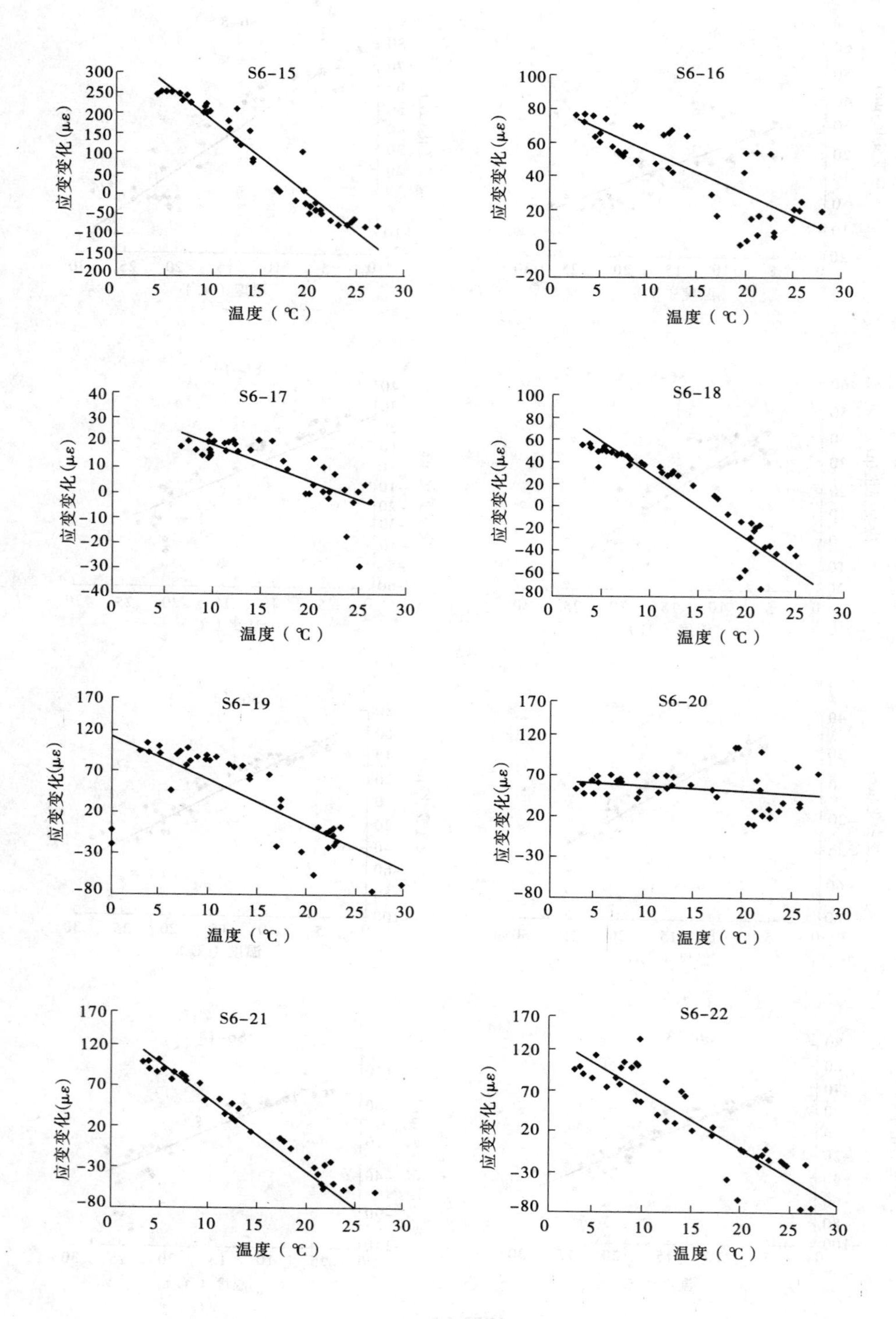

续图 5-8

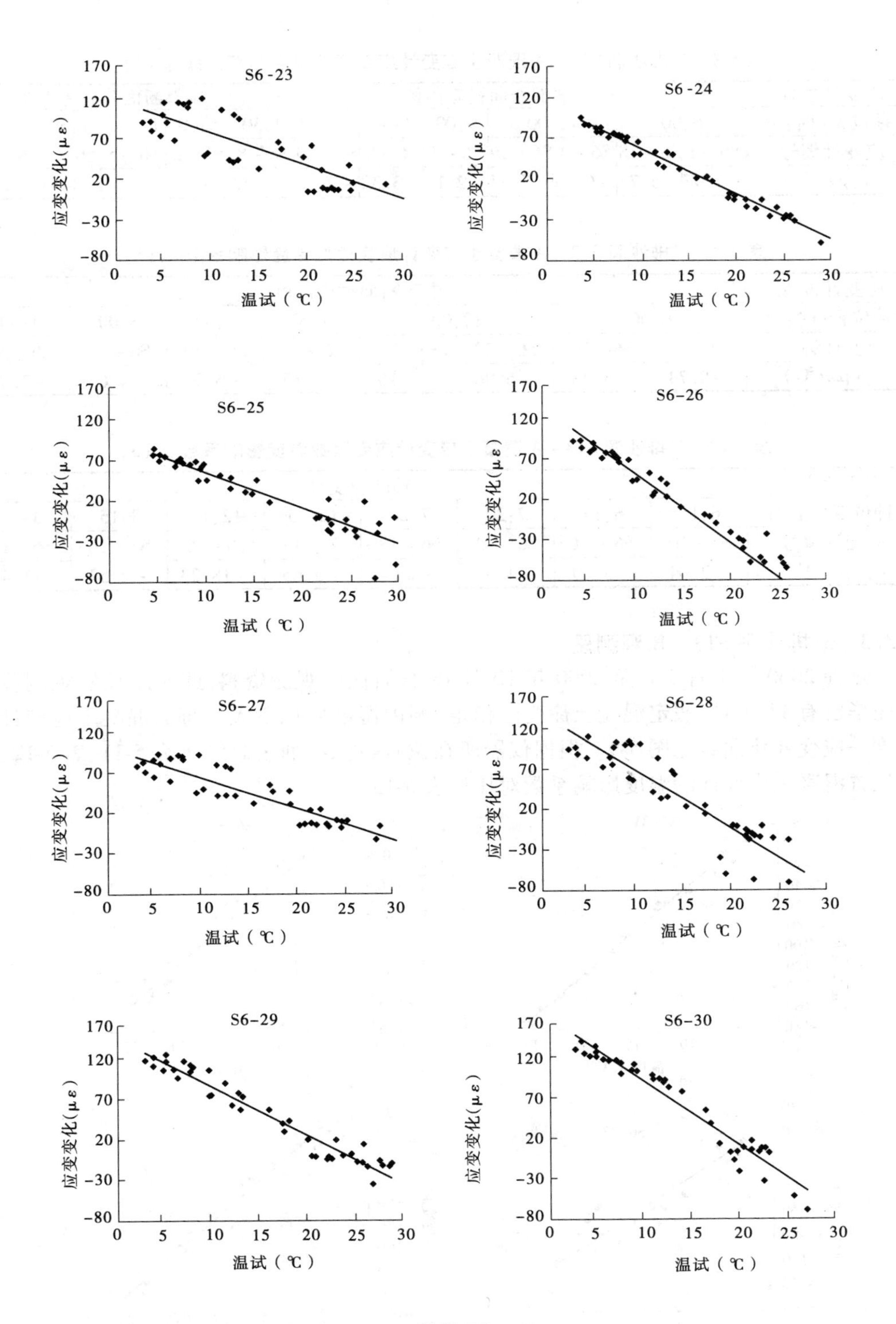
S6-23
S6-24
S6-25
S6-26
S6-27
S6-28
S6-29
S6-30
应变变化(με)
温试(℃)
170
120
70
20
-30
-80
0
5
10
15
20
25
30

续图 5-8

表 5-8　3# 排沙洞 ST3 – A 混凝土应变计应变读数温度影响系数 α_T(1)

应变计位置	端部断面衬砌内侧								端部断面衬砌厚度中部			
时钟位置(时:分)	6:00		12:00		9:00	1:30	3:00	4:30	6:00	12:00	1:30	4:30
应变计编号	S6 – 1	S6 – 18	S6 – 4	S6 – 19	S6 – 3	S6 – 8	S6 – 20	S6 – 8	S6 – 2	S6 – 5	S6 – 7	S6 – 9
α_T(με/℃)	–4.97	–5.73	–6.56	–5.43	–2.11	–3.32	–0.65	–3.32	–1.32	—	–1.41	–2.54

表 5-9　3# 排沙洞 ST3 – A 混凝土应变计应变读数温度影响系数 α_T(2)

应变计位置	中部断面衬砌内侧							
时钟位置(时:分)	6:00		12:00		9:00	1:30	3:00	4:30
应变计编号	S6 – 21	S6 – 26	S6 – 22	S6 – 28	S6 – 27	S6 – 29	S6 – 23	S6 – 30
α_T(με/℃)	–8.74	–8.48	–6.86	–7.16	–3.87	–6.00	–4.05	–7.83

表 5-10　3# 排沙洞 ST3 – A 混凝土应变计应变读数温度影响系数 α_T(3)

应变计位置	轴向应变计							
时钟位置(时:分)	6:15	6:15	7:20	7:20	12:15	12:15	3:15	3:15
应变计编号	S6 – 10	S6 – 11	S6 – 12	S6 – 13	S6 – 14	S6 – 15	S6 – 16	S6 – 17
α_T(με/℃)	–2.04	–3.30	–4.33	–3.64	–5.65	–18.23	–2.53	–1.45

5.3.3　3# 排沙洞 ST3 – B 观测段

选择 2000 年 1 月 3 日至 2000 年 10 月 18 日时段的观测资料，此时距仪器观测段张拉完毕已有 11 个月，假定混凝土徐变已稳定，洞内湿度变化不大。每支混凝土应变计的温度—应变变化曲线见图 5-9。根据仪器所在位置，将 α_T 列表总结于表 5-11、表 5-12，不同位置混凝土应变计的温度影响系数对比见表 5-13。

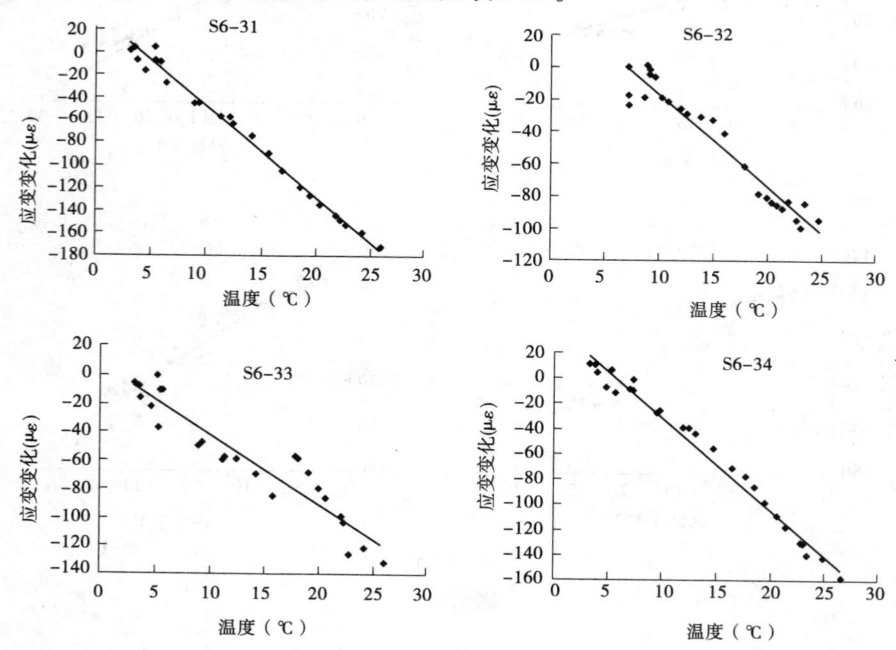

图 5-9　3# 排沙洞 ST3 – B 观测段洞内无水期混凝土应变计应变读数与温度的回归

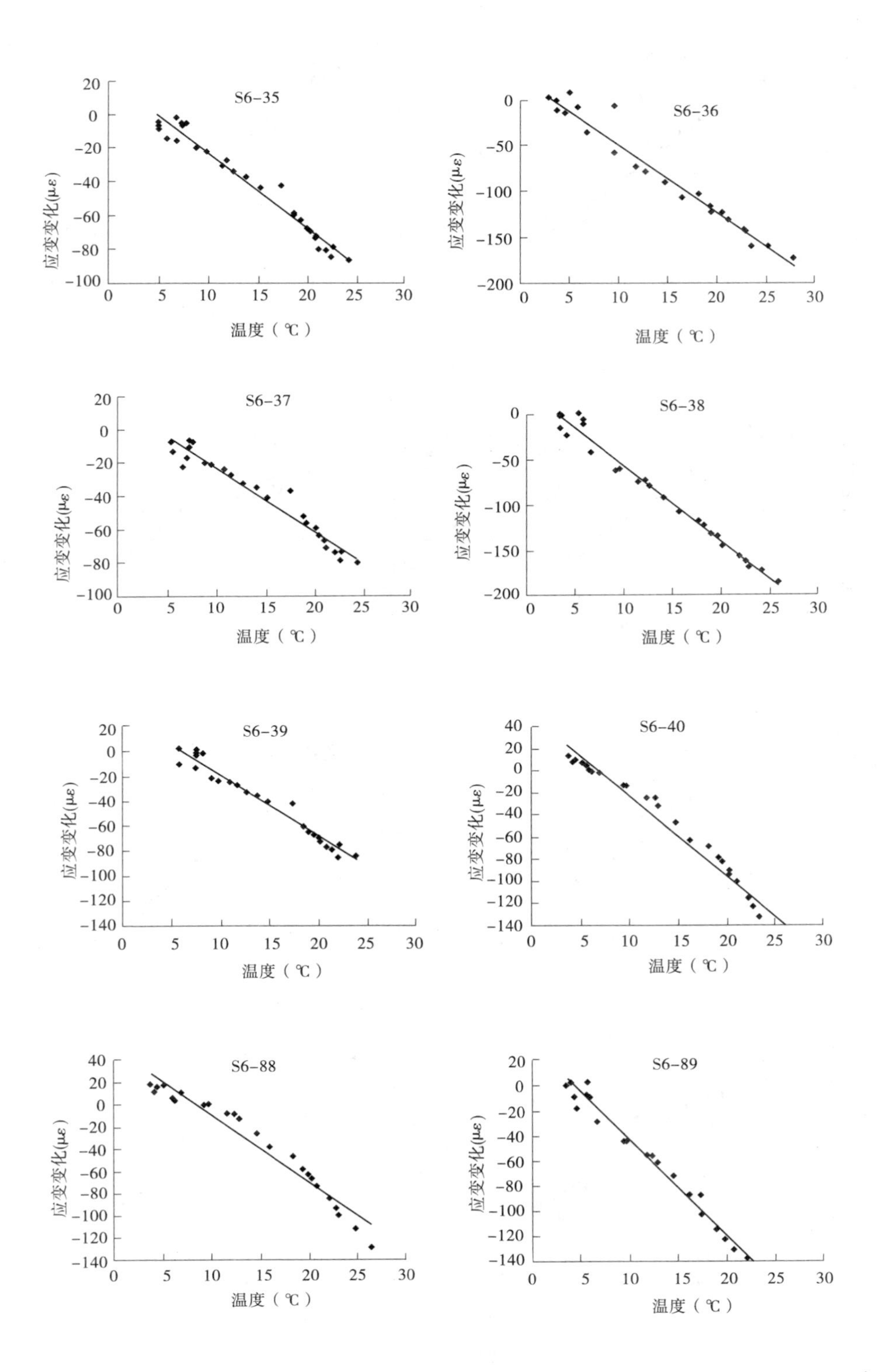

续图 5-9

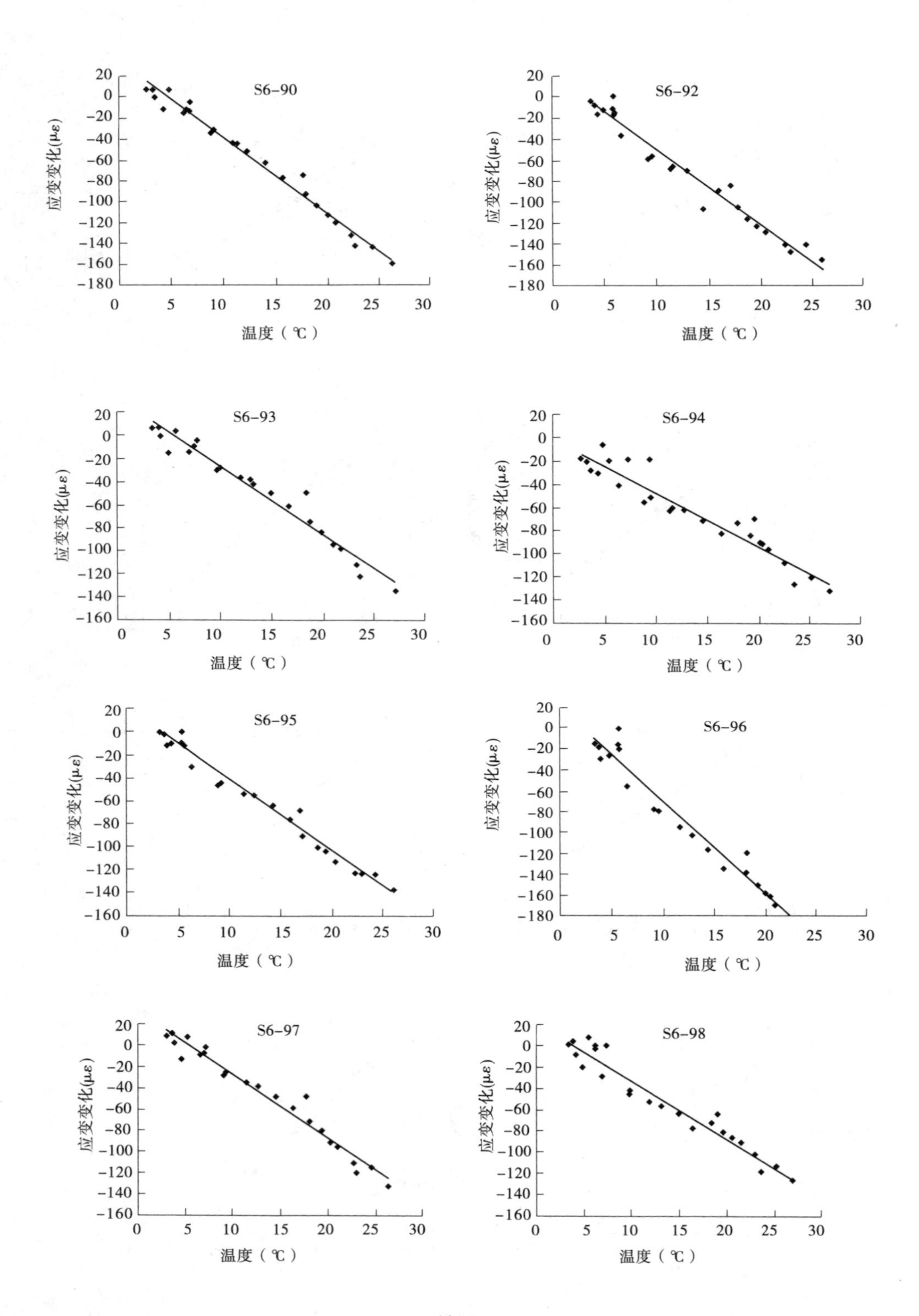

续图 5-9

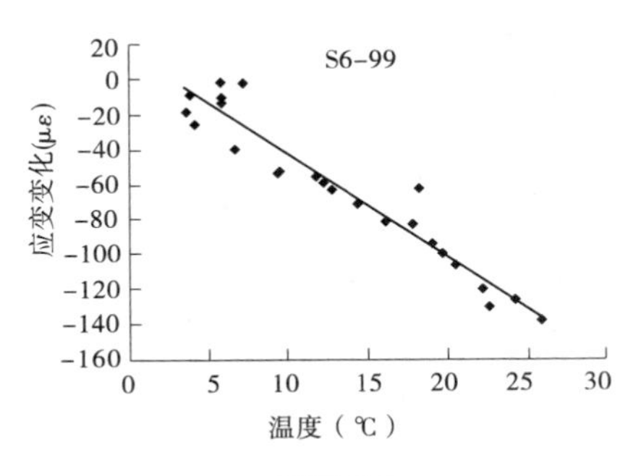

续图 5-9

表 5-11　3#排沙洞 ST3－B 混凝土应变计应变读数温度影响系数 α_T(1)

应变计位置	端部断面衬砌内侧							端部断面衬砌厚度中部			
时钟位置（时:分）	6:00		12:00		9:00	1:30	4:30	6:00	12:00	1:30	4:30
应变计编号	S6－31	S6－89	S6－34	S6－90	S6－33	S6－36	S6－38	S6－32	S6－35	S6－37	S6－39
α_T(με/℃)	－7.93	－7.63	－7.25	－7.21	－4.89	－7.37	－8.33	－5.73	－4.42	－3.82	－4.88

表 5-12　3#排沙洞 ST3－B 混凝土应变计应变读数温度影响系数 α_T(2)

应变计位置	中部断面衬砌内侧								轴向应变计	
时钟位置（时:分）	6:00		12:00		9:00	1:30	3:00	4:30	锚具槽两端	
应变计编号	S6－92	S6－95	S6－93	S6－97	S6－96	S6－98	S6－94	S6－99	S6－40	S6－88
α_T(με/℃)	－7.11	－6.18	－5.90	－7.21	－9.07	－5.37	－4.64	－5.75	－7.28	－5.93

表 5-13　不同位置混凝土应变计的温度影响系数对比　（单位:με/℃）

应变计位置		衬砌内侧						衬砌厚度中部			
时钟位置(时:分)		6:00	12:00	1:30	4:30	9:00	3:00	6:00	12:00	1:30	4:30
ST2		－6.70	－7.10	－4.56	－4.82	－4.20	—	－3.34	－3.73	－2.51	－3.31
ST3－A	端部	－5.35	－6.00	－3.32	－3.32	－2.11	－0.65	－1.32	—	－1.41	－2.54
	中部	－8.61	－7.01	－6.00	－7.83	－3.87	－4.05				
ST3－B	端部	－7.78	－6.56	－7.37	－8.33	－4.89	—	－5.73	－4.42	－3.82	－4.88
	中部	－6.65	－6.56	－5.37	－5.75	－9.07	－4.64				

对上述结果进行分析，可以看出：

(1)大多数混凝土应变计的应变读数变化与温度具有较好的对应关系，温度升高，压应变数值增大。

(2)不同位置混凝土应变计的温度影响系数不同，对于同一断面而言，位于时钟6:00 和12:00 位置的影响系数较大，位于时钟 9:00 和 3:00 位置的影响系数较小；位于时钟 1:30 和 4:30 位置规律较差，这可能与重力作用有关；位于时钟 9:00 和 3:00 位置的重力作用较大，位于时钟 6:00 和 12:00 位置的重力作用很小。

(3)衬砌内侧混凝土应变计的温度影响系数大，衬砌厚度中部的温度影响系数小。

(4)对于同一浇筑块,温度影响系数的大小还与仪器所在位置有关,ST3 - A 靠近浇筑块端部的温度影响系数比中部的小,而 ST3 - B 恰好相反,靠近浇筑块端部的温度影响系数比中部的大。

(5)ST3 - A 观测段轴向应变计的温度影响系数比环向应变计小,而 ST3 - B 的两支轴向混凝土应变计则与环向混凝土应变计相差不大。

(6)ST3 - A 观测段的 S6 - 5 的实测数据分布分散,无法进行回归分析,而 S6 - 15 和 S6 - 20 虽然能进行回归分析,但结果明显异常,原因有待进一步探讨。

5.4 洞内水头变化对混凝土应变计应变读数的影响分析

从混凝土应变计的应变读数发展变化曲线(见图 3-5 ~ 图 3-23)可以看出,当隧洞进入运行期后,混凝土应变计的应变读数变化不仅与温度变化存在对应关系,而且与水头变化存在对应关系。但后者远不如温度影响那样明显,为了便于理解,下面以 S6 - 38 为例,给出应变读数变化、温度变化和洞内水头变化的对比曲线,如图 5-10 所示。

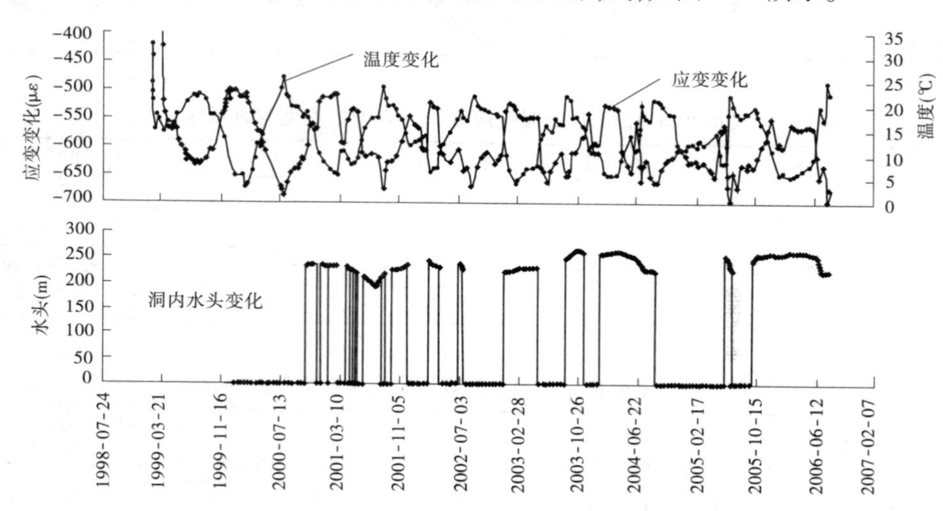

图 5-10　混凝土应变计 S6 - 38 的应变读数变化、温度变化和洞内水头变化的对比曲线

从图 5-10 可以看出,洞内水压力变化与应变读数变化之间的对应关系,除少数几处外,大多数情况都不明显,其他混凝土应变计的情况与此类似,我们也曾对所有挡水和过流时段的观测资料按二元回归方法进行处理,但置信度很低,水头变化影响系数很小,有的甚至为正值。因此,采用下述方法确定水头影响系数:选择 2002 年以后的 3 ~5 个水头发生显著变化的时段,如洞内从无水状态进入挡水状态的时段,或从挡水状态进入放空状态的时段,分别计算每支混凝土应变计应变读数变化、温度变化和水头变化,然后计算水头变化对应变读数变化的影响系数。选择 2002 年以后的数据是因为衬砌经过多次挡水、放空和过流以后,温度影响和水头影响均已进入稳定状态。

5.4.1　2[#]排沙洞

选择 3 个时段的观测数据进行分析,温度对应变读数的影响系数按表 5-14 选取,对于个别有问题(偏大、偏小或没有温度读数)的温度数据,采取下述方法处理:首先对所有仪器的温度读数取平均值，若某温度数据与平均值之差超过 2 ℃，则用平均值代之；若差值小于 2 ℃，则用实测温度进行计算。混凝土应变计的计算分析结果列于表 5-14 ~ 表 5-16。

表 5-14　时段 1 水头变化对混凝土应变计应变读数的影响

过水时段 1		读数	衬砌内侧						衬砌中部			
日期（年-月-日）	水位（m）		S－1	S－3	S－4	S－6	S－8	S－10	S－2	S－5	S－7	S－9
2003-04-30	0	应变（με）	1720.0	1404.8	1 596.9	1 681.3	1 367.9	1 856.9	1 555.2	1 645.2	1 643.6	1 689.9
		温度（℃）	12.1	12.1	11.9	12.0	10.6	10.6	10.8	11.9	12.1	11.7
2003-05-15	228.18	应变（με）	1 791.5	1 482.3	1 693.0	1 765.4	1 464.5	1 930.8	1 610.7	1 705.8	1 706.0	1 743.4
		温度（℃）	8.8	8.7	10.8	9.4	8.6	8.0	10.7	12.2	11.7	10.8
仪器安装高程（m）			153.06	156.41	159.76	158.78	154.04	153.06	159.05	160.25	159.05	153.77
作用水头变化（m）			75.12	71.77	68.42	69.40	74.14	75.12	69.13	67.93	69.13	74.41
应变读数变化（με）			71.5	77.5	96.1	84.1	96.6	73.9	55.5	60.6	62.4	53.5
温度变化（℃）			－3.3	－3.4	－1.1	－2.6	－2.0	－2.6	－0.1	0.3	－0.4	－0.9
温度影响系数 α_T（με/℃）			－6.86	－4.20	－7.12	－4.56	－4.82	－6.54	－3.34	－3.73	－2.51	－3.31
温度修正（με）			22.6	14.3	7.8	11.9	9.6	17.0	0.3	－1.1	1.0	3.0
水头变化引起的应变变化（με）			48.9	63.2	88.3	72.2	87.0	56.9	55.2	61.7	61.4	50.5
水头影响系数 α_w（με/m）			0.65	0.88	1.29	1.04	1.17	0.76	0.80	0.91	0.89	0.68

表 5-15　时段 2 水头变化对混凝土应变计应变读数的影响

过水时段 2		读数	衬砌内侧						衬砌中部			
日期（年-月-日）	水位（m）		S－1	S－3	S－4	S－6	S－8	S－10	S－2	S－5	S－7	S－9
2003-6-12	218.04	应变（με）	1 779.7	1 468.7	1 689.4	1 754.2	1 459.0	1 919.9	1 611.9	1 711.5	1 709.3	1 747.5
		温度（℃）	12.1	8.6	9.6	9.3	8.8	9.0	9.8	10.3	12.7	10.0
2003-06-26	0	应变（με）	1 691.8	1 386.5	1 573.8	1 664.6	1 366.5	1 830.6	1 558.8	1 646.8	1 653.3	1 686.1
		温度（℃）	15.2	15.9	17.5	17.3	15.0	14.9	13.7	15.3	15.3	14.2
仪器安装高程（m）			153.06	156.41	159.76	158.78	154.04	153.06	159.05	160.25	159.05	153.77
作用水头变化（m）			－64.98	－61.63	－58.28	－59.26	－64	－64.98	－58.99	－57.79	－58.99	－64.27
应变读数变化（με）			－87.9	－82.2	－115.6	－89.6	－92.5	－89.3	－53.1	－64.7	－56.0	－61.4
温度变化（℃）			3.1	7.3	7.9	8.0	6.2	5.9	3.9	5.0	2.6	4.2
温度影响系数 α_T（με/℃）			－6.86	－4.20	－7.12	－4.56	－4.82	－6.54	－3.34	－3.73	－2.51	－3.31
温度修正（με）			－21.3	－30.7	－56.2	－36.5	－29.9	－38.6	－13.0	－18.7	－6.5	－13.9
水头变化引起的应变变化（με）			－66.6	－51.5	－59.4	－53.1	－62.6	－50.7	－40.1	－46.1	－49.5	－47.5
水头影响系数 α_w（με/m）			1.03	0.84	1.02	0.90	0.98	0.78	0.68	0.80	0.84	0.74

表 5-16　时段 3 水头变化对混凝土应变计应变读数的影响

过水时段 3		读数	衬砌内侧						衬砌中部			
日期（年-月-日）	水位（m）		S－1	S－3	S－4	S－6	S－8	S－10	S－2	S－5	S－7	S－9
2004-02-13	258.27	应变（με）	1 823.3	1 515.3	1 738.6	1 795.0	1 502.4	1 967.1	1 639.4	1 744.8	1 736.4	1 773.9
		温度（℃）	6.5	6.1	8.1	7.1	6.3	6.5	8.0	9.5	8.9	7.5
2004-02-27	0	应变（με）	1 736.5	1 417.7	1 614.3	1 694.1	1 377.5	1 874.8	1 551.2	1 645.3	1 641.1	1 692.1
		温度（℃）	6.1	6.3	7.3	7.2	6.6	6.2	7.3	8.5	10.3	6.2
仪器安装高程（m）			153.06	156.41	159.76	158.78	154.04	153.06	159.05	160.25	159.05	153.77
作用水头变化（m）			－105.21	－101.86	－98.51	－99.49	－104.23	－105.21	－99.22	－98.02	－99.22	－104.5
应变读数变化（με）			－86.8	－97.6	－124.3	－100.9	－124.9	－92.3	－88.2	－99.5	－95.3	－81.8
温度变化（℃）			－0.4	0.2	－0.8	0.1	0.3	－0.3	－0.7	－1.0	1.4	－1.3
温度影响系数 α_T（με/℃）			－6.86	－4.20	－7.12	－4.56	－4.82	－6.54	－3.34	－3.73	－2.51	－3.31
温度修正（με）			2.7	－0.8	5.7	－0.5	－1.4	2.0	2.3	3.7	－3.5	4.3
水头变化引起的应变变化（με）			－89.5	－96.8	－130.0	－100.4	－123.5	－94.3	－90.5	－103.2	－91.8	－86.1
水头影响系数 α_w（με/m）			0.85	0.95	1.32	1.01	1.18	0.90	0.91	1.05	0.93	0.82

对表 5-14 ~ 表 5-16 的计算分析结果进行汇总，得到 2#排沙洞混凝土应变计的水头影响系数，如表 5-17 所示。

表 5-17　2#排沙洞混凝土应变计水头影响系数汇总　（单位：με/m）

观测仪器		内侧应变计			中部应变计		
时段		1	2	3	1	2	3
影响系数	最小值	0.65	0.78	0.85	0.68	0.68	0.82
	最大值	1.29	1.03	1.32	0.91	0.84	1.05
	平均值	0.97	0.92	1.04	0.82	0.76	0.93
3 次平均值		0.98			0.84		

表 5-17 的数据表明，根据所选 3 个时段的观测数据确定的水头影响系数非常接近，说明采用这种方法是合理的，分析结果是可靠的。2#排沙洞内水压力每增加 1 m 水头，衬砌内侧混凝土应变计约产生 0.98 με 拉应变，衬砌厚度中部混凝土应变计约产生 0.84 με 拉应变。

5.4.2　3#排沙洞

按照与 2#排沙洞相同的数学处理方法，选择 3 个时段的观测数据进行分析，ST3－A 观测段混凝土应变计的计算分析结果列于表 5-18 ~ 表 5-20，ST3－B 观测段混凝土应变计的计算分析结果列于表 5-21 ~ 表 5-23。

表 5-18　时段 1 水位变化对 ST3 - A 观测段混凝土应变计应变读数的影响

时段起止日期(年-月-日)					2002-02-19,水位:0		2002-03-05,水位:239.9 m		数据分析						
应变计所在位置				仪器编号	S (με)	T (℃)	S (με)	T (℃)	ΔH (m)	ΔS (με)	ΔT (℃)	α_T (με/℃)	ΔS_T (με)	ΔS_w (με)	α_w (με/m)
方向	位置	时钟位置(时:分)	高程(m)												
环向	衬砌内侧	6:00	154.52	S6 - 1	1 847.7	12.7	1 887.5	9	85.38	39.8	-3.7	-4.97	18.4	21.4	0.25
			154.52	S6 - 18	1 862.9	13.8	1 911.3	9.7	85.38	48.4	-4.1	-5.73	23.5	24.9	0.29
			154.5	S6 - 21	1 884.5	12.7	1 964.6	9.1	85.4	80.1	-3.6	-8.74	31.5	48.6	0.57
			154.5	S6 - 26	1 921.2	13.1	1 997.5	9.1	85.4	76.3	-4	-8.48	33.9	42.4	0.50
		9:00	157.87	S6 - 3	1 692.2	14.8	1 763.7	9.9	82.03	71.5	-4.9	-2.11	10.3	61.2	0.75
			157.85	S6 - 27	1 784.4	14.2	1 872.1	9	82.05	87.7	-5.2	-3.87	20.1	67.6	0.82
		12:00	161.22	S6 - 4	1 422.1	13.8	1 504.6	9	78.68	82.5	-4.8	-6.56	31.5	51.0	0.65
			161.22	S6 - 19	1 400.2	12.4	1 493.2	9.8	78.68	93	-2.6	-5.43	14.1	78.9	1.00
			161.2	S6 - 22	1 514.1	12.2	1 611	9	78.7	96.9	-3.2	-6.86	22.0	74.9	0.95
			161.2	S6 - 28	1521	13.8	1 617.7	8.7	78.7	96.7	-5.1	-7.16	36.5	60.2	0.76
		1:30	160.23	S6 - 6	1 421.6	13.8	1 487.4	8.1	79.67	65.8	-5.7	-3.02	17.2	48.6	0.61
			160.22	S6 - 29	1 579.3	15.4	1 682.8	8.7	79.68	103.5	-6.7	-6	40.2	63.3	0.79
		3:00	157.87	S6 - 20	1 829.5	15	1 882.3	10.7	82.03	52.8	-4.3	-0.65	2.8	50.0	0.61
			157.85	S6 - 23	1 703.6	14.5	1 800.1	8.9	82.05	96.5	-5.6	-4.05	22.7	73.8	0.90
		4:30	155.5	S6 - 8	1 676.5	14.6	1 732.4	9	84.4	55.9	-5.6	-3.32	18.6	37.3	0.44
			155.48	S6 - 30	14 93.6	13.5	1 591	8.5	84.42	97.4	-5	-7.83	39.2	58.3	0.69
	初砌中部	6:00	154.13	S6 - 2	1 561.5	13.8	1 602.4	7.6	85.77	40.9	-6.2	-1.32	8.2	32.7	0.38
		12:00	161.6	S6 - 5	1 824.4	14.1	1 862.3	10.4	78.3	37.9	-3.7				
		1:30	160.51	S6 - 7	1 696.6	13.6	1 716	9	79.39	19.4	-4.6	-1.41	6.5	12.9	0.16
		4:30	155.22	S6 - 9	1 731.7	15.3	1 754.7	9	84.68	23	-6.3	-2.54	16.0	7.0	0.08
轴向	衬砌内部	6:15	154.53	S6 - 10	2 156.8	13	2 150.2	9	85.37	-6.6	-4	-2.04	8.2	-14.8	-0.17
		锚具槽	154.96	S6 - 12	2 120.4	13.9	2 139.7	9	84.94	19.3	-4.9	-4.33	21.2	-1.9	-0.02
		12:15	161.2	S6 - 14	2 072.1	16.4	2 088	7.1	78.7	15.9	-9.3	-5.65	52.5	-36.6	-0.47
		3:15	157.57	S6 - 16	2 106.4	13.8	2 099.5	7.2	82.33	-6.9	-6.6	-2.53	16.7	-23.6	-0.29
		锚具槽	154.95	S6 - 24	2 134.1	12.9	2 170.4	6.2	84.95	36.3	-6.7	-5.46	36.6	-0.3	0.00
		锚具槽	156.18	S6 - 25	2 106.4	13.8	2 138.5	9.3	83.72	32.1	-4.5	-4.4	19.8	12.3	0.15
	衬砌外侧	6:15	154.03	S6 - 11	2 031.5	14.1	2 047.5	9	85.87	16	-5.1	-3.31	16.9	-0.9	-0.01
		锚具槽	154.54	S6 - 13	2 120.98	13	2 114.6	8.8	85.36	-6.38	-4.2	-3.64	15.3	-21.7	-0.25
		12:15	161.69	S6 - 15	2 273.6	14.5	2 375.1	9.5	78.21	101.5	-5	-18.23	91.2	10.4	0.13
		3:15	157.57	S6 - 17	2 081.6	13.8	2 072.7	8.5	82.33	-8.9	-5.3	-1.45	7.7	-16.6	-0.20

表 5-19　时段 2 水位变化对 ST3 – A 观测段混凝土应变计应变读数的影响

时段起止日期(年-月-日)					2002-04-12，水位:233.1 m		2002-04-26，水位:0		数据分析						
应变计所在位置 方向	位置	时钟位置(时:分)	高程(m)	仪器编号	S (με)	T (℃)	S (με)	T (℃)	ΔH (m)	ΔS (με)	ΔT (℃)	α_T (με/℃)	ΔS_T (με)	ΔS_w (με)	α_w (με/m)
环向	衬砌内侧	6:00	154.52	S6 – 1	1 894	7.4	1 857.5	12.9	–78.58	–36.5	5.5	–4.97	–27.3	–9.2	0.12
			154.52	S6 – 18	1 911.8	6.6	1 870.1	12	–78.58	–41.7	5.4	–5.73	–30.9	–10.8	0.14
			154.5	S6 – 21	1 957	6.9	1 885.4	12.8	–78.6	–71.6	5.9	–8.74	–51.6	–20.0	0.25
			154.5	S6 – 26	1 991	6.9	1 922.2	11.9	–78.6	–68.8	5	–8.48	–42.4	–26.4	0.34
		9:00	157.87	S6 – 3	1 749.7	7.6	1 684.5	14.5	–75.23	–65.2	6.9	–2.11	–14.6	–50.6	0.67
			157.85	S6 – 27	1 854.1	8.5	1 772.8	12.5	–75.25	–81.3	4	–3.87	–15.5	–65.8	0.87
		12:00	161.22	S6 – 4	1 523.1	8.2	1 442.9	12.2	–71.88	–80.2	4	–6.56	–26.2	–54.0	0.75
			161.22	S6 – 19	1 503.8	7.9	1 420.8	11.9	–71.88	–83	4	–5.43	–21.7	–61.3	0.85
			161.2	S6 – 22	1 610.9	7.9	1 529.5	11.6	–71.9	–81.4	3.7	–6.86	–25.4	–56.0	0.78
			161.2	S6 – 28	1 616.3	8.2	1 538.1	12.4	–71.9	–78.2	4.2	–7.16	–30.1	–48.1	0.67
		1:30	160.23	S6 – 6	1 485.7	6.9	1 418	12.2	–72.87	–67.7	5.3	–3.02	–16.0	–51.7	0.71
			160.22	S6 – 29	1 668.4	8.3	1 581.2	13.9	–72.88	–87.2	5.6	–6.00	–33.6	–53.6	0.74
		3:00	157.87	S6 – 20	1 867.1	6.6	1 819	12.2	–75.23	–48.1	5.6	–0.65	–3.6	–44.5	0.59
			157.85	S6 – 23	1 780	7.1	1 694.2	12.5	–75.25	–85.8	5.4	–4.05	–21.9	–63.9	0.85
		4:30	155.5	S6 – 8	1 736.6	7.5	1 678.3	12.6	–77.6	–58.3	5.1	–3.32	–16.9	–41.4	0.53
			155.48	S6 – 30	1 592.1	6.5	1 503.1	12.7	–77.62	–89	6.2	–7.83	–48.5	–40.5	0.52
	初砌中部	6:00	154.13	S6 – 2	1 636.8	8	1 575.9	12.9	–78.97	–60.9	4.9	–1.32	–6.5	–54.4	0.69
		12:00	161.6	S6 – 5	1 899.6	9	1 828.5	12.3	–71.5	–71.1	3.3				
		1:30	160.51	S6 – 7	1 727.9	8.4	1 699	12.7	–72.59	–28.9	4.3	–1.41	–6.1	–22.8	0.31
		4:30	155.22	S6 – 9	1 769.8	8.3	1 738.4	12	–77.88	–31.4	3.7	–2.54	–9.4	–22.0	0.28
轴向	衬砌内部	6:15	154.53	S6 – 10	2 150.8	6.8	2 158.4	11.5	–78.57	7.6	4.7	–2.04	–9.6	17.2	–0.22
		锚具槽	154.96	S6 – 12	2 142.9	6.8	2 132.3	12	–78.14	–10.6	5.2	–4.33	–22.5	11.9	–0.15
		12:15	161.2	S6 – 14	2 081.8	8.4	2 079.2	12.4	–71.9	–2.6	4	–5.65	–22.6	20.0	–0.28
		3:15	157.57	S6 – 16	2 107.3	6.4	2 119.5	11.9	–75.53	12.2	5.5	–2.53	–13.9	26.1	–0.35
		锚具槽	154.95	S6 – 24	2 163	7.1	2 140.3	12.2	–78.15	–22.7	5.1	–5.46	–27.8	5.1	–0.07
		锚具槽	156.18	S6 – 25	2 130	7.1	2 109.9	12	–76.92	–20.1	4.9	–4.4	–21.6	1.5	–0.02
	衬砌外侧	6:15	154.03	S6 – 11	2 051.2	8.2	2 041.1	12.2	–79.07	–10.1	4	–3.31	–13.2	3.1	–0.04
		锚具槽	154.54	S6 – 13	2 114.2	7.2	2 123.2	11.1	–78.56	9	3.9	–3.64	–14.2	23.2	–0.30
		12:15	161.69	S6 – 15	2 391.2	8.1	2 320	11.8	–71.41	–71.2	3.7	–18.23	–67.5	–3.7	0.05
		3:15	157.57	S6 – 17	2 075.3	8	2 085.2	12.5	–75.53	9.9	4.5	–1.45	–6.5	16.4	–0.22

表 5-20　时段 3 水位变化对 ST3 – A 观测段混凝土应变计应变读数的影响

时段起止日期(年-月-日)					2004-01-16,水位:0		2004-02-13,水位:258.27 m		数据分析						
应变计所在位置				仪器编号	S (με)	T (℃)	S (με)	T (℃)	ΔH (m)	ΔS (με)	ΔT (℃)	α_T (με/℃)	ΔS_T (με)	ΔS_w (με)	α_w (με/m)
方向	位置	时钟位置(时:分)	高程(m)												
环向	衬砌内侧	6:00	154.52	S6 – 1	1 850.5	14.2	1 900.6	8.7	103.75	50.1	–5.5	–4.97	27.3	22.8	0.22
			154.52	S6 – 18	1 868	12.6	1 921.3	5.4	103.75	53.3	–7.2	–5.73	41.3	12.0	0.12
			154.5	S6 – 21	1 894.2	12.6	1 988.7	5.3	103.77	94.5	–7.3	–8.74	63.8	30.7	0.30
			154.5	S6 – 26	1 929.5	12.6	2 017.9	5.8	103.77	88.4	–6.8	–8.48	57.7	30.7	0.30
		9:00	157.87	S6 – 3	1 677.6	12.6	1 759.9	5.2	100.4	82.3	–7.4	–2.11	15.6	66.7	0.66
			157.85	S6 – 27	1 766	12.7	1 869.6	5.7	100.42	103.6	–7	–3.87	27.1	76.5	0.76
		12:00	161.22	S6 – 4	1 427.6	14	1 552.2	8	97.05	124.6	–6	–6.56	39.4	85.2	0.88
			161.22	S6 – 19	1 405.7	12.9	1 532.3	8.1	97.05	126.6	–4.8	–5.43	26.1	100.5	1.04
			161.2	S6 – 22	1 518.1	12.9	1 628.3	7.6	97.07	110.2	–5.3	–6.86	36.4	73.8	0.76
			161.2	S6 – 28	1 527.5	12.9	1 634.1	8.4	97.07	106.6	–4.5	–7.16	32.2	74.4	0.77
		1:30	160.23	S6 – 6	1 408.3	13.1	1 503.8	5.1	98.04	95.5	–8	–3.02	24.2	71.3	0.73
			160.22	S6 – 29	1 570.6	12.9	1 681.7	5.8	98.05	111.1	–7.1	–6	42.6	68.5	0.70
		3:00	157.87	S6 – 20	1 814.6	12.4	1 881.4	5.1	100.4	66.8	–7.3	–0.65	4.7	62.1	0.62
			157.85	S6 – 23	1 692.4	12.9	1 798.5	5.5	100.42	106.1	–7.4	–4.05	30.0	76.1	0.76
		4:30	155.5	S6 – 8	1 675.5	13.3	1 751.1	5.6	102.77	75.6	–7.7	–3.32	25.6	50.0	0.49
			155.48	S6 – 30	1 487.9	12	1 609.6	6.7	102.79	121.7	–5.3	–7.83	41.5	80.2	0.78
	初砌中部	6:00	154.13	S6 – 2	1 547.2	14.5	1 641.4	7.3	104.14	94.2	–7.2	–1.32	9.5	84.7	0.81
		12:00	161.6	S6 – 5	1 823	13.7	1 918.3	6.7	96.67	95.3	–7				
		1:30	160.51	S6 – 7	1 690.5	13.6	1 733.9	7.3	97.76	43.4	–6.3	–1.41	8.9	34.5	0.35
		4:30	155.22	S6 – 9	1 730	13	1 772.5	7.9	103.05	42.5	–5.1	–2.54	13.0	29.5	0.29
轴向	衬砌内部	6:15	154.53	S6 – 10	2 168.4	12.6	2 143.3	5.4	103.74	–25.1	–7.2	–2.04	14.7	–39.8	–0.38
		锚具槽	154.96	S6 – 12	2 125	12.4	2 135.4	5.5	103.31	10.4	–6.9	–4.33	29.9	–19.5	–0.19
		12:15	161.2	S6 – 14	2 084.7	13	2 073.5	7.8	97.07	–11.2	–5.2	–5.65	29.4	–40.6	–0.42
		3:15	157.57	S6 – 16	2 120	12.3	2 108.4	5.1	100.7	–11.6	–7.2	–2.53	18.2	–29.8	–0.30
		锚具槽	154.95	S6 – 24	2 136.4	12.4	2 167	6	103.32	30.6	–6.4	–5.46	34.9	–4.3	–0.04
		锚具槽	156.18	S6 – 25	2 106.8	12.8	2 135.8	9.5	102.09	29	–3.3	–4.4	14.5	14.5	0.14
	衬砌外侧	6:15	154.03	S6 – 11	2 035.9	13.3	2 043.3	7	104.24	7.4	–6.3	–3.31	20.9	–13.5	–0.13
		锚具槽	154.54	S6 – 13	2 125.5	10.7	2 112.6	6.8	103.73	–12.9	–3.9	–3.64	14.2	–27.1	–0.26
		12:15	161.69	S6 – 15	2 301.1	12.9	2 389.4	7.9	96.58	88.3	–5	–18.23	91.2	–2.8	–0.03
		3:15	157.57	S6 – 17	2 086.1	13	2 075.3	8.6	100.7	–10.8	–4.4	–1.45	6.4	–17.2	–0.17

表 5-21　时段 1 水位变化对 ST3 – B 观测段混凝土应变计应变读数的影响

时段起止日期(年-月-日)					2002-04-12,水位:233.10 m		2002-04-26,水位:0		数据分析						
应变计所在位置				仪器编号	S (με)	T (℃)	S (με)	T (℃)	ΔH (m)	ΔS (με)	ΔT (℃)	α_T (με/℃)	ΔS_T (με)	ΔS_w (με)	α_w (με/m)
方向	位置	时钟位置(时:分)	高程(m)												
环向	衬砌内侧	6:00	153.03	S6 – 31	1 751.2	13.2	1 835.0	6.1	80.07	83.8	–7.1	–7.93	56.3	27.5	0.34
			153.03	S6 – 89	1 892.4	13.9	1 977.6	6.8	80.07	85.2	–7.1	–7.63	54.2	31.0	0.39
			153.02	S6 – 92	2 070.1	14.2	2 147.9	7.2	80.08	77.8	–7.0	–7.10	49.7	28.1	0.35
			153.02	S6 – 95	2 026.6	13.5	2 096.1	6.5	80.08	69.5	–7.0	–6.19	43.3	26.2	0.33
		9:00	156.38	S6 – 33	1 703.2	14.2	1 788.8	6.2	76.72	85.6	–8.0	–4.89	39.1	46.5	0.61
			156.37	S6 – 96	1 766.0	14.6	1 871.1	6.5	76.73	105.1	–8.1	–9.07	73.5	31.6	0.41
		12:00	159.73	S6 – 34	1 484.1	14.8	1 548.8	6.6	73.37	64.7	–8.2	–7.25	59.5	5.3	0.07
			159.73	S6 – 90	1 242.0	14.3	1 310.9	6.0	73.37	68.9	–8.3	–7.21	59.8	9.1	0.12
			159.72	S6 – 93	1 492.5	14.9	1 540.5	6.5	73.38	48.0	–8.4	–5.90	49.6	–1.6	–0.02
			159.72	S6 – 97	1 468.1	14.5	1 516.7	6.2	73.38	48.6	–8.3	–5.91	49.1	–0.5	–0.01
		1:30	158.15	S6 – 36	1 304.1	14.7	1 396.8	5.8	74.95	92.7	–8.9	–7.37	65.6	27.1	0.36
			158.74	S6 – 98	1 665.0	14.8	1 750.0	6.1	74.36	85.0	–8.7	–5.37	46.7	38.3	0.51
		3:00	156.38	S6 – 91	959.6	14.4	1 035.7	6.1	76.72	76.1	–8.3				
			156.37	S6 – 94	1 482.0	14.6	1 529.8	5.8	76.73	47.8	–8.8	–4.64	40.8	7.0	0.09
		4:30	154.07	S6 – 38	1 318.3	13.9	1 406.7	6.4	79.03	88.4	–7.5	–8.33	62.5	25.9	0.33
			154.00	S6 – 99	1 419.2	13.9	1 499.8	6.6	79.10	80.6	–7.3	–5.76	42.0	38.6	0.49
	衬砌中部	6:00	152.65	S6 – 32	1 304.1	14.9	1 360.3	9.2	80.45	56.2	–5.7	–5.73	32.7	23.5	0.29
		12:00	160.12	S6 – 35	1 341.6	14.6	1 366.6	9.1	72.98	25.0	–5.5	–4.42	24.3	0.7	0.01
		1:30	159.02	S6 – 37	1 577.2	14.9	1 596.8	9.4	74.08	19.6	–5.5	–3.82	21.0	–1.4	–0.02
		4:30	153.74	S6 – 39	1 493.5	14.2	1 539.8	9.2	79.36	46.3	–5.0	–4.88	24.4	21.9	0.28
轴向	锚具槽左端		154.71	S6 – 40	2 157.8	14.6	2 215.3	6.6	78.39	57.5	–8.0	–7.28	58.2	–0.7	–0.01
	锚具槽右端		153.48	S6 – 88	2 157.2	13.7	2188.8	6.9	79.62	31.6	–6.8	–5.93	40.3	–8.7	–0.11

表 5-22　时段 2 水位变化对 ST3 – B 观测段混凝土应变计应变读数的影响

时段起止日期(年-月-日)					2002-04-30，水位:229.96 m		2003-05-30，水位:0		数据分析						
应变计所在位置				仪器编号	S (με)	T (℃)	S (με)	T (℃)	ΔH (m)	ΔS (με)	ΔT (℃)	α_T (με/℃)	ΔS_T (με)	ΔS_w (με)	α_w (με/m)
方向	位置	时钟位置(时:分)	高程(m)												
环向	衬砌内侧	6:00	153.03	S6 – 31	1 815.7	8.0	1 741.3	12.9	–80.07	–74.4	4.9	–7.93	–38.9	–35.5	0.44
			153.03	S6 – 89	1 959.3	8.6	1 882.7	13.5	–80.07	–76.6	4.9	–7.63	–37.4	–39.2	0.49
			153.02	S6 – 92	2 144.4	8.3	2 070.4	13.2	–80.08	–74.0	4.9	–7.10	–34.8	–39.2	0.49
			153.02	S6 – 95	2 089.8	7.6	2 022.8	12.8	–80.08	–67.0	5.2	–6.19	–32.2	–34.8	0.43
		9:00	156.38	S6 – 33	1 768.7	7.3	1 681.7	13.7	–76.72	–87.0	6.4	–4.89	–31.3	–55.7	0.73
			156.37	S6 – 96	1 842.7	7.5	1 745.5	13.7	–76.73	–97.2	6.2	–9.07	–56.2	–41.0	0.53
		12:00	159.73	S6 – 34	1 547.3	8.6	1 456.5	14.5	–73.37	–90.8	5.9	–7.25	–42.8	–48.0	0.65
			159.73	S6 – 90	1 307.4	8.2	1 213.7	14.0	–73.37	–93.7	5.8	–7.21	–41.8	–51.9	0.71
			159.72	S6 – 93	1 547.0	8.7	1 481.4	14.5	–73.38	–65.6	5.8	–5.90	–34.2	–31.4	0.43
			159.72	S6 – 97	1 526.0	8.3	1 458.8	14.2	–73.38	–67.2	5.9	–5.91	–34.9	–32.3	0.44
		1:30	158.15	S6 – 36	1 384.6	7.6	1 290.6	14.5	–74.95	–94.0	6.9	–7.37	–50.9	–43.1	0.58
			158.74	S6 – 98	1 745.7	7.7	1 658.2	14.5	–74.36	–87.5	6.8	–5.37	–36.5	–51.0	0.69
		3:00	156.38	S6 – 91											
			156.37	S6 – 94	1 513.0	10.0	1 445.1	14.1	–76.73	–67.9	4.1	–4.64	–19.0	–48.9	0.64
		4:30	154.07	S6 – 38	1 376.8	7.4	1 291.5	13.3	–79.03	–85.3	5.9	–8.33	–49.1	–36.2	0.46
			154.00	S6 – 99	1 481.8	7.5	1 397.5	13.4	–79.10	–84.3	5.9	–5.76	–34.0	–50.3	0.64
	衬砌中部	6:00	152.65	S6 – 32	1 372.4	10.0	1 299.0	13.5	–80.45	–73.4	3.5	–5.73	–20.1	–53.3	0.66
		12:00	160.12	S6 – 35	1 401.6	9.2	1 341.9	13.5	–72.98	–59.7	4.3	–4.42	–19.0	–40.7	0.56
		1:30	159.02	S6 – 37	1 612.3	8.8	1 553.8	13.6	–74.08	–58.5	4.8	–3.82	–18.3	–40.2	0.54
		4:30	153.74	S6 – 39	1 544.8	8.4	1 492.5	12.5	–79.36	–52.3	4.1	–4.88	–20.0	–32.3	0.41
轴向	锚具槽左端		154.71	S6 – 40	2 201.7	7.8	2 159.5	13.8	78.39	–42.2	6.0	–7.28	–43.7	1.5	0.02
	锚具槽右端		153.48	S6 – 88	2 187.6	7.8	2 160.7	13.0	79.62	–26.9	5.2	–5.93	–30.8	3.9	0.05

表 5-23　时段 3 水位变化对 ST3 – B 观测段混凝土应变计应变读数的影响

时段起止日期（年-月-日）					2004-01-16，水位：0		2004-02-12，水位：258.22 m		数据分析						
应变计所在位置				仪器编号	S (με)	T (℃)	S (με)	T (℃)	ΔH (m)	ΔS (με)	ΔT (℃)	α_T (με/℃)	ΔS_T (με)	ΔS_w (με)	α_w (με/m)
方向	位置	时钟位置（时:分）	高程(m)												
环向	衬砌内侧	6:00	153.03	S6 – 31	1 755.1	11.6	1 840.7	6.0	105.19	85.6	–5.6	–7.93	44.4	41.2	0.39
			153.03	S6 – 89	1 898.2	12.4	1 986.2	6.8	105.19	88.0	–5.6	–7.63	42.7	45.3	0.43
			153.02	S6 – 92	2 083.3	13	2 161.0	5.8	105.20	77.7	–7.2	–7.10	51.1	26.6	0.25
			153.02	S6 – 95	2 033.5	11.8	2 104.6	6.1	105.20	71.1	–5.7	–6.19	35.3	35.8	0.34
		9:00	156.38	S6 – 33	1 711.7	13.2	1 801.4	6.2	101.84	89.7	–7.0	–4.89	34.2	55.5	0.54
			156.37	S6 – 96	1 771.0	13.6	1 877.1	6.5	101.85	106.1	–7.1	–9.07	64.4	41.7	0.41
		12:00	159.73	S6 – 34	1 466.6	13.8	1 544.9	8.3	98.49	78.3	–5.5	–7.25	39.9	38.4	0.39
			159.73	S6 – 90	1 226.4	13.4	1 309.7	8.0	98.49	83.3	–5.4	–7.21	38.9	44.4	0.45
			159.72	S6 – 93	1 490.4	14	1 537.0	8.4	98.50	46.6	–5.6	–5.90	33.0	13.6	0.14
			159.72	S6 – 97	1 466.6	13.5	1 513.2	8.0	98.50	46.6	–5.5	–5.91	32.5	14.1	0.14
		1:30	158.15	S6 – 36	1 305.5	13.7	1 404.8	6.4	100.07	99.3	–7.3	–7.37	53.8	45.5	0.45
			158.74	S6 – 98	1 669.4	13.4	1 766.4	6.7	99.48	97.0	–6.7	–5.37	36.0	61.0	0.61
		3:00	156.38	S6 – 91	952.5	13.5	1 040.0	6.4	101.84	87.5	–7.1				
			156.37	S6 – 94	1 466.1	13.6	1 515.9	6.2	101.85	49.8	–7.4	–4.64	34.3	15.5	0.15
		4:30	154.07	S6 – 38	1 314.3	12.3	1 402.6	6.3	104.15	88.3	–6.0	–8.33	50.0	38.3	0.37
			154.00	S6 – 99	1 420.4	12.4	1 508.3	6.4	104.22	87.9	–6.0	–5.76	34.6	53.3	0.51
	衬砌中部	6:00	152.65	S6 – 32	1 303.6	13.6	1 385.4	9.4	105.57	81.8	–4.2	–5.73	24.1	57.7	0.55
		12:00	160.12	S6 – 35	1 342.9	13.6	1 389.2	9.3	98.10	46.3	–4.3	–4.42	19.0	27.3	0.28
		1:30	159.02	S6 – 37	1 566.8	13.9	1 614.1	8.6	99.20	47.3	–5.3	–3.82	20.2	27.1	0.27
		4:30	153.74	S6 – 39	1 501.9	13	1 563.0	8.4	104.48	61.1	–4.6	–4.88	22.4	38.7	0.37
轴向	锚具槽左端		154.71	S6 – 40	2 162.2	13.4	2 207.5	6.7	103.51	45.3	–6.7	–7.28	48.8	–3.5	–0.03
	锚具槽右端		153.48	S6 – 88	2 172.1	12.2	2 187.6	6.8	104.74	15.5	–5.4	–5.93	32.0	–16.5	–0.16

对表5-18～表5-23的计算分析结果进行汇总，得到3#排沙洞ST3－A观测段水位变化对混凝土应变计应变读数的影响系数列于表5-24，ST3－B观测段水位变化对混凝土应变计应变读数的影响系数列于表5-25，在取平均值时，对个别明显不合理的数值予以剔除。

表5-24　ST3－A观测段混凝土应变计的水头影响系数　　（单位：με/m）

观测仪器位置		衬砌内侧（环向）			衬砌中部（环向）			轴向			锚具槽两端（轴向）		
时段		1	2	3	1	2	3	1	2	3	1	2	3
影响系数	最小值	0.25	0.12	0.12	0.08	0.28	0.29	－0.25	－0.35	－0.42	－0.47	－0.30	－0.26
	最大值	1.00	0.87	1.04	0.38	0.69	0.81	0.15	0.05	－0.03	0.15	－0.02	0.04
	平均值	0.66	0.59	0.62	0.43	0.57	0.61	－0.17	－0.17	－0.24	－0.03	－0.13	－0.09
3次平均值		0.62			0.54			－0.19			－0.08		

表5-25　ST3－B观测段混凝土应变计的水头影响系数　　（单位：με/m）

观测仪器位置		衬砌内侧（环向）			衬砌中部（环向）			锚具槽两端（轴向）		
时段		1	2	3	1	2	3	1	2	3
影响系数	最小值	－0.02	0.43	0.14	－0.02	0.41	0.27	－0.11	0.02	－0.16
	最大值	0.61	0.73	0.54	0.29	0.66	0.55	－0.01	0.05	－0.03
	平均值	0.41	0.56	0.43	0.28	0.54	0.37	－0.06	0.03	－0.10
3次平均值		0.47			0.40			－0.04		

对表5-18～表5-25进行分析，可以看出：

（1）ST3－A观测段和ST3－B观测段衬砌内侧混凝土应变计的应变读数水头影响系数平均值分别为0.62 με/m和0.47με/m，即洞内压力水头每增加1 m，混凝土应变计的应变读数平均增加0.62 με和0.47με，小于2#排沙洞的0.98 με，这与锚索张拉引起的应变变化是吻合的，这可能是由于3#排沙洞衬砌厚度比2#排沙洞仪器观测段衬砌厚度要大些。

（2）同样是位于衬砌内侧，当仪器所在时钟位置不同时，水位变化对混凝土应变计应变读数的影响系数也不尽相同，如ST3－A观测段衬砌底部内侧位于时钟6:00位置的水头影响系数明显小于其他混凝土应变计，说明该部位锚具槽回填混凝土没能与衬砌很好黏结，锚具槽的临空面仍对这两支仪器所在部位的混凝土应力状态产生影响，而ST3－B同样位置的应变计却没有这种不同。

（3）水位变化对位于衬砌厚度中部混凝土应变计的影响小于衬砌内侧。

（4）除环向应变计外，ST3－A观测段还沿隧洞轴向在锚具槽两端和不同时钟位置埋设了10支混凝土应变计，用来了解水位变化对衬砌轴向应力的影响。实测结果表明，水位变化对隧洞轴向方向的混凝土应力状态的影响很小，并且大多数为负值，表明洞内水位升高会使衬砌轴向受压，但压应力增加很小。

5.5　温度变化对钢筋计应变读数的影响分析

5.5.1　2#排沙洞

选取与混凝土应变计相同的时段（1999年12月20日至2000年7月27日），利用线性回归确定2#排沙洞钢筋计的温度与应变读数变化关系曲线，如图5-11所示。

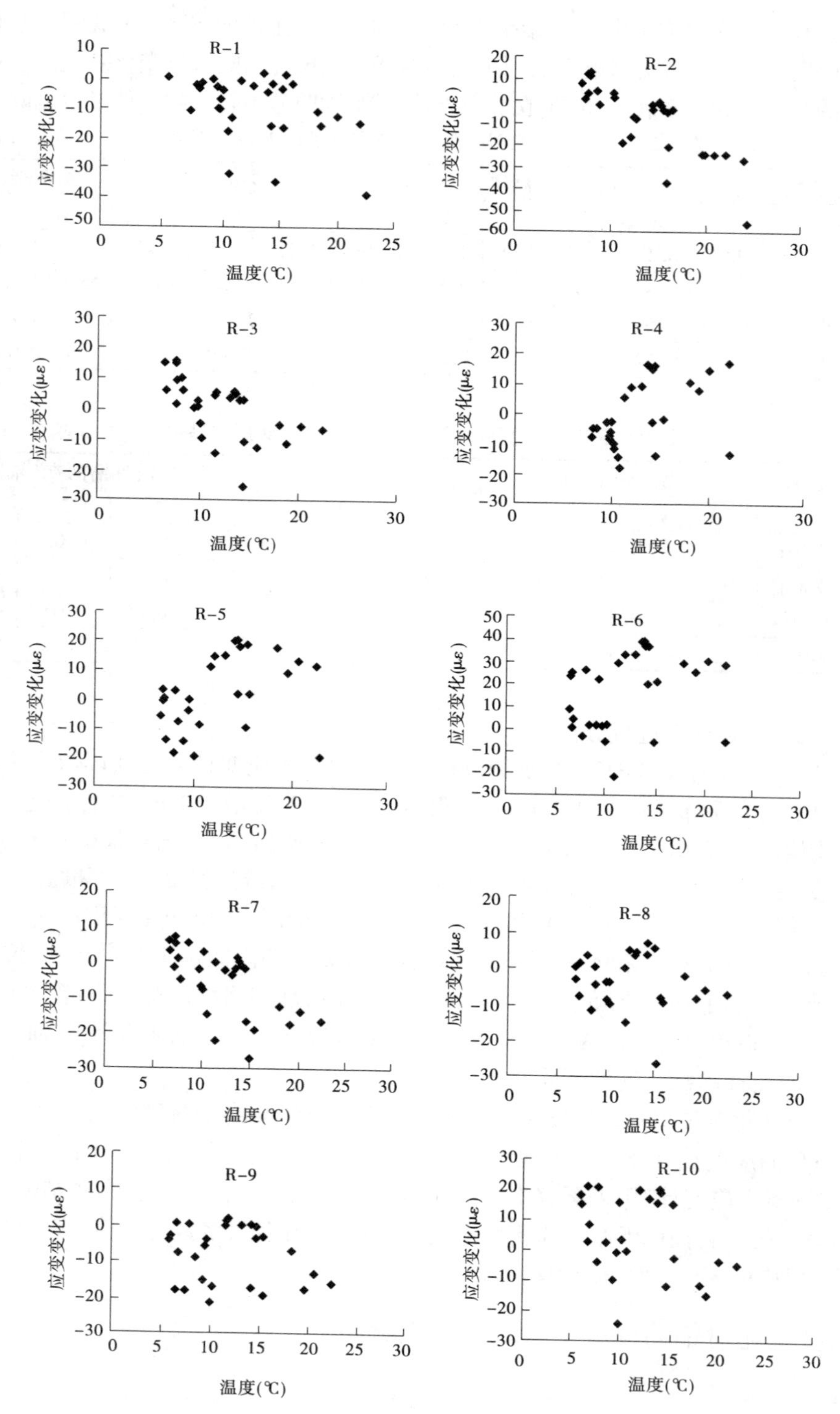

图 5-11　2[#]排沙洞钢筋计温度—应变变化对应关系

从图 5-11 可以看到，几乎所有 10 支钢筋计的温度测值和应变读数变化之间没有对应关系，因而无法确定温度影响系数，同样也就无法确定水头变化影响系数。

5.5.2 3#排沙洞

选取与混凝土应变计相同的时段（ST3 – A 为 1999 年 5 月 27 日至 2000 年 10 月 18 日，ST3 – B 为 2000 年 1 月 3 日至 2000 年 10 月 18 日），利用线性回归确定 3#排沙洞钢筋计的温度与应变读数变化关系曲线，如图 5-12 所示。

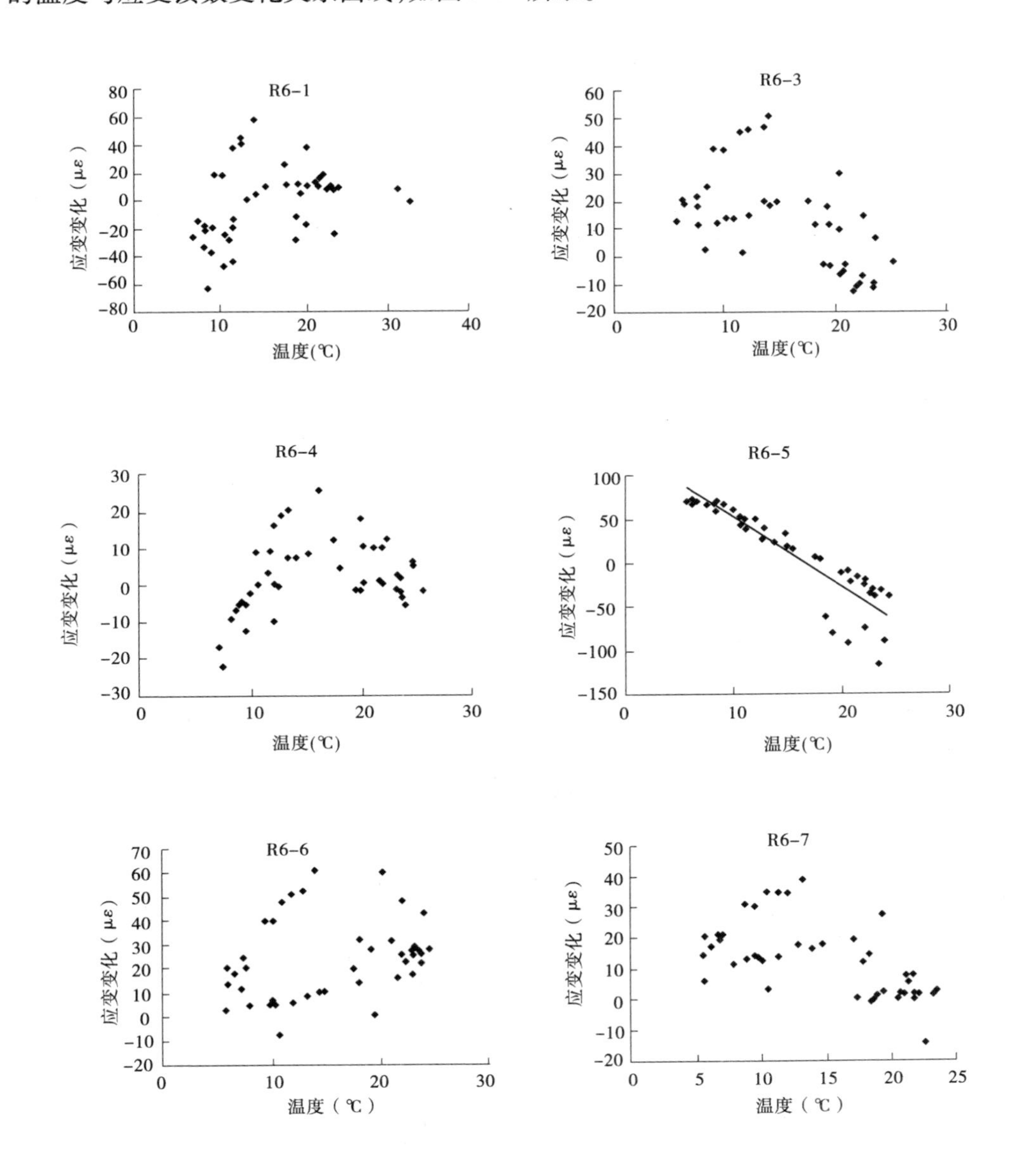

图 5-12　3#排沙洞钢筋计温度—应变变化对应关系

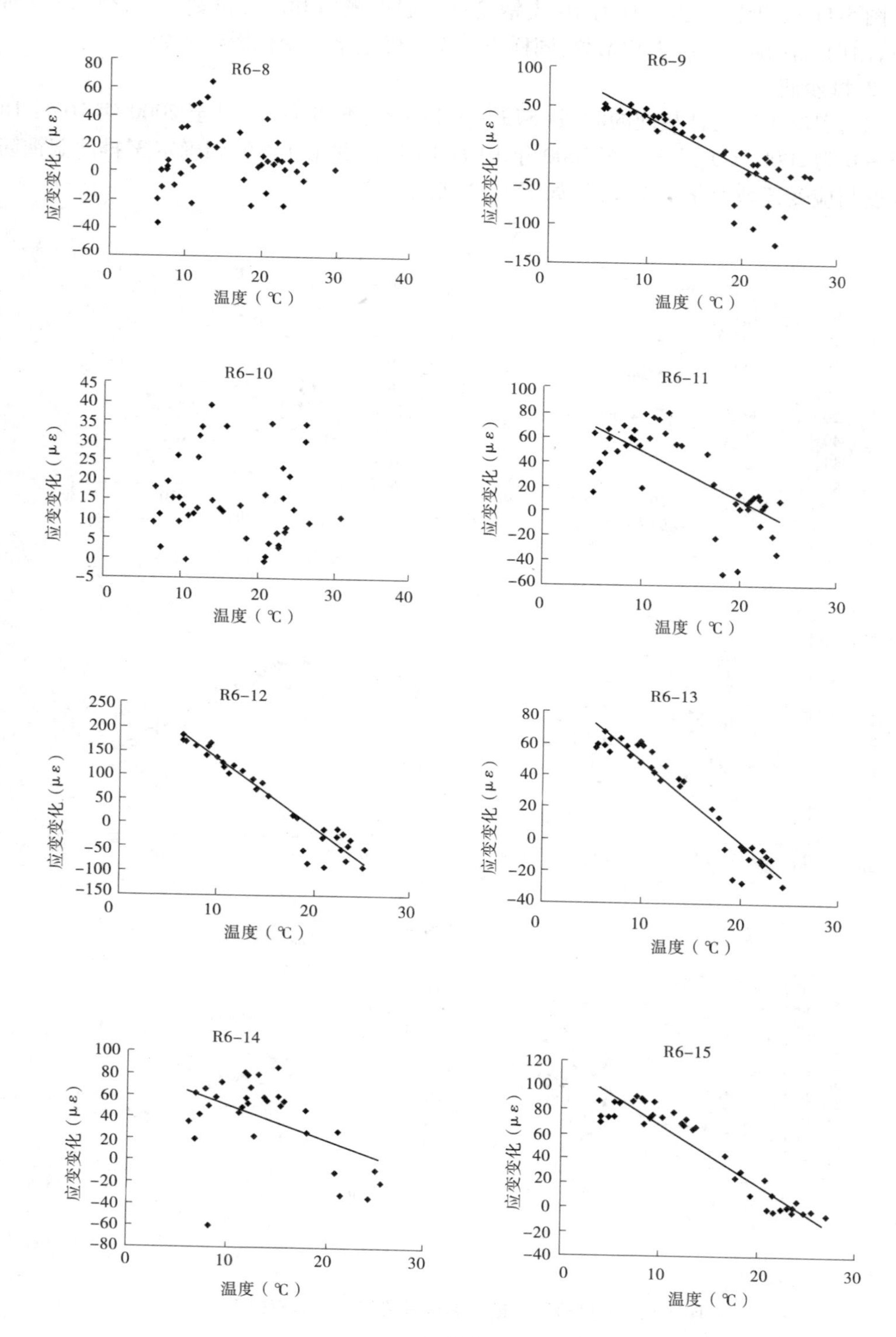

续图 5-12

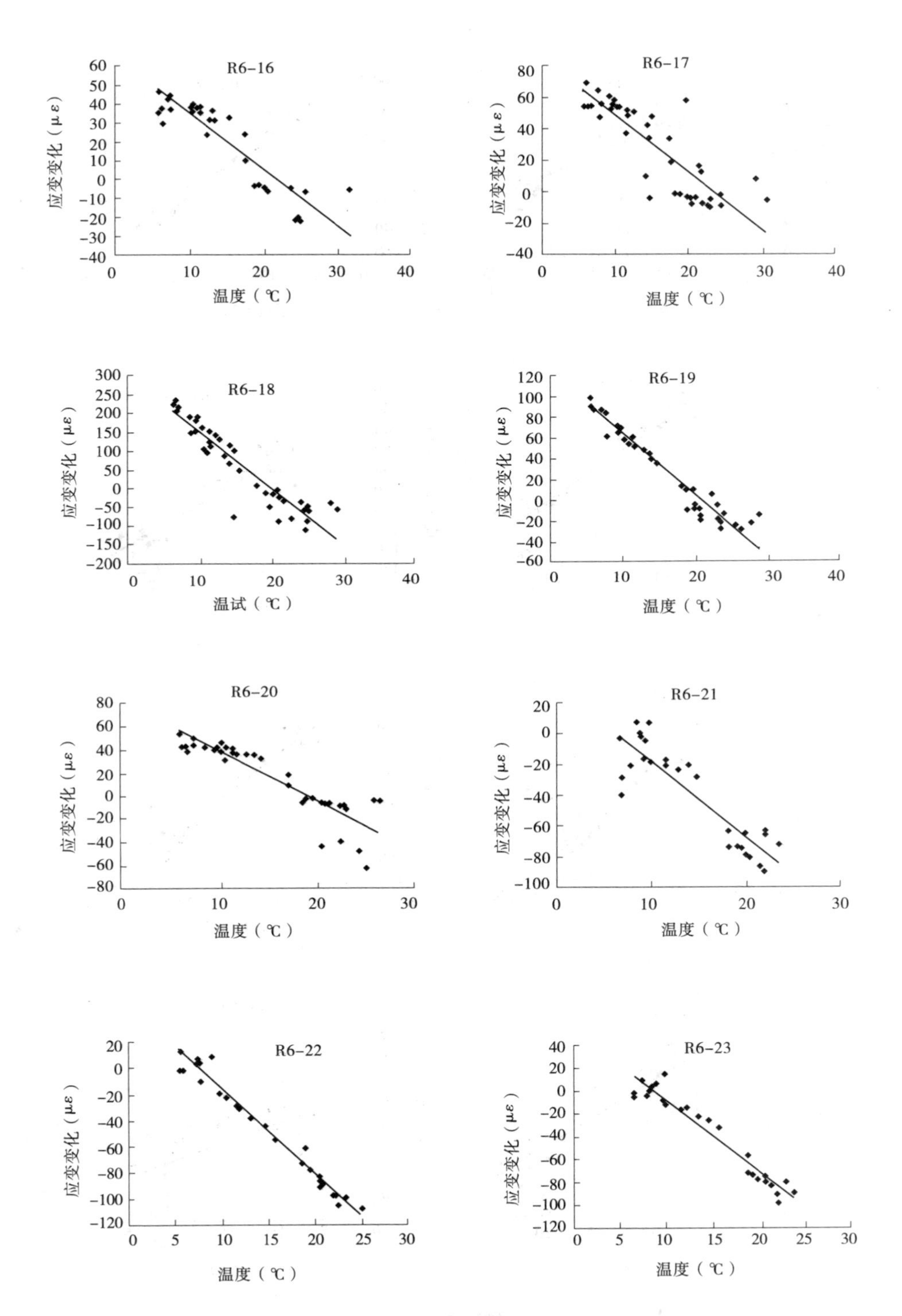
R6-16
应变变化（με）
温度（℃）
R6-17
应变变化（με）
温度（℃）
R6-18
应变变化（με）
温试（℃）
R6-19
应变变化（με）
温度（℃）
R6-20
应变变化（με）
温度（℃）
R6-21
应变变化（με）
温度（℃）
R6-22
应变变化（με）
温度（℃）
R6-23
应变变化（με）
温度（℃）

续图 5-12

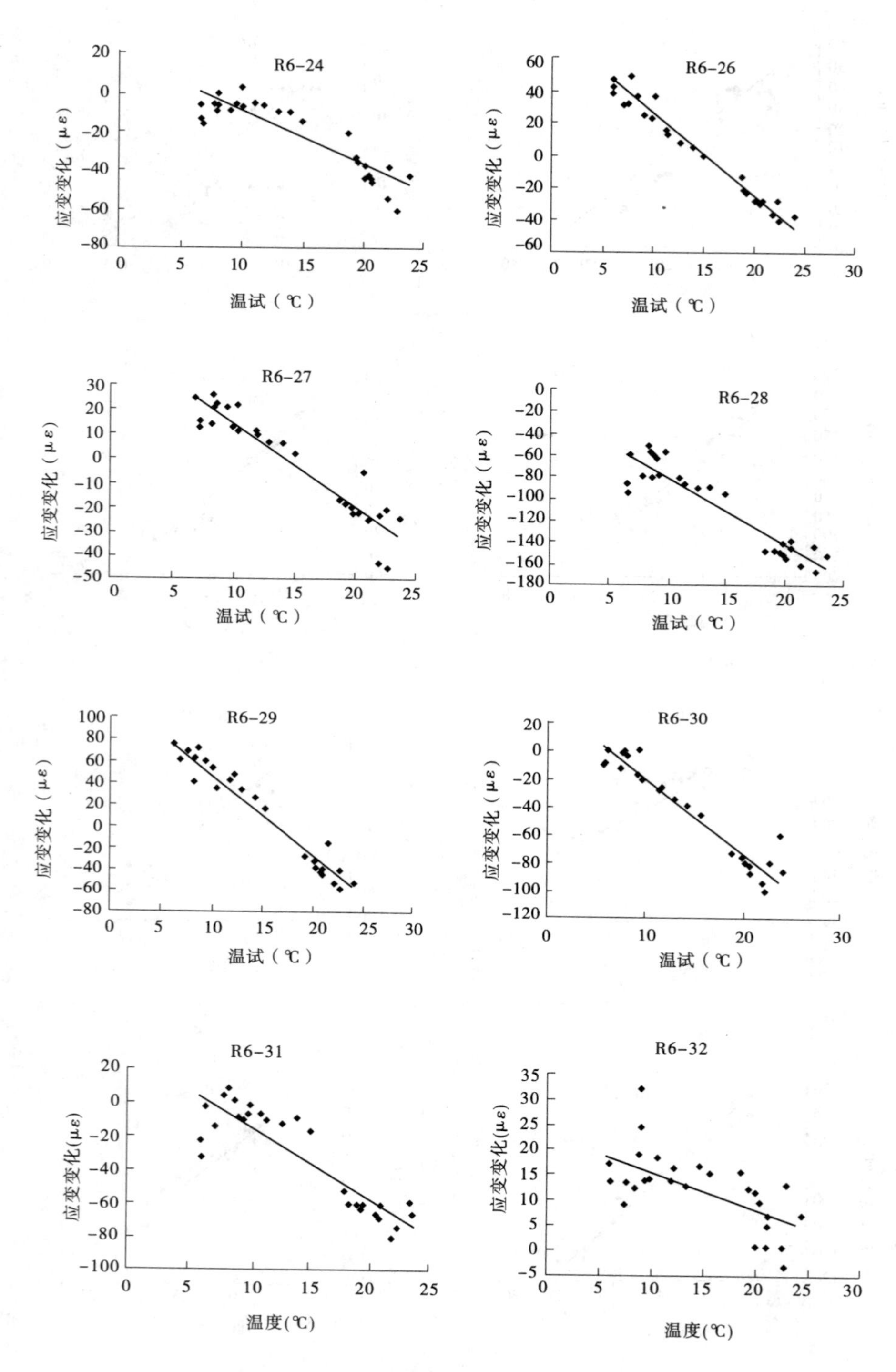
R6-24
应变变化（με）
温试（℃）
R6-26
应变变化（με）
温试（℃）
R6-27
应变变化（με）
温试（℃）
R6-28
应变变化（με）
温试（℃）
R6-29
应变变化（με）
温试（℃）
R6-30
应变变化（με）
温试（℃）
R6-31
应变变化(με)
温度(℃)
R6-32
应变变化(με)
温度(℃)

续图 5-12

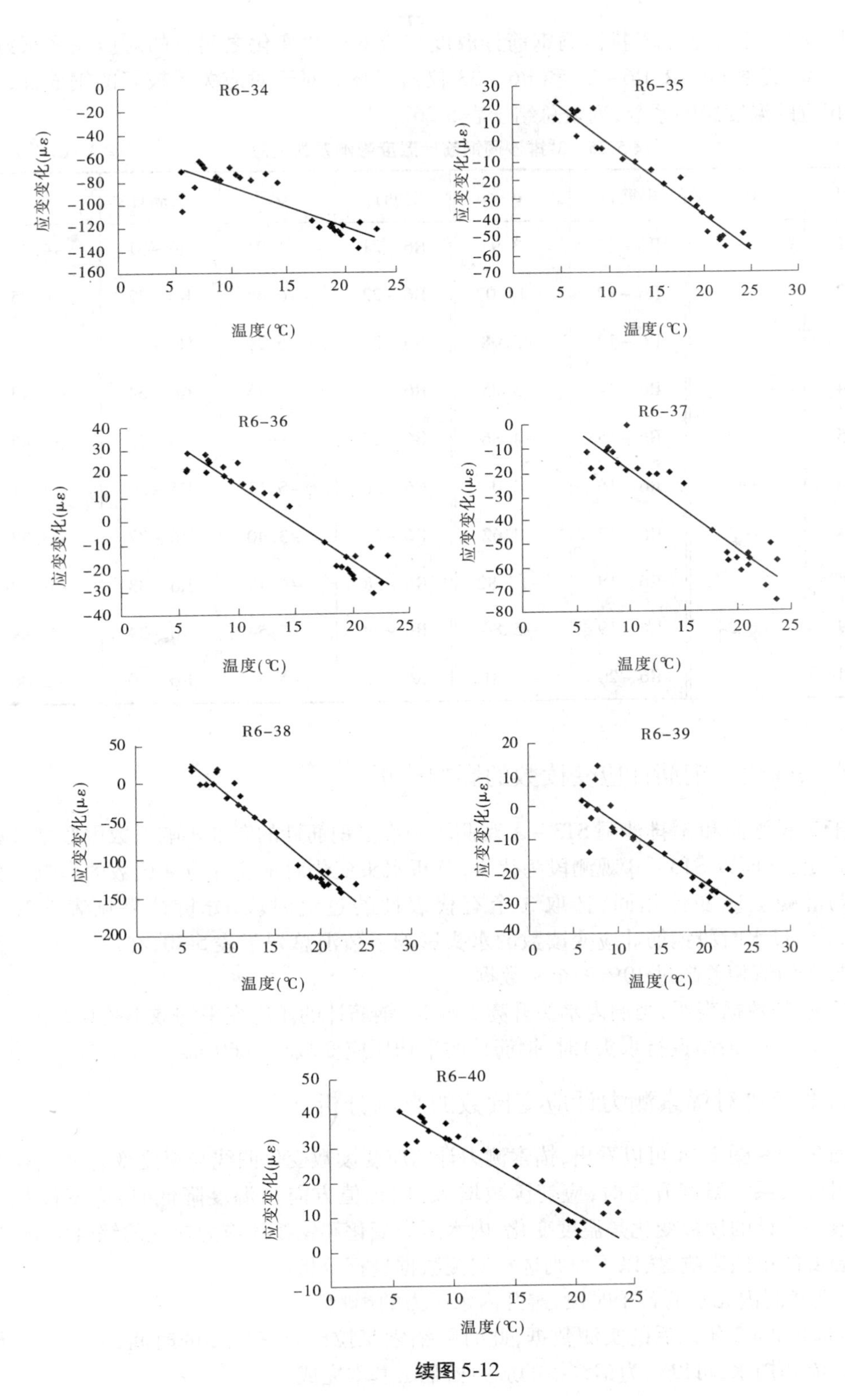
R6-34
应变变化(με)
温度(℃)
R6-35
应变变化(με)
温度(℃)
R6-36
应变变化(με)
温度(℃)
R6-37
应变变化(με)
温度(℃)
R6-38
应变变化(με)
温度(℃)
R6-39
应变变化(με)
温度(℃)
R6-40
应变变化(με)
温度(℃)

续图 5-12

从图 5-12 可以看出，3# 排沙洞钢筋计温度与应变读数变化之间有的对应关系很好，有的则很差，其中 R6－2、R6－25 和 R6－33 仪器损坏。对于对应关系较好的钢筋计，这里给出相应的温度影响系数，列表总结于表 5-26。

表 5-26　3# 排沙洞钢筋计温度影响系数汇总　（单位：με/℃）

钢筋计	α_T	钢筋计	α_T	钢筋计	α_T	钢筋计	α_T
R6－1	—	R6－11	－3.97	R6－21	－4.91	R6－31	－4.30
R6－2	—	R6－12	－14.07	R6－22	－6.48	R6－32	－0.75
R6－3	—	R6－13	－5.08	R6－23	－6.26	R6－33	—
R6－4	—	R6－14	－3.25	R6－24	－2.75	R6－34	－3.43
R6－5	－7.75	R6－15	－4.86	R6－25	—	R6－35	－3.85
R6－6	—	R6－16	－3.00	R6－26	－5.11	R6－36	－3.21
R6－7	—	R6－17	－3.62	R6－27	－3.40	R6－37	－3.32
R6－8	—	R6－18	－14.82	R6－28	－6.19	R6－38	－10.26
R6－9	－6.24	R6－19	－5.84	R6－29	－7.54	R6－39	－1.88
R6－10	—	R6－20	－4.31	R6－30	－5.33	R6－40	－2.06

5.6　水头变化对钢筋计应变读数的影响分析

由于 2# 排沙洞和 3# 排沙洞 ST3－A 观测段中许多钢筋计的温度影响系数因数据分散而无法确定，下面以 ST3－B 观测段为代表，分析水头变化对钢筋计应变读数的影响。分析方法与混凝土应变计相同，选取 3 个有代表性的过流时段，分析结果见表 5-27 ~ 表 5-29，3 个过水时段钢筋计应变读数的水头影响系数汇总列于表 5-30，在取平均值时，剔除了与平均值相差超过 30% 的个别数据。

表 5-30 的数据表明，当洞内水头升高 1 m 时，钢筋计的压应变平均减小约 0.5 με，洞内水头为 122 m（最高运行水头）时，钢筋计的平均压应变减小约 60 με。

5.7　温度变化对锚索测力计应变读数的影响分析

从图 3-39 ~ 图 3-44 可以看出，锚索测力计的应变读数变化曲线与温度变化曲线存在明显的对应关系。温度升高时，应变读数增大（向正值方向）；温度降低时，应变读数减小。锚索测力计的读数变化是温度变化、内水压力变化和钢绞线应力松弛的综合影响，为了确定温度的单独影响，按以下原则选择实测数据进行分析：

（1）选择洞内无水的若干时段，避开内水压力的影响。

（2）选择 2002 年以后的实测数据，此时距锚索张拉已有三年多的时间，且经历了数次通水过流和挡水，可以认为钢绞线的应力松弛已基本完成。

表 5-27　时段 1 水位变化对 ST3 – B 观测段钢筋计应变读数的影响

时段起止日期(年-月-日)				2002-02-22,水位:0		2002-03-08,水位:238.41 m		数据分析						
仪器所在位置			仪器编号	S (με)	T (℃)	S (με)	T (℃)	ΔH (m)	ΔS (με)	ΔT (℃)	α_T (με/℃)	ΔS_T (με)	ΔS_w (με)	α_w (με/m)
位置	时钟位置(时:分)	高程(m)												
衬砌外侧	6:00	152.54	R6 – 21	–957.2	14.0	–898.3	9.9	85.87	58.9	–4.1	–4.91	20.1	38.7	0.45
		152.54	R6 – 28	–934.5	14.0	–872.7	11.3	85.87	61.8	–2.7	–6.19	16.7	45.1	0.53
		152.53	R6 – 31	–784.4	14.6	–739.9	10.3	85.88	44.5	–4.3	–4.3	18.5	26.0	0.30
		152.53	R6 – 34	–1 007.5	13.9	–967.8	9.9	85.88	39.8	–4.1	–3.43	13.9	25.9	0.30
	9:00	156.38	R6 – 24	–547.2	15.1	–513.4	10.3	82.03	33.9	–4.8	–2.75	13.1	20.8	0.25
		156.37	R6 – 37	–122.1	14.8	–117.1	9.9	82.04	5.0	–4.9	–3.32	16.3	–11.3	–0.14
		160.22	R6 – 29	–196.5	15.3	–121.5	10.4	78.19	75.0	–4.9	–7.54	36.9	38.1	0.49
		160.21	R6 – 32	–246.2	15.2	–239.5	10.2	78.20	6.7	–5.0	–0.75	3.8	2.9	0.04
		160.21	R6 – 38	26.2	14.9	129.9	10.2	78.20	103.7	–4.8	–10.26	48.7	54.9	0.70
	1:30	159.09	R6 – 26	–385.6	15.2	–333.7	10.0	79.32	52.0	–5.2	–5.11	26.3	25.6	0.32
		159.09	R6 – 39	38.9	14.8	88.1	9.5	79.32	49.3	–5.3	–1.88	9.9	39.4	0.50
	3:00	156.38	R6 – 30	–530.5	15.0	–478.1	10.0	82.03	52.4	–5.0	–5.33	26.7	25.7	0.31
	4:30	153.66	R6 – 27	–176.3	15.0	–136.4	11.0	84.75	39.9	–4.1	–3.4	13.8	26.1	0.31
		153.65	R6 – 40	–90.3	14.1	–58.1	9.6	84.76	32.2	–4.5	–2.06	9.3	22.9	0.27
	7:30	153.66	R6 – 23	–315.3	14.6	–265.4	10.1	84.75	49.9	–4.6	–6.26	28.5	21.4	0.25
		153.65	R6 – 36	9.5	14.5	23.5	10.3	84.76	14.1	–4.2	–3.21	13.5	0.6	0.01
锚具底部		153.83	R6 – 22	–404.4	14.5	–338.8	8.8	84.58	65.6	–5.7	–6.48	36.6	29.0	0.34
		152.82	R6 – 35	–410.6	14.2	–365.3	8.5	85.59	45.3	–5.7	–3.85	21.8	23.5	0.27
水头影响系数平均值														0.41

表 5-28　时段 2 水位变化对 ST3 – B 观测段钢筋计应变读数的影响

时段起止日期(年-月-日)				2003-04-30,水位:229.96 m		2003-05-30,水位:0		数据分析						
仪器所在位置			仪器编号	S (με)	T (℃)	S (με)	T (℃)	ΔH (m)	ΔS (με)	ΔT (℃)	α_T (με/℃)	ΔS_T (με)	ΔS_w (με)	α_w (με/m)
位置	时钟位置(时:分)	高程(m)												
衬砌外侧	6:00	152.54	R6 – 21	–869.7	9.4	–961.6	12.4	–77.42	–91.9	3.0	–4.91	–14.7	–77.2	1.00
		152.54	R6 – 28	–842.6	9.1	–936.6	12.5	–77.42	–93.9	3.4	–6.19	–20.7	–73.2	0.95
		152.53	R6 – 31	714.6	8.6	–800.0	12.2	–77.43	–85.4	3.7	–4.3	–15.7	–69.7	0.90
		152.53	R6 – 34	–944.2	8.2	–1 028.4	11.7	–77.43	–84.2	3.6	–3.43	–12.2	–72.0	0.93
	9:00	156.38	R6 – 24	–497.5	9.1	–553.8	13.3	–73.58	–56.3	4.3	–2.75	–11.7	–44.6	0.61
		156.37	R6 – 37	–92.8	8.1	–127.2	12.6	–73.59	–34.5	4.5	–3.32	–14.9	–19.5	0.27
		160.22	R6 – 29	–102.7	9.8	–167.1	13.9	–69.74	–64.4	4.1	–7.54	–30.9	–33.5	0.48
		160.21	R6 – 32	–190.4	9.7	–230.5	13.7	–69.75	–40.1	4.0	–0.75	–3.0	–37.1	0.53
		160.21	R6 – 38	140.1	9.5	48.2	13.8	–69.75	–92.0	4.3	–10.26	–43.6	–48.3	0.69
	1:30	159.09	R6 – 26	–319.9	9.1	–369.8	13.5	–70.87	–49.9	4.4	–5.11	–22.5	–27.4	0.39
		159.09	R6 – 39	111.9	8.9	55.5	13.3	–70.87	–56.5	4.5	–1.88	–8.4	–48.1	0.68
	3:00	156.38	R6 – 30	–465.3	8.7	–533.6	13.3	–73.58	–68.3	4.6	–5.33	–24.3	–44.0	0.60
	4:30	153.66	R6 – 27	–124.1	9.3	–171.0	13.3	–76.30	–46.9	4.0	–3.4	–13.6	–33.3	0.44
		153.65	R6 – 40	–43.2	8.5	–85.4	12.3	–76.31	–42.2	3.8	–2.06	–7.7	–34.5	0.45
	7:30	153.66	R6 – 23	–253.1	9.2	–317.2	13.1	–76.30	–64.1	3.9	–6.26	–24.1	–40.0	0.52
		153.65	R6 – 36	36.4	8.3	8.2	12.0	–76.31	–28.3	3.7	–3.21	–11.7	–16.5	0.22
锚具底部		153.83	R6 – 22	–338.0	8.6	–413.4	13.4	–76.13	–75.4	4.8	–6.48	–31.1	–44.3	0.58
		152.82	R6 – 35	–359.8	7.8	–419.6	12.5	–77.14	–59.9	4.8	–3.85	–18.3	–41.6	0.54
水头影响系数平均值														0.54

表 5-29　时段 3 水位变化对 ST3 – B 观测段钢筋计应变读数的影响

时段起止日期(年-月-日)				2004-01-16,水位:0		2004-02-13,水位:258.27 m		数据分析						
仪器所在位置			仪器编号	S (με)	T (℃)	S (με)	T (℃)	ΔH (m)	ΔS (με)	ΔT (℃)	α_T (με/℃)	ΔS_T (με)	ΔS_w (με)	α_w (με/m)
位置	时钟位置(时:分)	高程(m)												
衬砌外侧	6:00	152.54	R6 – 21	–956.4	12.7	–857.4	9.0	105.73	99.0	–3.8	–4.91	18.4	80.6	0.76
		152.54	R6 – 28	–934.1	12.7	–831.7	8.8	105.73	102.4	–3.9	–6.19	24.1	78.3	0.74
		152.53	R6 – 31	–796.8	13.1	–708.2	8.6	105.74	88.6	–4.5	–4.3	19.1	69.4	0.66
		152.53	R6 – 34	–1 021.8	12.5	–933.8	8.3	105.74	88.0	–4.2	–3.43	14.4	73.6	0.70
	9:00	156.38	R6 – 24	–541.5	14.2	–479.4	9.4	101.89	62.1	–4.8	–2.75	13.2	48.9	0.48
		156.37	R6 – 37	–120.6	13.9	–90.1	8.8	101.90	30.6	–5.2	–3.32	17.1	13.5	0.13
		160.22	R6 – 29	–177.4	14.1	–94.3	10.2	98.05	83.1	–3.9	–7.54	29.4	53.7	0.55
		160.21	R6 – 32	–221.7	14.6	–178.0	10.1	98.06	43.8	–4.5	–0.75	3.4	40.4	0.41
		160.21	R6 – 38	31.2	14.3	168.5	10.1	98.06	137.3	–4.2	–10.26	43.1	94.2	0.96
	1:30	159.09	R6 – 26	–369.9	14.1	–299.5	9.2	99.18	70.4	–4.9	–5.11	25.0	45.4	0.46
		159.09	R6 – 39	62.0	17.2	140.3	8.8	99.18	78.3	–8.4	–1.88	15.8	62.5	0.63
	3:00	156.38	R6 – 30	–526.6	14.1	–446.3	8.8	101.89	80.4	–5.3	–5.33	28.0	52.4	0.51
	4:30	153.66	R6 – 27	–159.6	13.8	–102.7	9.4	104.61	56.9	–4.4	–3.4	14.8	42.1	0.40
		153.65	R6 – 40	–79.0	13.6	–27.2	8.6	104.62	51.8	–5.0	–2.06	10.3	41.5	0.40
	7:30	153.66	R6 – 23	–308.2	14.1	–239.0	9.4	104.61	69.3	–4.8	–6.26	29.7	39.5	0.38
		153.65	R6 – 36	8.0	13.5	41.5	8.4	104.62	33.5	–5.1	–3.21	16.4	17.1	0.16
锚具底部		153.83	R6 – 22	–403.6	13.1	–324.7	8.3	104.44	78.9	–4.8	–6.48	31.1	47.7	0.46
		152.82	R6 – 35	–405.3	13.2	–339.7	7.7	105.45	65.6	–5.5	–3.85	21.2	44.4	0.42
水头影响系数平均值														0.53

表 5-30　ST3 - B 观测段钢筋计的水头影响系数　（单位：με/m）

观测仪器位置		衬砌外侧		
时段		1	2	3
影响系数	最小值	0.01	0.22	0.13
	最大值	0.70	1.00	0.76
	平均值	0.41	0.54	0.53
3 次平均值		0.49		

（3）选择相邻两次温度测值差在 2 ℃以上的实测数据进行分析，减小温度测量精度引起的误差。温度测量误差来源于两个方面：一是仪器本身存在的误差，二是同一支锚索测力计不同应变计的测量误差。为了说明这一点，下面给出几组实测数据，如表 5-31 所示。

表 5-31　相同温度环境下不同锚索测力计 3 支应变计的实测温度读数　（单位：℃）

项目		观测日期（年-月-日）							
		2000-10-09	2000-10-18	2000-11-07	2001-09-25	2002-06-21	2003-03-05	2004-02-26	2006-08-01
ST3 - 2	1	20.4	19	19.1	27	12.6	5.8	8.8	25.9
	2	19.6	18.2	17.9	24.1	11.9	5.3	6.9	26.6
	3	19.1	18.8	17.9	22.2	12.2	5.1	6.5	24.2
ST3 - 3	1	19.1	19	16.8	20.3	10.1	4.4	5.1	27.5
	2	19.5	19.1	17.1	18.5	11.8	5	6.1	27.5
ST3 - 5	1	17.5	17.8	15.8	19.5	16.3	5.2	5.4	
	2	17.8	18.1	16.1	19.9	16.8	5.8	5.9	
	3	17.8	18	16.3	20	16.9	6.9	5.9	

从表 5-31 可以看出，不仅同一日期不同锚索测力计的温度测值不同，而且同一锚索测力计上 3 支应变计的温度测值也不完全相同，这表明不同应变计本身的温度测量精度就不同。若取两次温差变化小于 1.5 ℃的测值进行温度影响分析，测量误差的影响会使分析结果失真。

根据上述原则，选择 6 组满足条件的相邻两次实测数据进行温度影响分析，见表 5-32～表 5-37，对上述各表中的温度影响系数进行总结，得出每支锚索测力计的温度影响系数平均值，如表 5-38 所示。

对 6 支锚索测力计应变读数的温度影响系数进行总平均，得到总平均值为 2.01 με/℃，即温度升高 1 ℃，应变读数平均约升高 2 με。

表 5-32　温度变化对锚索测力计 ST3－1 应变读数的影响分析

组次	日期（年-月-日）	实测应变（με）	实测温度（℃）	应变变化（με）	温度变化（℃）	影响系数（με/℃）
1	2002-05-10	－452.0	13.1	－6.9	－3.4	2.03
	2002-05-23	－458.9	9.7			
2	2002-05-23	－458.9	9.7	15.9	8.1	1.96
	2002-06-07	－443.0	17.8			
3	2002-06-07	－443.0	17.8	－13.4	－6.4	2.09
	2002-06-21	－456.4	11.4			
4	2002-05-16	－458.5	8.3	14.1	7.7	1.83
	2003-05-30	－444.4	16.0			
5	2004-09-02	－430.4	20.4	3.3	1.7	1.94
	2004-09-09	－427.1	22.1			
6	2004-11-18	－433.9	25.6	－9.9	－5.5	1.80
	2004-12-01	－443.8	20.1			

表 5-33　温度变化对锚索测力计 ST3－2 应变读数的影响分析

组次	日期（年-月-日）	实测应变（με）	实测温度（℃）	应变变化（με）	温度变化（℃）	影响系数（με/℃）
1	2002-05-10	－820.0	13.6	－7.1	－3.1	2.29
	2002-05-23	－827.1	10.5			
2	2002-05-23	－827.1	10.5	19.1	7.7	2.48
	2002-06-07	－808.0	18.2			
3	2002-06-07	－808.0	18.2	－16.9	－5.9	2.86
	2002-06-21	－824.9	12.3			
4	2003-05-16	－824.4	8.8	13.1	6.5	2.02
	2003-05-30	－811.3	15.3			
5	2004-09-02	－795.5	21.0	3.0	1.9	1.58
	2004-09-09	－792.5	22.9			
6	2004-11-18	－800.8	20.9	－9.4	－5.5	1.71
	2004-12-01	－810.2	15.4			

表 5-34　温度变化对锚索测力计 ST3－3 应变读数的影响分析

组次	日期（年-月-日）	实测应变（με）	实测温度（℃）	应变变化（με）	温度变化（℃）	影响系数（με/℃）
1	2002-05-10	－39.3	13.5	－6.5	－3.2	2.03
	2002-05-23	－45.8	10.3			
2	2002-05-23	－45.8	10.3	13.6	7.8	1.74
	2002-06-07	－32.2	18.1			
3	2002-06-07	－32.2	18.1	－10.7	－7.1	1.51
	2002-06-21	－42.9	11.0			
4	2003-05-16	－44.0	8.4	9.6	5.8	1.66
	2003-05-30	－34.4	14.2			
5	2003-06-12	－33.4	15.9	－3	－1.5	2.00
	2003-06-26	－30.4	17.4			
6	2004-11-18	－27.6	19.8	－5.9	－2.9	2.03
	2004-12-01	－33.5	16.9			

表 5-35　温度变化对锚索测力计 ST3－4 应变读数的影响分析

组次	日期（年-月-日）	实测应变（με）	实测温度（℃）	应变变化（με）	温度变化（℃）	影响系数（με/℃）
1	2002-04-19	－795.8	10.9	3.6	1.7	2.12
	2002-05-02	－792.2	12.6			
2	2002-06-14	－798.9	10.7	12.7	6.3	2.02
	2002-06-28	－786.2	17.0			
3	2003-07-10	－782.2	15.0	4.3	2.7	1.59
	2003-08-01	－777.9	17.7			
4	2003-11-27	－780.6	15.6	－8.8	－4.0	2.20
	2003-12-11	－789.4	11.6			
5	2003-12-24	－788.8	11.0	4.5	1.9	2.37
	2004-01-07	－784.3	12.9			
6	2005-03-17	－782.7	12.3	4.1	1.6	2.56
	2005-04-22	－778.6	13.9			

表 5-36 温度变化对锚索测力计 ST3－5 应变读数的影响分析

组次	日期 (年-月-日)	实测应变 (με)	实测温度 (℃)	应变变化 (με)	温度变化 (℃)	影响系数 (με/℃)
1	2002-04-19 2002-05-02	－756.6 －753.5	10.4 12.1	3.1	1.7	1.82
2	2002-06-14 2002-06-28	－758.7 －747.2	10.5 16.7	11.5	6.2	1.85
3	2002-08-09 2002-08-23	－743.9 －736.5	17.1 20.6	7.4	3.5	2.11
4	2003-05-15 2003-05-30	－760.8 －748.5	8.1 13.7	12.3	5.6	2.20
5	2003-11-27 2003-12-11	－744.0 －753.5	15.4 11.4	－9.5	－4.0	2.38
6	2004-11-18 2004-12-01	－737.3 －746.3	18.1 12.6	－9.0	－5.5	1.64

表 5-37 温度变化对锚索测力计 ST3－6 应变读数的影响分析

组次	日期 (年-月-日)	实测应变 (με)	实测温度 (℃)	应变变化 (με)	温度变化 (℃)	影响系数 (με/℃)
1	2002-04-19 2002-05-02	－667.9 －665.2	10.6 12.3	2.7	1.7	1.59
2	2002-06-14 2002-06-28	－661.7 －669.9	14.6 10.8	－8.2	－3.8	2.16
3	2002-08-09 2002-08-23	－656.9 －650.2	17.1 20.8	6.7	3.7	1.81
4	2003-05-15 2003-05-30	－671.9 －661.5	8.0 13.2	10.4	5.2	2.00
5	2003-11-27 2003-12-11	－657.2 －666.0	15.6 11.6	－8.8	－4.0	2.20
6	2004-11-18 2004-12-01	－655.8 －664	14.8 11.1	－8.2	－3.7	2.22

表 5-38 锚索测力计应变读数的温度影响系数平均值 (单位:με/℃)

组次	ST3－1	ST3－2	ST3－3	ST3－4	ST3－5	ST3－6
1	2.03	2.29	2.03	2.12	1.82	1.59
2	1.96	2.48	1.74	2.02	1.85	2.16
3	2.09	2.86	1.51	1.59	2.11	1.81
4	1.83	2.02	1.66	2.20	2.20	2.00
5	1.94	1.58	2.00	2.37	2.38	2.20
6	1.80	1.71	2.03	2.56	1.64	2.22
平均值	1.94	2.16	1.83	2.14	2.00	2.00

5.8 水头变化对锚索测力计应变读数的影响分析

取温度影响系数为2.01 με/℃,对锚索测力计应变读数进行修正,得到不包括温度影响的应变发展过程线,如图5-13～图5-18所示。

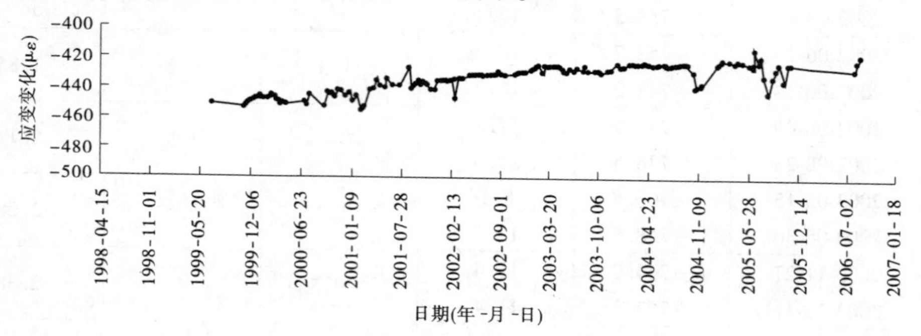

图5-13 锚索测力计ST3-1应变读数变化(温度影响修正后)

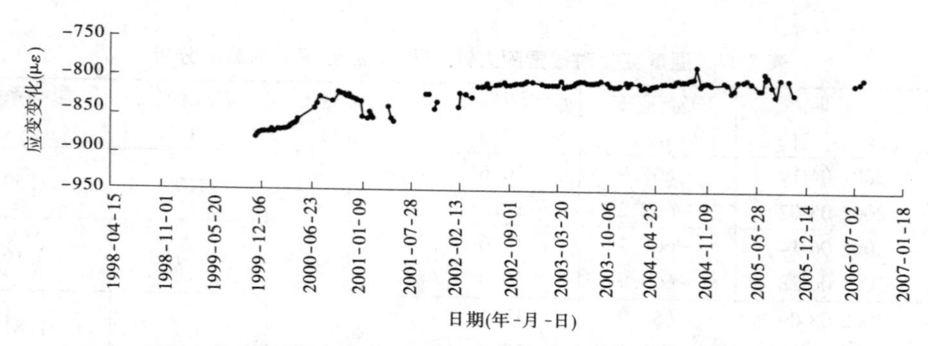

图5-14 锚索测力计ST3-2应变读数变化(温度影响修正后)

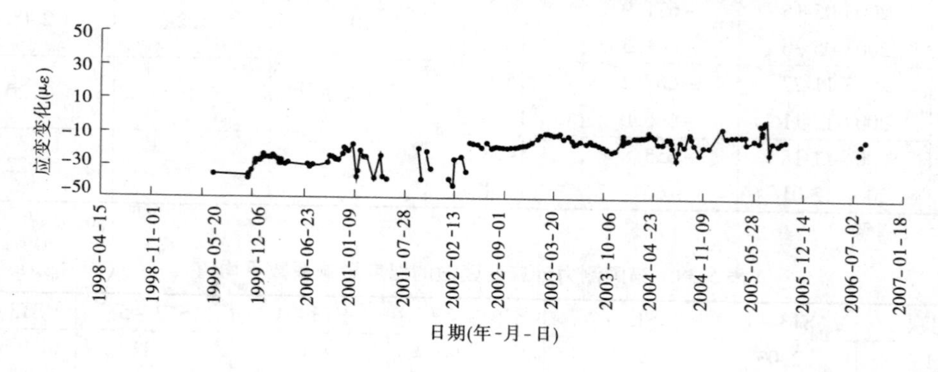

图5-15 锚索测力计ST3-3应变读数变化(温度影响修正后)

从图5-13～图5-18可以看出:

(1)对温度影响进行修正后,锚索测力计的应变读数变化曲线与洞内水压力之间没有明显的对应关系,表明内水压力变化不会引起锚索张拉力的显著变化。

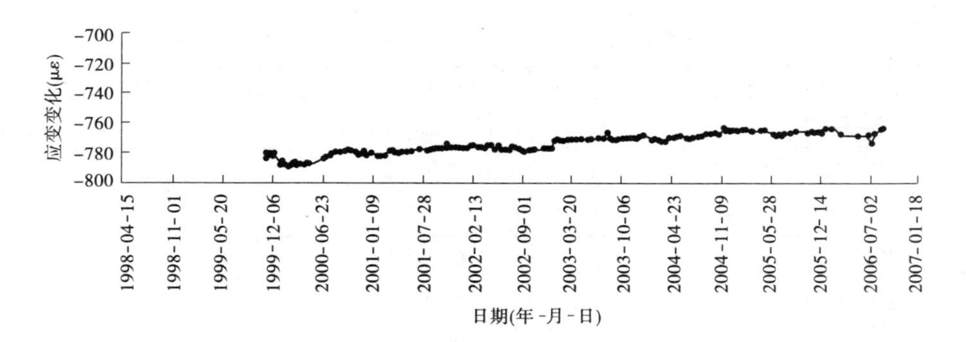

图 5-16　锚索测力计 ST3－4 应变读数变化(温度影响修正后)

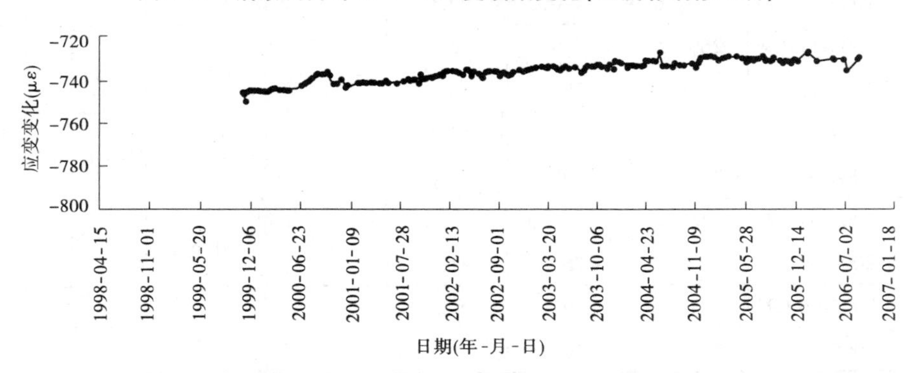

图 5-17　锚索测力计 ST3－5 应变读数变化(温度影响修正后)

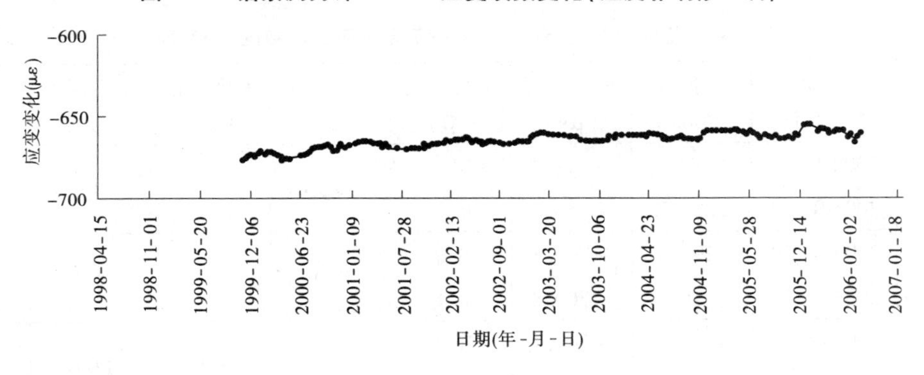

图 5-18　锚索测力计 ST3－6 应变读数变化(温度影响修正后)

(2)6 支锚索测力计的应变读数具有相同的变化规律,即随着时间的延长,锚索测力计的读数稳定发展,压应变数值逐渐减小,但减小幅度很小,从锚索张拉完毕后到 2006 年 6 月的 7 年时间,压应变数值减小 20～30 με,相当于锚索张拉所产生应变值的 5% 左右。

(3)ST3－B 观测段的 3 支锚索测力计工作形态完好,而 ST3－A 观测段的 3 支锚索测力计工作形态较差,由于缺少许多温度实测读数,应变曲线连续性较差。

为了验证水头变化对锚索测力计应变读数的影响,以实测数据比较完整的 ST3－4 和 ST3－5 为例,选择 7 个水头变化时段进行分析,如表 5-39、表 5-40 所示,表中 ε_h 为水头变化引起的应变变化。

表 5-39　锚索测力计 ST3－4 水头变化对应变读数的影响分析

序号	日期 （年-月-日）	洞内水位 （m）	平均应变 （με）	平均温度 （℃）	应变变化 （με）	温度变化 （℃）	温度修正 （με）	ε_h （με）
1	2002-12-27	0	－782.5	18.3	－9.3	－7.3	－14.6	5.3
	2003-01-10	221.27	－791.8	11.0				
2	2003-04-30	229.96	－797.1	8.0	0.2	0.1	0.3	－0.1
	2003-05-15	0	－796.9	8.1				
3	2003-08-28	0	－780.0	16.5	9.8	5.5	11.0	－1.2
	2003-09-11	250.86	－770.2	22.0				
4	2003-11-13	260.95	－779.2	16.3	－1.4	－0.7	－1.5	0.1
	2003-11-27	0	－780.6	15.6				
5	2004-01-16	0	－785.6	12.5	－14.1	－5.4	－10.8	－3.2
	2004-02-13	258.27	－799.7	7.1				
6	2004-08-17	224.54	－776.9	17.0	9.7	4.8	9.6	0.1
	2004-09-02	0	－767.2	21.8				
7	2005-06-09	0	－791.6	8.8	－1.0	0.1	0.1	－1.0
	2005-06-16	247.86	－792.6	8.9				

表 5-40　锚索测力计 ST3－5 水头变化对应变读数的影响分析

序号	日期 （年-月-日）	洞内水位 （m）	平均应变 （με）	平均温度 （℃）	应变变化 （με）	温度变化 （℃）	温度修正 （με）	ε_h （με）
1	2002-12-27	0	－741.4	18.3	－12.6	－7.3	－14.6	2.0
	2003-01-10	221.27	－754.0	11.0				
2	2003-04-30	229.96	－760.8	8.0	0.0	0.1	0.2	－0.3
	2003-05-15	0	－760.8	8.1				
3	2003-08-28	0	－744.1	16.5	11.0	5.5	11.0	0
	2003-09-11	250.86	－733.1	22.0				
4	2003-11-13	260.95	－744.3	16.3	0.3	－0.7	－1.4	1.7
	2003-11-27	0	－744.0	15.6				
5	2004-01-16	0	－749.0	12.5	－12.8	－5.4	－10.8	－1.9
	2004-02-13	258.27	－761.8	7.1				
6	2004-08-17	224.54	－740.0	17.0	8.7	4.8	9.6	－0.9
	2004-09-02	0	－731.3	21.8				
7	2005-06-09	0	－754.3	8.8	－1.2	0.1	0	－1.3
	2005-06-16	247.86	－755.5	8.9				

从 ST3－4 和 ST3－5 水头变化对应变读数影响分析结果可以看出，洞内内水压力变化对锚索测力计的应变读数基本没有影响，这表明内水压力的显著变化不会引起锚索张拉力的显著变化。这个结论表面上看似乎不合理，实际上是正确的，现解释如下：

（1）小浪底排沙洞的预应力锚索由无黏结钢绞线组成，与混凝土之间没有相同的变形关系，因此锚索测力计与混凝土应变计和钢筋计的应变读数之间没有对应关系。

（2）锚索测力计反映的是整根锚索的平均变形情况，但锚索测力计的应变读数并不等于锚索的应变变化，二者之间存在如下关系：

$$\varepsilon_{测力计} = \beta\varepsilon_{钢绞线}$$

锚索锁定后锚固端锚索张拉力为 1 346.86 kN。

锚固端锚索张拉应变为 $\varepsilon_{钢绞线}=\sigma/E$。

取钢绞线的断面面积 $A=8\times150=1\ 200(\mathrm{mm}^2)$，$E=1.85\times10^5\ \mathrm{N/mm}^2$

$$\sigma = 1\ 346.86\times1\ 000/1\ 200 = 1\ 122.38\ (\mathrm{N/mm}^2)$$

$$\varepsilon_{钢绞线} = 1\ 122.38/(1.85\times10^5) = 606.7\times10^{-5} = 6\ 067(\mu\varepsilon)$$

每支锚索测力计的 β 值计算如表 5-41 所示。

表 5-41　锚索测力计应变读数与钢绞线应变值之间的关系

锚索测力计	ST3－1	ST3－2	ST3－3	ST3－4	ST3－5	ST3－6	平均值
应变变化（με）	－528.6	－481.5	－472.2	－530.9	－582.0	－530.5	－520.9
β	－0.087 1	－0.079 4	－0.077 8	－0.087 5	－0.095 9	－0.087 4	－0.085 87

上述结果表明，若钢绞线产生 100 με，锚索测力计才产生 －8.6 με。若假定锚索应变和衬砌混凝土应变相同，从水头变化对混凝土应变计应变读数影响的分析中可知，水头变化 100 m，衬砌厚度中部混凝土应变计的应变读数变化量小于 100 με，因此锚索测力计的读数应小于 －8.6 με，考虑到应变读数的测量误差，就可以理解为什么水头变化时锚索测力计的应变读数基本不变了。

5.9　测缝计观测数据分析

图 3-45～图 3-62 给出了测缝计在安装后至 2006 年 8 月的温度和频率变化曲线，根据测缝计的缝宽计算公式，$\delta=A(f^2-f_0^2)+B(f-f_0)+K(T-T_0)$，得到 2# 排沙洞 5 支测缝计的缝宽发展变化曲线，如图 5-19 所示，3# 排沙洞 ST3－A 观测段 9 支（J6－10 损坏）测缝计的缝宽发展变化曲线如图 5-20 所示，ST3－B 观测段 5 支测缝计的缝宽发展变化曲线如图 5-21 所示。

对图 5-19～图 5-21 进行分析，可以看出：

（1）小浪底排沙洞的 20 支测缝计中，除 J6－10 损坏，J－1、J－4 和 J6－3 数据不全或测值不稳外，其余 16 支仪器均能正常工作。

（2）所有测缝计的缝宽发展变化曲线具有相同的变化规律，即锚索张拉后 2～3 个月内即进入稳定状态，然后缝宽变化随温度变化而变化。

（3）除温度作用外，缝宽变化主要由三部分组成：混凝土凝结硬化、锚索张拉和接触

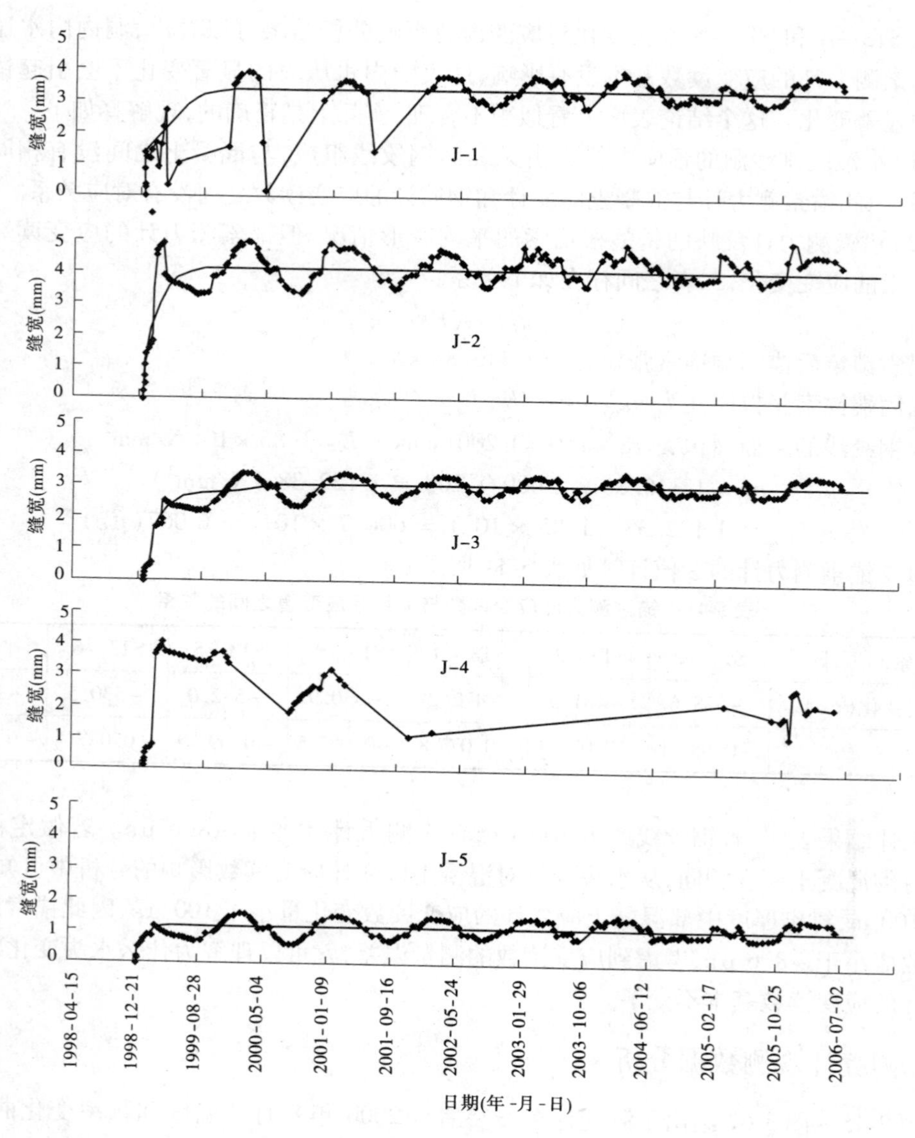

图 5-19 2[#]排沙洞测缝计缝宽发展变化曲线

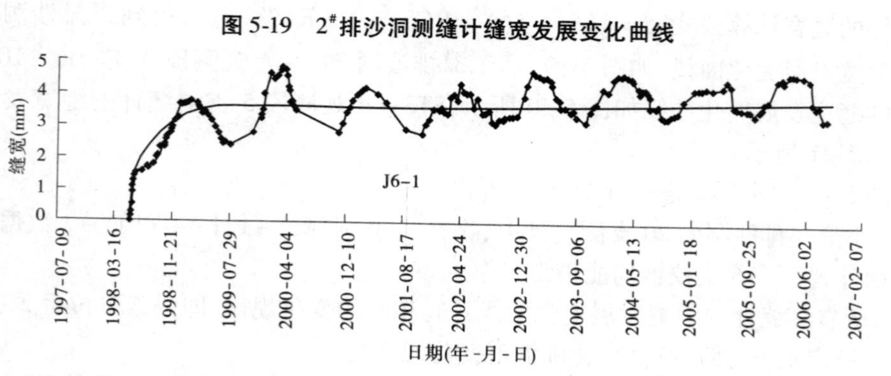

图 5-20 3[#]排沙洞 ST3 - A 观测段测缝计缝宽发展变化曲线

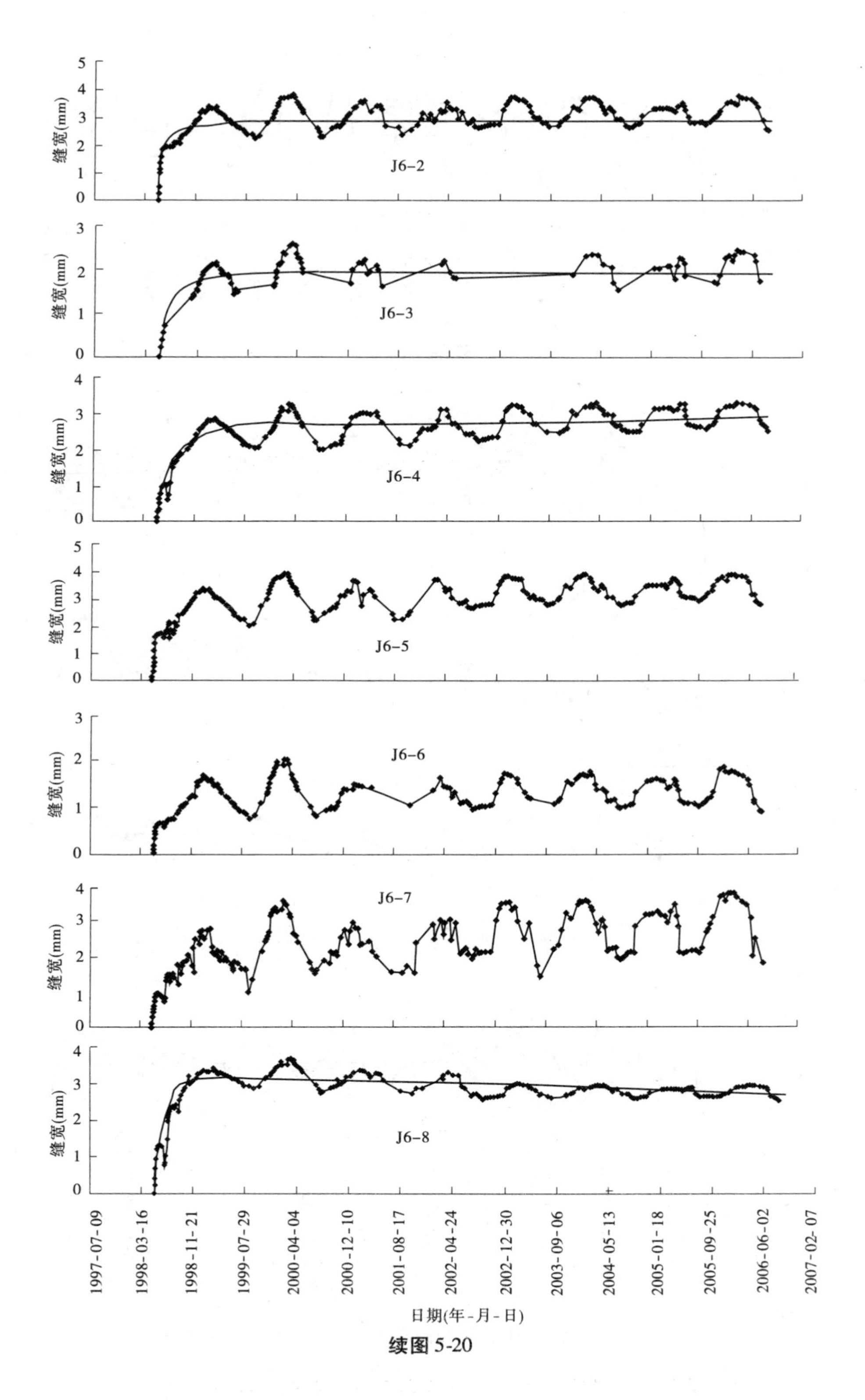
J6-2
J6-3
J6-4
J6-5
J6-6
J6-7
J6-8
缝宽(mm)
日期(年-月-日)
1997-07-09
1998-03-16
1998-11-21
1999-07-29
2000-04-04
2000-12-10
2001-08-17
2002-04-24
2002-12-30
2003-09-06
2004-05-13
2005-01-18
2005-09-25
2006-06-02
2007-02-07

续图 5-20

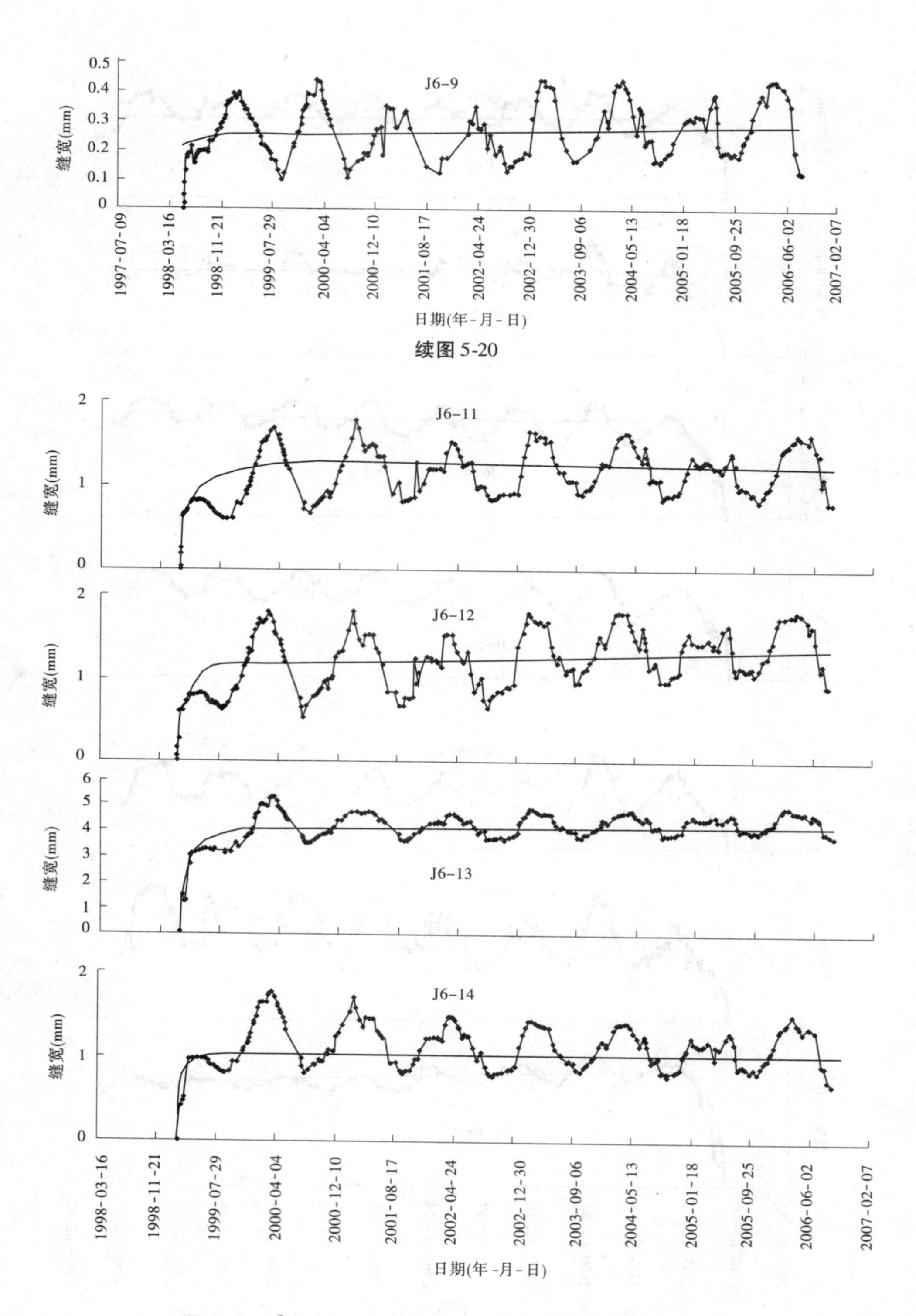

续图 5-20

图 5-21　3#排沙洞 ST3 – B 观测段测缝计缝宽发展变化曲线

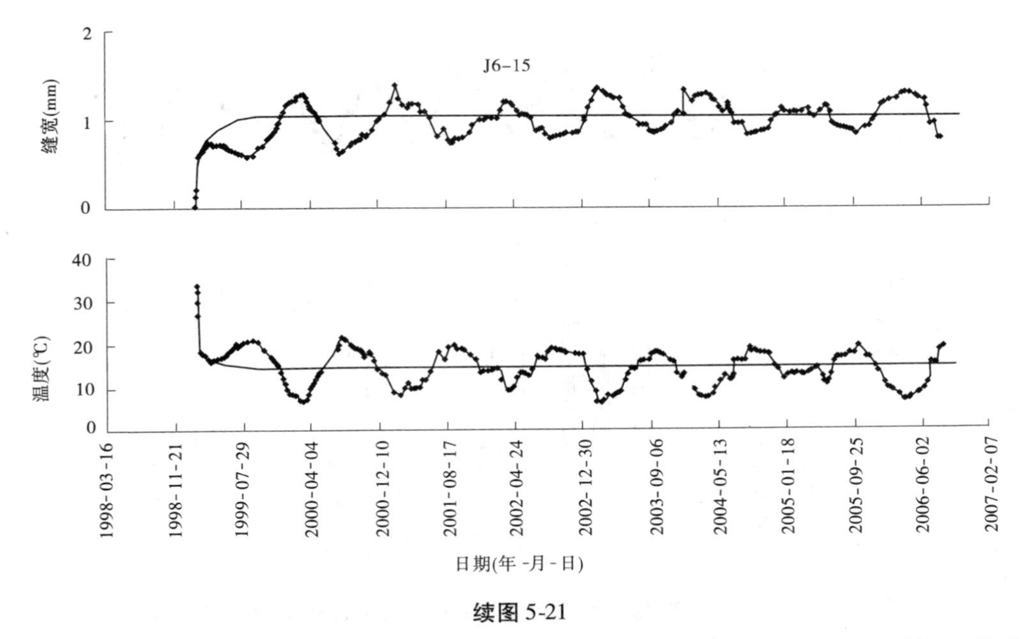

续图 5-21

灌浆。实际上由于衬砌与围岩的接缝灌浆，上述裂缝并不一定存在，测缝计测值只是反映了围岩与衬砌的相对位置。

5.10 渗压计观测数据分析

渗压计的温度变化曲线和频率变化曲线如图 3-63、图 3-64 所示，根据第 2 章的仪器参数和实测数据，得出小浪底排沙洞 6 支渗压计的渗水压力发展变化曲线，其中 ST3 – A 观测段的实测结果如图 5-22 所示。温度变化曲线如图 5-23 所示。

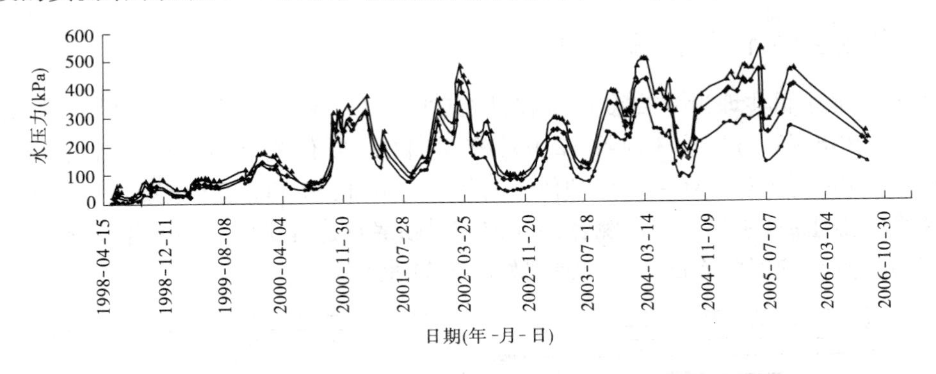

图 5-22 ST3 – A 观测段渗水压力发展变化曲线

对渗压计的观测结果进行分析可以看出：

(1) 每个观测段 3 支渗压计的渗水压力测值具有相同的变化规律，但测值大小有些不同。

(2) 对比图 5-23 的温度变化曲线可以发现，ST3 – A 的 3 支渗压计的渗水压力测值与温度变化具有良好的对应关系，渗水压力曲线的峰值与温度变化峰值完全对应，并且渗水

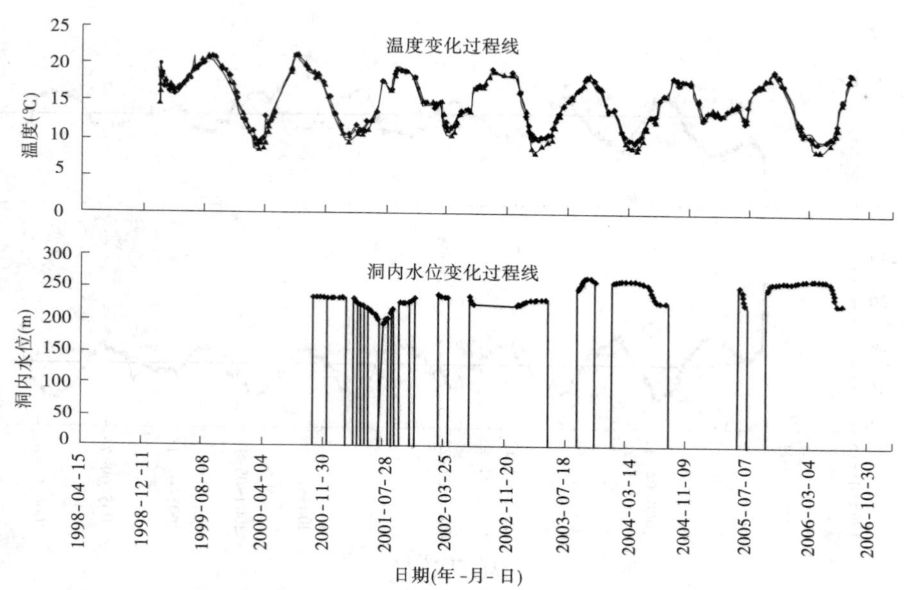

图 5-23　ST3 - B 观测段渗压计温度发展变化曲线和洞内水位变化过程线

压力测值随着温度的降低而增加。

(3)对比图 5-23 的洞内水位变化过程线,可以发现渗水压力测值与洞内水位变化没有对应关系,特别是 2000 年 4 月 4 日前渗水压力出现一个峰值,而此时洞内无水;在 2002 年 7 月至 2003 年 5 月的 10 个月内,洞内水位一直在 EL. 220 m 以上,而渗水压力曲线仍然只出现一个峰值,说明渗水压力的突然变化并非由内水压力所引起。也就是说,渗水压力测值的突然增加并不是由于衬砌在内水压力作用下出现渗漏。因此,渗水压力测值的变化不能作为用于判定衬砌结构是否出现渗漏的依据。

5.11　多点位移计观测数据分析

小浪底排沙洞共埋设 6 支多点位移计,其中 ST3 - A 观测段 3 支,编号为 BX6 - 1、BX6 - 2 和 BX6 - 3,分别位于时钟 12:00、10:30 和 9:00 位置;ST3 - B 观测段 3 支,编号为 BX6 - 4、BX6 - 5 和 BX6 - 6,分别位于时钟 12:00、1:30 和 3:00 位置。每支多点位移计由 4 个测点组成,主要用于监测隧洞开挖和衬砌浇筑过程中围岩的变化情况。

多点位移计的安装方法和工作原理如图 5-24 所示。

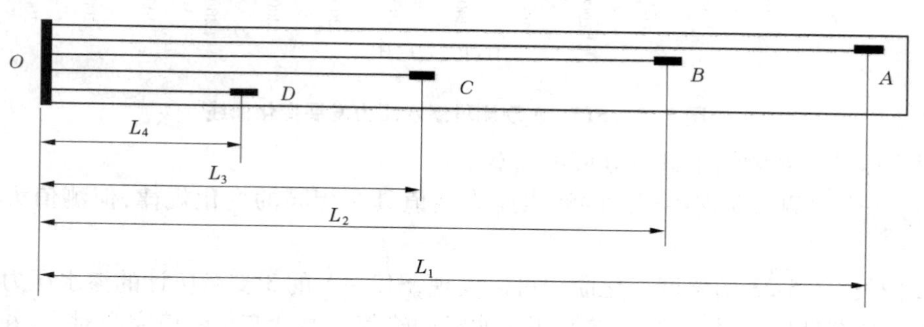

图 5-24　多点位移计的工作原理

安装多点位移计时需先在围岩中造孔,然后安装钢杆,经测量无误后再回填灌浆。每支多点位移计有 4 根长短不等的钢杆,钢杆的左端与读数测量装置相接,右端连接锚固装置。最长的通常设为 1#,最短的为 4#。测点的位移变化反映了该根钢杆的长度变化。通过测量每个测点的位移值就可知道该根钢杆范围内围岩的相对变形情况,知道了各测点的位移差值,也就知道了围岩的相对变形情况。若某根钢杆控制范围内的围岩发生了整体位移,则该点的位移读数应当为零,只有 O 点与 A、B、C、D 各点之间发生了相对位移,各测点才有位移读数变化。

从多点位移计的工作原理可知,当围岩发生变形时,各测点位移读数变化应有同步性,且绝对值应有如下关系:

$$\delta_A \gg \delta_B \gg \delta_C \gg \delta_D \tag{5-1}$$

ST3 - A 观测段 3 支多点位移计的位移观测结果如图 5-25 所示,ST3 - B 观测段 3 支多点位移计的位移观测结果如图 5-26 所示。

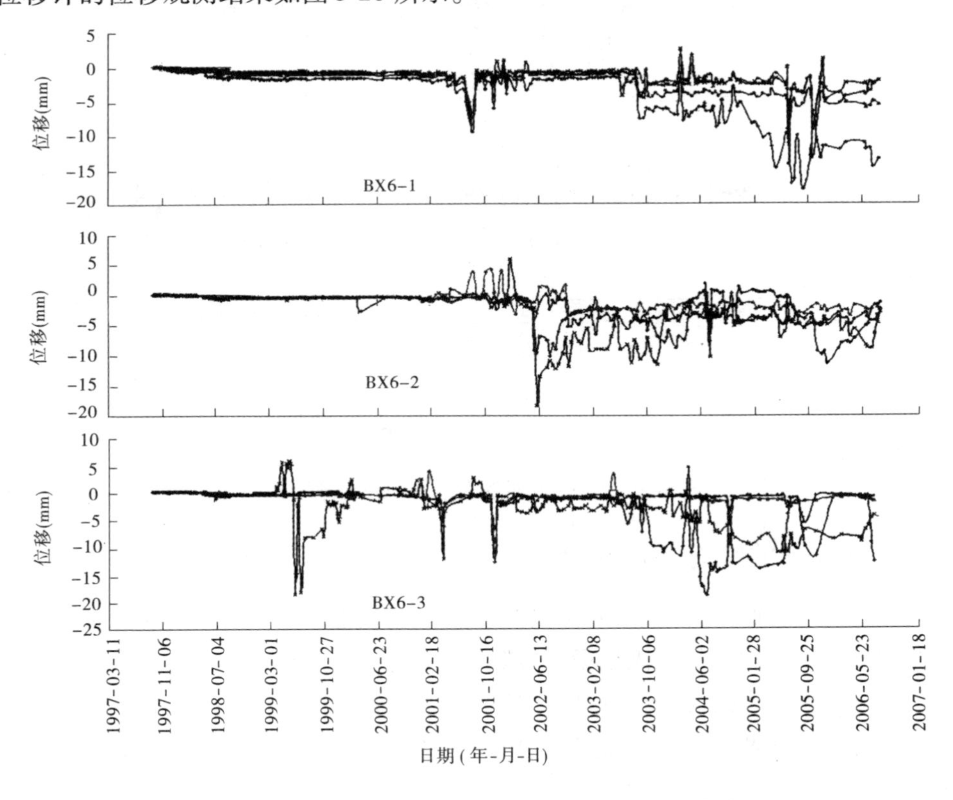

图 5-25 ST3 - A 观测段多点位移计观测结果

从图 5-25 可以看出,ST3 - A 观测段 3 支多点位移计的位移观测结果,不仅同一支仪器各测点之间的同步性较差,而且 3 支仪器之间也缺乏同步性,并且也不满足式(5-1)的测点绝对值变化规律。将其与图 5-23 的温度变化和洞内水头变化进行对比,它们之间也没有对应关系。这表明,要么是仪器本身出了故障,要么是读数测量时出了问题,比如接线螺栓没有拧紧,从而使个别读数出现突然跳动。

从图 5-26 可以看出,ST3 - B 观测段 3 支多点位移计观测结果的规律性似乎比

ST3－A的要好些，但仍然不满足同步性要求和式(5-5)的测点绝对值变化规律要求，虽然BX6－5的规律性较好，但BX6－6显然出了问题，其测点 B 和测点 C(见图5-24)基本没有变化，而测点 A 和测点 D 的位移大小相近但方向相反。若以BX6－5的结果对排沙洞运行期围岩变化情况进行评价，可以认为围岩已从运行期进入稳定状态。

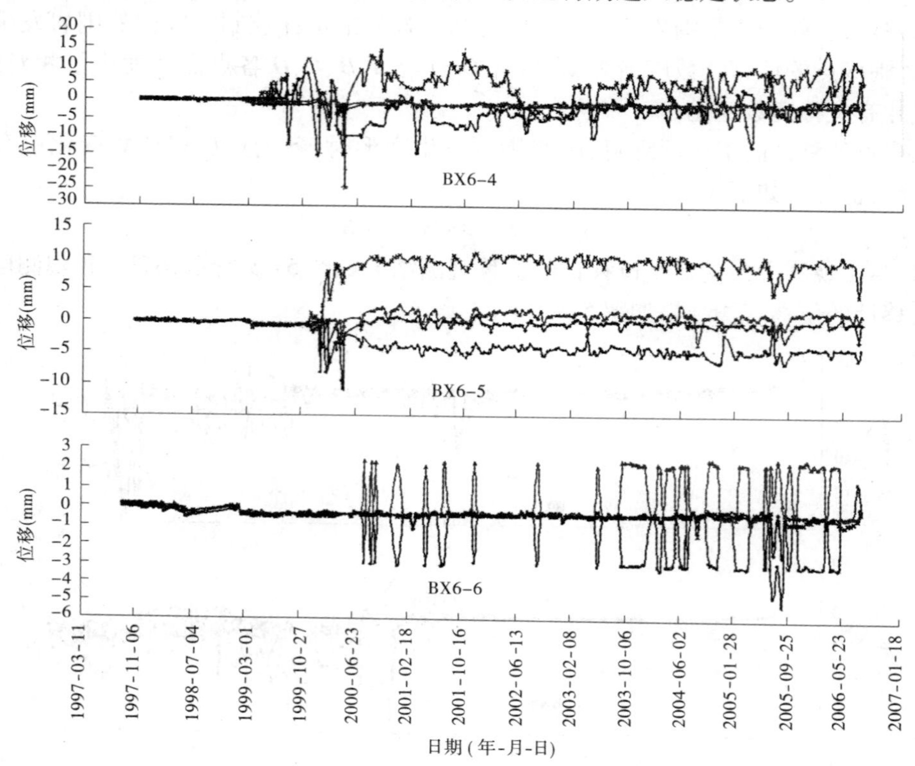

图5-26　ST3－B观测段多点位移计观测结果

5.12　观测仪器的完好情况统计

小浪底排沙洞预应力混凝土衬砌段共安装观测仪器160支，其中绝大部分都能正常工作，但有一些仪器因各种原因出现了故障，现总结于表5-42。

除表5-42中所列观测仪器外，在数据整理时还发现下述问题：

(1)原始观测数据中存在多处记录错误，如误将“1 284.5”记录为“1 824.5”，这种错误在每次记录完毕后进行一次检查就可避免。

(2)原始数据中存在大量数据不全的现象，主要是温度读数。由于在数据分析时温度数据非常重要，因此应尽量把所有读数记录完整，否则该组数据不完整。

(3)原始数据中经常发现这样的情况，同一测点或相近位置，不同仪器的温度测值存在较大差别，最大者高达5～7 ℃，显然是不对的。遇到此类情况时应及时进行检查，如接线柱是否拧紧，是否存在接线串联等问题。

表 5-42　排沙洞观测仪器故障统计

仪器名称	编号		位置	故障描述
混凝土应变计	1	S－12	ST2	2000 年 5 月损坏,只有温度读数
	2	S6－91	ST3－B	2005 年 5 月后应变和频率读数不稳
	3	S6－92	ST3－B	温度测值不准
钢筋计	1	R6－2	ST3－A	只有 1 支传感器工作,另 1 支损坏
	2	R6－33	ST3－B	2003 年 9 月有 1 支传感器损坏
锚索测力计	1	ST3－1	ST3－A	有 1 支传感器损坏,另外 2 支能正常工作
	2	ST3－3	ST3－A	有 1 支传感器损坏,另外 2 支能正常工作
	3	ST3－6	ST3－B	有 1 支传感器损坏,另外 2 支能正常工作
测缝计	1	J－4	ST2	1999 年 12 月损坏,只有温度读数
	2	J6－10	ST3－A	1999 年 12 月后应变和频率读数不稳
多点位移计	1	BX6－6	ST3－B	两个测点传感器错误

5.13　排沙洞运行期应力状态变化评价

小浪底排沙洞之所以采用预应力混凝土衬砌,是为了防止内水压力作用下衬砌产生裂缝并渗漏,避免隧洞围岩在渗漏水的作用下产生滑动或坍塌,影响围岩稳定性。

渗压计的观测结果是反映排沙洞是否发生渗漏的直接判据,若仪器观测断面发生渗漏,渗压计的渗水压力测值将突然增大,并维持与内水压力的同步变化。本工程 6 支渗压计的观测结果表明,渗水压力测值虽有增加,但与内水压力不同步,渗水压力测值的变化并非由内水压力变化所引起。也就是说,仪器观测断面不存在渗漏问题。由于仪器观测断面只有两个,因此渗压计的观测结果不能反映其他部位是否发生渗漏问题。

衬砌结构的应力状态是反映衬砌结构是否处于安全运行状态的间接判据,若某些部位在内水压力作用下产生了超过混凝土抗拉强度的拉应力,则该部位就有可能产生裂缝,引起渗漏发生;反之,若衬砌的任何部位在内水压力作用下都处于受压状态,则衬砌就不会出现裂缝。根据观测仪器应变变化进行分析的好处还在于可根据仪器观测段的应力状态对非仪器观测段的应力状态进行推断。

下面根据资料比较完整的 ST3－B 观测段实测资料,对运行期衬砌混凝土的应力状态变化进行分析。

5.13.1　运行期混凝土徐变的发展变化规律

混凝土应变计应变读数 ε_S 由仪器初始读数 ε_{in} 及混凝土自由应变 ε_0、徐变应变 ε_c 和弹性应变 ε_e 四部分组成,即:$\varepsilon_S = \varepsilon_{in} + \varepsilon_0 + \varepsilon_c + \varepsilon_e$,则 $\varepsilon_e = \varepsilon_S - \varepsilon_{in} - \varepsilon_0 - \varepsilon_c$。

其中,自由应变 ε_0 由化学变形 ε_h、温度变化引起的应变 ε_T 和湿度变化引起的应变 ε_w 三部分组成,ε_0 的数值由无应力计直接给出。根据弹性应变 ε_e 和混凝土的弹模可计算出应变计所在部位混凝土的弹性应力 $\sigma_e = E\varepsilon_e$。

由于没有混凝土的徐变资料,只能根据混凝土应变计应变读数变化的发展趋势对混凝土应变作一个估计，虽然可能不太精确，但基本上可确定混凝土徐变的发展规律和大致范围。

图3-18～图3-23给出了ST3－B观测段所有混凝土应变计的应变读数变化曲线，可以看出，所有曲线具有相同的变化趋势，只是每支仪器的应变变化幅度不同而已，为了便于分析，在不同时钟位置各选一支仪器作代表，将它们的应变变化曲线示于图5-27。

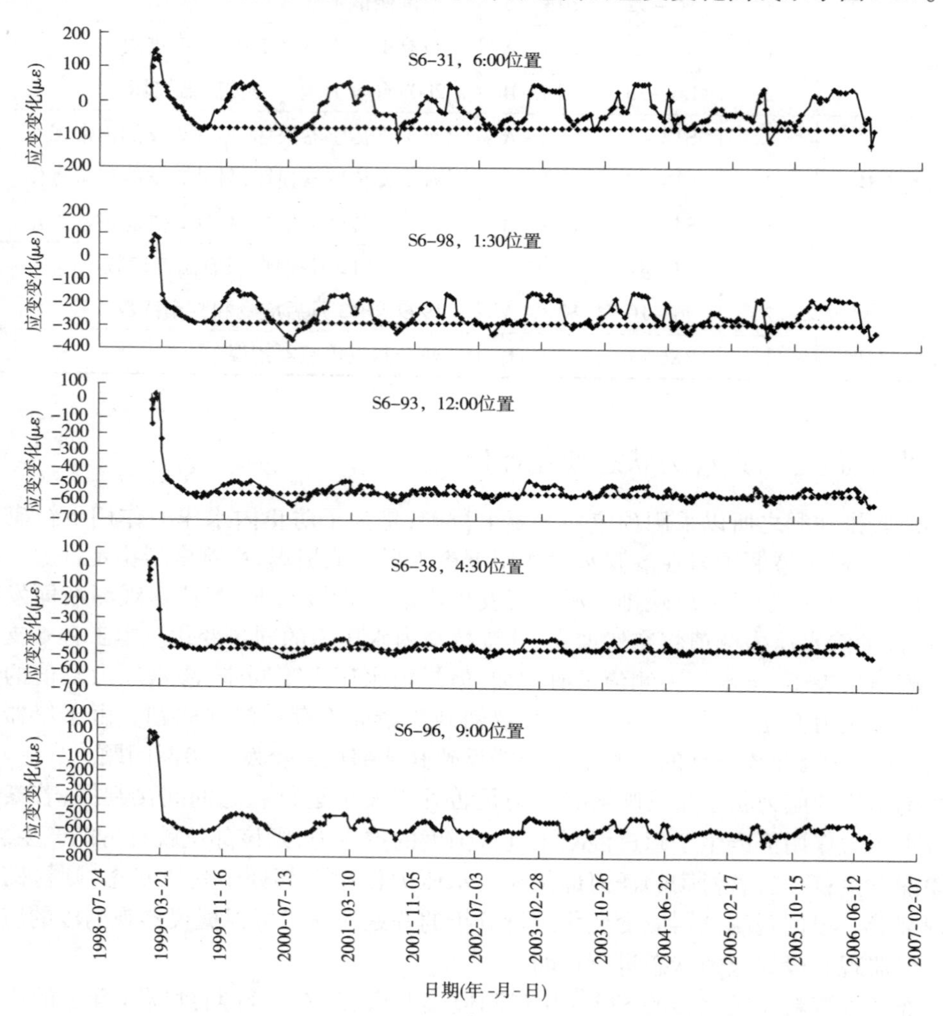

图5-27　ST3－B衬砌内侧混凝土应变计应变变化

从图5-27可以看出，衬砌内侧不同位置应变计的应变读数具有相同的变化规律，即混凝土浇筑后至锚索张拉前（应变初始读数取自混凝土浇筑后的第二天，此时混凝土温度最高）混凝土的变形为膨胀变形，应变读数向正值增大方向发展，应变变化在100 με左右；锚索张拉使衬砌混凝土受压，压应变数值迅速增大（1999年3月16日至3月23日），不同位置的应变变化不等，最小的出现在底部衬砌内侧，数值为－92 με，最大的出现在与锚具槽位置相对的4:30时钟位置，为－468.2 με；锚索张拉后的约半年时间内，压应变读数有一个持续增长，然后基本上稳定在一条直线上，此后，应变读数在此直线的基础上随着温度和内水压力的变化而变化。

5.13.2 混凝土运行期应力状态(以 ST3 – B 观测段为例)

根据混凝土弹性应变计算公式 $\varepsilon_e = \varepsilon_S - \varepsilon_{in} - \varepsilon_0 - \varepsilon_c$ 和应力计算公式 $\sigma_e = E\varepsilon_e$，并假定衬砌混凝土的弹模 $E = 3.25 \times 10^4$ MPa，取 3 支无应力计的平均自生体积变形 ε_0(考虑到自生体积变形曲线在运行期持续增长，到 2003 年 8 月已基本稳定，因此取此时的无应力计实测读数变化量为计算依据)，得出小浪底排沙洞 ST3 – B 观测段运行期混凝土应力估算结果，如表 5-43 所示。

表 5-43 ST3 – B 观测段混凝土弹性应力估算结果(应力应变压为负，拉为正)

仪器编号	时钟位置(时:分)	ε_{in} (με)	ε_S (με)	ε_0 (με)	ε_c (με)	ε_e (με)	σ_e (MPa)
S6 – 31	6:00	1 786.0	1 750.9	175.4	–51.2	–159.3	–5.18
S6 – 89		1 949.3	1 905.0	175.4	–52.7	–167	–5.43
S6 – 92		2 017.6	2 062.7	175.4	–43.3	–87	–2.83
S6 – 95		1 996.9	2 023.3	175.4	–66.1	–82.9	–2.69
S6 – 33	9:00	1 841.6	1 671.8	175.4	–31	–314.2	–10.21
S6 – 96		2 028.7	1 780.7	175.4	–137.9	–285.5	–9.28
S6 – 34	12:00	1 914.7	1 487.7	175.4	–154.2	–448.2	–14.57
S6 – 90		1 690.7	1 256.2	175.4	–153.5	–456.4	–14.83
S6 – 93		1 892.5	1 495.9	175.4	–193	–379	–12.32
S6 – 97		1 899.7	1 468.0	175.4	–204.6	–402.5	–13.08
S6 – 36	1:30	1 640.9	1 310.3	175.4	–84.3	–421.7	–13.71
S6 – 98		1 952.7	1 644.4	175.4	–185.1	–298.6	–9.70
S6 – 94	3:00	1 953.3	1 617.6	175.4	–136.8	–374.3	–12.16
S6 – 38	4:30	1 925.7	1 318.6	175.4	–202.8	–579.7	–18.84
S6 – 99		1 690.7	1 256.2	175.4	–154.1	–455.8	–14.81
S6 – 39		1 680.0	1 466.9	175.4	–22.1	–366.4	–11.91
S6 – 32	衬砌厚度中部	1 876.3	1 314.3	175.4	–218.1	–519.3	–16.88
S6 – 35		1 724.0	1 349.3	175.4	–183	–367.1	–11.93
S6 – 37		1 899.0	1 586.2	175.4	–124.7	–363.5	–11.81

根据表 5-30 内水压力变化对混凝土应变计应变读数的影响所确定的平均影响系数，然后将其折算为应力，得到在最高运行水位(EL. 275.00 m，此时的作用水头为 122 m)时衬砌内侧混凝土的应力状态列于表 5-44。

表 5-44 ST3 – B 观测段最高运行水位时混凝土的应力状态估计

仪器编号	时钟位置（时:分）	σ_e（MPa）	α_w（$\mu\varepsilon$/m）	σ_w（MPa）	σ_{e*}（MPa）
S6 – 31	6:00	–5.18	0.80	3.16	–2.02
S6 – 89		–5.43	0.82	3.24	–2.19
S6 – 92		–2.83	0.73	2.91	0.08
S6 – 95		–2.69	0.66	2.60	–0.09
S6 – 33	9:00	–10.21	0.87	3.46	–6.75
S6 – 96		–9.28	1.06	4.19	–5.09
S6 – 34	12:00	–14.57	0.81	3.20	–11.37
S6 – 90		–14.83	0.86	3.40	–11.43
S6 – 93		–12.32	0.51	2.02	–10.30
S6 – 97		–13.08	0.52	2.05	–11.03
S6 – 36	1:30	–13.71	0.97	3.86	–9.85
S6 – 98		–9.70	0.91	3.62	–6.08
S6 – 94	3:00	–12.16	0.50	2.00	–10.16
S6 – 38	4:30	–18.84	0.86	3.42	–15.42
S6 – 99		–14.81	0.83	3.28	–11.53
S6 – 39		–11.91	0.51	2.01	–9.90
S6 – 32	衬砌厚度中部	–16.88	0.70	2.76	–14.12
S6 – 35		–11.93	0.42	1.68	–10.25
S6 – 37		–11.81	0.38	1.52	–10.29

注：σ_e 为洞内无水时的混凝土应力；α_w 为水压力影响系数；σ_w 为最高水位时内水压力在衬砌中产生的拉应力；σ_{e*} 为最高水位时衬砌混凝土的应力。

从表 5-44 可以看出，若不考虑温度变化的影响，当运行水位为最高水位时，除 S6 – 92 外，所有其他混凝土应变计所在位置的混凝土应力均为压应力，压应力最小值为 0.09 MPa，出现在衬砌底部内侧；最大压应力出现在时钟 4:30 位置的 S6 – 38 处，其值为 15.42 MPa，其他部位的压应力为 2 ~ 15 MPa。虽然 S6 – 92 的拉应力为 0.08 MPa，但考虑到混凝土本身尚有大于 1.0 MPa 的抗拉强度，并且该部位只是内侧表层受拉，衬砌厚度中部的压应力大于 10 MPa（S6 – 32，S6 – 35），因此该部位也不会出现裂缝和渗漏。

因此，可以得出结论：ST3 – B 观测段在最高运行水位也不会发生能够引起裂缝的拉应力。2[#]排沙洞观测段由于衬砌厚度均匀，锚索张拉建立的预压应力大于 ST3 – B，因此也可得出与 ST3 – B 相同的结论。从现有观测结果的角度看，即使在最高运行水位下，排沙洞也能保证正常使用，不会出现开裂和渗漏。

5.14 排沙洞安全运行预警预报方法

小浪底排沙洞设置3个永久观测段，共埋设了160支各类观测仪器，其重要目的之一是通过对观测资料的整理分析，监测排沙洞安全运行状况，当观测资料出现异常变化时能够进行预警预报，以便及时采取措施，避免出现意外事故，保证排沙洞的安全运行。

小浪底排沙洞是否处于安全运行状态，取决于是否出现以下两种状况：

(1)某束预应力锚索发生松懈或断裂。

(2)当水位升至某高程时，衬砌预应力不足以抵抗内水压力，从而出现开裂和渗漏。

小浪底排沙洞预应力混凝土衬砌全长约2 169 m，共180个浇筑段，而仪器观测段仅有3个，分别代表上游、下游和断层加强段，其数量仅为所有浇筑块的1/60。排沙洞衬砌混凝土中的预压应力来源于锚索张拉，只要锚索不断或锚固不松懈，衬砌混凝土预压应力就能得到保障，但排沙洞共有锚索4 320束，而安装有锚索测力计的只有6束，其比例仅为13.8/10 000。假如非仪器观测段的锚索出现松懈或断裂问题，由于锚索的相对独立性，所安装的观测仪器并不会有所反应。因此，排沙洞所埋设的观测仪器无法对上述状况(1)进行预警预报，但可对状况(2)作出评价。

从上面的分析可知，虽然排沙洞安装了6种观测仪器，但从安全监测的角度看，只有锚索测力计能比较敏感地反映锚索应力状态变化。由于温度变化的影响，混凝土应变计的应变变化并不是混凝土的实际应变，二者之间存在某种关系，而这种关系似乎与混凝土的受力状态和约束状态有关，目前还是一个有待深入研究探讨的问题。钢筋计的观测结果可作为验证混凝土应变计的辅助手段。因此，排沙洞安全运行预警预报的控制参数如下：

(1)锚索测力计的应变读数变化。设锚索测力计在张拉过程中产生的应变变化为ΔS_1，若其中1根钢绞线松懈或断裂，会产生$\Delta S_1/8$的突然变化；若2根钢绞线松懈或断裂，会产生$\Delta S_1/4$的突然变化；若整束锚索发生松懈或断裂，会产生ΔS_1的突然变化。因此，可根据锚索测力计读数是否发生了突然变化和变化量的大小来判断锚索是否发生了松懈或断裂。当然，若锚索发生松懈或断裂，其他观测仪器的读数也会相应发生突然变化。

(2)混凝土应变计的应变读数变化。若内水压力产生的拉应力超过混凝土的抗拉强度，则衬砌有可能产生裂缝和渗漏。从上面的观测结果可知，若锚索不出现问题，衬砌上半环的预压应力值远大于内水压力可能产生的拉应力，锚具槽附近的预压应力较小，是衬砌结构的薄弱部位，因此可选择时钟位置为6:00的混凝土应变计为重点监测仪器，若在某一水位下，这些仪器的应变读数超过了安全限值，则应进行断水检查。安全限值的确定方法如下：

假定混凝土应变计的初始读数为ε_{in}(混凝土浇筑后温度最高时的应变读数)，某一时刻的应变读数为ε_T，相近位置无应力计的自由变形测值为ε_0，混凝土的徐变应变为ε_c，应变变化为ΔS，则：

$$\Delta S = \varepsilon_T - \varepsilon_{in} - \varepsilon_0 - \varepsilon_c \tag{5-2}$$

设混凝土的抗拉强度为R_f，弹性模量为E，其开裂应变$\varepsilon_l = R_f/E$，令$\Delta S < \varepsilon_l$，则混凝

土应变计应变读数的安全限值为：

$$\varepsilon_T < \varepsilon_{in} + \varepsilon_0 + \varepsilon_c + \varepsilon_l \tag{5-3}$$

5.15 本章小结

本章根据近 8 年的观测结果，分析了温度变化和内水压力变化对混凝土应变计、无应力计、钢筋计及锚索测力计应变读数的影响，确定了每支仪器应变读数温度影响系数 α_T 和内水压力影响系数 α_w，并对衬砌混凝土自生体积变形的发展变化规律、围岩接缝的发展变化情况、围岩中渗水压力的发展变化情况、排沙洞围岩的变形情况进行了分析，得出以下几点结论：

(1)小浪底排沙洞预应力混凝土衬砌段所埋设的 160 支永久观测仪器中，绝大多数都能正常工作，只有少数几支仪器损坏。

(2)小浪底排沙洞仪器观测资料系统完整，为研究分析这种新型结构型式的结构性能积累了宝贵的实测资料。这些资料的整理分析对指导和完善今后类似结构的结构设计和施工具有重要意义；同时对监测和了解运行过程中衬砌结构的应力状态变化发挥了重要作用。

(3)锚索张拉后约半年时间内，衬砌混凝土的徐变已基本进入稳定阶段。

(4)由于衬砌结构受到边界围岩和预应力锚索的约束作用，温度变化对混凝土应变计和钢筋计应变读数的影响与仪器所处部位有关，不能简单地套用无应力计的结果。根据仪器所处部位的不同，衬砌内侧混凝土应变计的温度影响系数比衬砌厚度中部的大，环向方向以时钟 6:00 和 12:00 位置较大，α_T 的平均值约为 -6.83 με/℃，其他时钟位置的 α_T 平均值约为 -5.01 με/℃，衬砌厚度中部的 α_T 平均值约为 -4.44 με/℃。

(5)相比混凝土应变计，2#排沙洞和 3#排沙洞 ST3 - A 观测段钢筋计的温度、应变读数测值的分散性要大得多，相当数量的钢筋计无法通过回归分析确定温度影响系数，但 ST3 - B 观测段相对要好些，该观测段钢筋计的温度影响系数多在 -2.5 ~ -7.5 με/℃变化，平均值为 -4.72 με/℃。

(6)混凝土应变计和钢筋计应变读数随着洞内水压力的增加而减小，但应变变化量随着仪器所在部位的不同而不同，衬砌内侧环向应变变化较大，衬砌厚度中部和外侧环向应变变化要小些，而隧洞轴线方向的应变变化则为负值，也就是说，洞内水压力增大使轴向压应力增大。2#排沙洞衬砌内侧、衬砌厚度中部环向混凝土应变计读数的水压力影响系数 α_w 分别为 0.98 με/m、0.84 με/m ，即洞内水压力每增加 1 m 水头，衬砌内侧、衬砌厚度中部的混凝土应变计应变读数分别减小 0.98 με、0.84 με；3#排沙洞衬砌内侧、衬砌厚度中部混凝土应变计应变读数的水压力平均影响系数 α_w 分别为 0.55 με/m、0.47 με/m，即洞内水压力每增加 1 m 水头，衬砌内侧、衬砌厚度中部混凝土应变计的环向压应变读数分别减小 0.55 με、0.47 με。

(7)由于洞内长期处于潮湿状态，衬砌混凝土的自生体积变形(包括化学变形和湿度变形)为膨胀型，自生体积变形量随着时间的延长呈稳定增长的趋势，到 2003 年 8 月才进入稳定阶段。8 支无应力计测得的自生体积变形发展变化规律相同，但变形量有所差别，混凝土的这种膨胀型自生体积变形对预应力衬砌结构具有非常重要的意义，在预应力锚索的约束下,混凝土的自生体积变形将形成附加的预压应力,提高衬砌抵抗内水压力的能力。

(8)根据观测结果对运行期衬砌结构运行状态的分析,即使在最高运行水位(EL. 275.00 m)下,除锚具槽回填混凝土,其他部位混凝土均处于受压状态,上半环衬砌中的剩余压应力仍超过 5 MPa,下半环也不会出现超过混凝土抗拉强度的拉应力。

(9)洞内水压力变化对衬砌混凝土轴向变形的影响很小,影响系数小于 0.1 $\mu\varepsilon$/m。

(10)锚索测力计的应变读数变化是监测预应力锚索张拉力变化的重要依据,但其应变读数变化量并不是锚索的应变变化量,二者存在 $\varepsilon_{测力计} = \beta\varepsilon_{钢绞线}$ 的关系,β 约为 -0.086,即钢绞线产生 100 $\mu\varepsilon$,测力计才产生 -8.6 $\mu\varepsilon$。

(11)锚索测力计的应变读数变化主要由温度变化所引起,6 支锚索测力计的温度影响系数 α_T 比较接近,平均值为 2 $\mu\varepsilon$/℃,即温度升高 1 ℃,锚索测力计的应变读数增加 2 $\mu\varepsilon$;洞内水压力变化对锚索测力计应变读数的影响很小,几乎为零。若按锚索的钢绞线应变与衬砌混凝土应变相等进行推断,当洞内水位升高 100 m 时,钢绞线的拉应力增加也不会超过 20 MPa,与其标准强度 1 860 MPa 相比,这只是一个很小的数值。因此,可以认为,无论洞内水位变化与否,钢绞线的张拉力不会发生显著变化。

(12)锚索测力计应变读数的观测结果表明,从锚索张拉完毕到 2006 年 7 月,锚索张拉力缓慢减小,到 2006 年 7 月,总减小量约为张拉荷载的 5%,锚索张拉力减小的原因是混凝土徐变和钢绞线的松弛。

(13)从排沙洞安全运行预警预报的角度看,小浪底排沙洞是否处于安全运行状态,取决于是否出现了以下两种状况:一是某束预应力锚索发生松懈或断裂;二是当水位升至某高程时,衬砌预应力不足以抵抗内水压力,从而出现开裂和渗漏。排沙洞现有观测仪器不能对上述第一种状况作出判断,但可对第二种状况预警预报,第 5 章 5.14 给出了以应变读数变化作为判据的预警预报方法。

第六章　总　结

第 1 章介绍了小浪底排沙洞观测仪器的布置情况，观测仪器的种类、类型和安装时间、位置。小浪底 3 条排沙洞预应力混凝土衬砌段全长约 2 169 m，180 个浇筑块，共设永久仪器观测段 3 个，其中 2#排沙洞断层加强段 1 个，3#排沙洞上游和下游各 1 个。3 个观测段共埋设 160 支观测仪器，其中混凝土应变计 64 支，无应力计 8 支，钢筋计 50 支，锚索测力计 6 支，测缝计 20 支，渗压计 6 支，多点位移计 6 支。

第 2 章介绍了观测仪器的基本资料和数据处理方法，包括各类不同观测仪器的安装目的、观测内容、观测读数之间的关系，基本仪器参数和观测数据的处理方法。

第 3 章为观测数据整理结果，绘制了 160 支观测仪器自埋设以后至 2006 年 8 月的控制参数发展变化过程线，内容包括：

（1）所有观测仪器的温度发展变化过程线。

（2）混凝土应变计、钢筋计、无应力计和锚索测力计的应变读数发展变化过程线。

（3）排沙洞挡水、过流情况过程线。

（4）测缝计和渗压计的频率读数发展变化过程线。

（5）多点位移计的位移读数发展变化过程线。

第 4 章为锚索张拉施工期间观测结果整理分析，内容包括：

（1）锚索张拉程序和每个仪器观测段的张拉时间。

（2）锚索张拉期间各观测仪器的应变变化。

（3）根据 3#排沙洞的 ST3－B 观测段锚索张拉过程中混凝土应变计、钢筋计和无应力计应变读数的变化，详细研究了锚索张拉过程中混凝土徐变的变化规律、锚索张拉在衬砌混凝土中建立的预压应力的大小和分布。

（4）通过对测缝计观测成果分析，研究了锚索张拉引起的衬砌与围岩的脱开情况及变化规律。

（5）根据锚索张拉过程中锚索测力计应变读数的变化情况，建立了每支锚索测力计的应变读数 S 与锚索张拉力 F 之间的 $S \sim F$ 关系曲线，用于确定运行期任一时刻锚索驻存张拉力的大小和变化。

第 5 章为运行期观测结果分析，主要内容包括：

（1）根据观测结果，分析研究了温度变化对混凝土应变计、无应力计和钢筋计应变读数的影响，确定了温度变化对每支仪器应变读数的影响系数和平均影响系数 α_T。

（2）根据无应力计观测结果，分析了衬砌混凝土自生体积变形的发展变化规律。

（3）选择 3 个有代表性的时段，根据时段内洞内水压力变化和观测仪器的应变读数变化，分析了洞内水压力变化对混凝土应变计和钢筋计应变读数的影响，确定了洞内水压力对混凝土应变计和钢筋计应变读数的影响系数 α_w。

（4）根据 6 个时段的观测结果，分析了温度变化对锚索测力计应变读数的影响，确定了温度变化对锚索测力计应变读数的影响系数 α_T，并对水位变化对锚索测力计应变读数的影响进行了详细分析。

(5)根据测缝计和渗压计的实测数据，分析了运行期衬砌与围岩接缝的发展变化情况以及围岩中渗水压力的发展变化情况。

(6)根据多点位移计的观测结果，分析了运行期排沙洞围岩的变形情况。

(7)根据观测数据的整理，总结了观测仪器的损坏情况。

(8)根据观测仪器读数的发展变化规律，重点分析了3#排沙洞 ST3－B 观测段运行期应力状态，并对在最高运行水位下排沙洞衬砌结构的应力状态进行了预测。

(9)对排沙洞安全运行预警预报方法进行了初步探讨。

对上述研究成果进行总结，得到以下几点结论：

(1)小浪底排沙洞预应力混凝土衬砌段所埋设的160支永久观测仪器中，绝大多数都能正常工作，只有少数几支仪器损坏。

(2)小浪底排沙洞仪器观测资料系统完整，为研究分析这种新型结构型式的结构性能积累了宝贵的实测资料。这些资料的整理分析对指导和完善今后类似结构的结构设计和施工具有重要意义；同时对监测和了解运行过程中衬砌结构的应力状态变化发挥了重要作用。

(3)锚索张拉使衬砌混凝土中建立了相对比较均匀的预压应力，根据 ST3－B 观测段混凝土应变计的实测结果，衬砌混凝土中建立的平均压应力为7.48 MPa，衬砌上半环的预压应力分布相当均匀。下半环衬砌外侧的应力分布也比较均匀，但衬砌内侧受锚具槽临空面影响，应力分布均匀性较差；除锚具槽回填混凝土外，最小环向预压应力出现在锚具槽长度方向的端部，下半环底部衬砌内侧(时钟6:00位置)的预压应力为2～3 MPa；最大环向预压应力出现在时钟4:30位置(相邻锚具槽在7:30位置时)，最大预压应力为11～12 MPa。

(4)2#排沙洞断层加强段因外层普通钢筋混凝土衬砌的存在，预应力混凝土衬砌厚度均匀，预应力效果优于其他普通段，预压应力数值大且分布也比较均匀，应力分布规律与 ST3－B 基本相同。

(5)锚索张拉过程中混凝土应变计的应变读数变化，不仅有弹性应变，而且有徐变应变，根据锚索张拉停置准备期间的应变变化确定的徐变量，其值为弹性应变的20%～30%。由于小浪底排沙洞是采用分级张拉的，张拉期间混凝土的徐变变化在下一级张拉时得到了补偿。但对一次张拉完成的隧洞，在评价预应力效果时，不能简单地根据锚索张拉前后的应变变化量确定，还必须考虑锚索张拉过程中的徐变变化，否则会引起至少20%的误差。

(6)锚索张拉后约半年时间内，衬砌混凝土的徐变已基本进入稳定阶段。

(7)根据无应力计的观测结果分析，小浪底3#排沙洞衬砌混凝土的温度变化对无应力计应变读数变化的平均影响系数 $\alpha_T \approx -2\times10^{-6}/$℃，即温度升高1℃，无应力计的压应变增加2 $\mu\varepsilon$。无应力计的实测应变不等于无应力计筒中混凝土的实际应变，二者存在如下关系：$\varepsilon_{实际} = \varepsilon_{实测} + \alpha_{应变计}\Delta TZ$

(8)振弦式混凝土应变计不能直接测出温度引起的变形，混凝土应变计的读数变化与混凝土的应变变化并不相同，加之应变读数中还包含数量难以准确确定的徐变变化，因此不能根据应变读数的变化直接确定混凝土中的应力状态，并且由于衬砌结构受到边界围岩和预应力锚索的约束作用，温度变化对混凝土应变计和钢筋计应变读数的影响与仪器所处部位有关，也不能简单地套用无应力计的结果。因此，本书通过选择适当观测时段，采用回归分析方法近似确定了混凝土应变计和钢筋计应变读数的温度影响系数。

(9)根据仪器所处部位的不同，衬砌内侧混凝土应变计的温度影响系数比衬砌厚度中部的大，环向方向以时钟6:00和12:00位置较大，α_T 的平均值约为 -6.83 με/℃，其他时钟位置的 α_T 平均值约为 -5.01 με/℃，衬砌厚度中部的 α_T 平均值约为 -4.44 με/℃。

(10)相比混凝土应变计，2#排沙洞和3#排沙洞 ST3 - A 观测段钢筋计的温度、应变读数测值的分散性要大得多，相当数量的钢筋计无法通过回归分析确定温度影响系数，但 ST3 - B 观测段相对要好些，该观测段钢筋计的温度影响系数多为 -2.5 ~ -7.5 με/℃，平均值为 -4.72 με/℃。

(11)混凝土应变计和钢筋计应变读数随着洞内水压力的增加而减小，但应变变化量随着仪器所在部位的不同而不同，衬砌内侧环向应变变化较大，衬砌厚度中部和外侧环向应变变化要小些，而隧洞轴线方向的应变变化则为负值，也就是说，洞内水压力增大使轴向压应力增大。

2#排沙洞衬砌内侧、衬砌厚度中部环向混凝土应变计读数的水压力影响系数 α_w 分别为0.98 με/m、0.84 με/m，即洞内水压力每增加1 m水头，衬砌内侧、衬砌厚度中部的混凝土应变计应变读数分别减小0.98 με、0.84 με。

3#排沙洞衬砌内侧、衬砌厚度中部混凝土应变计应变读数的水压力平均影响系数 α_w 分别为0.55 με/m、0.47 με/m，即洞内水压力每增加1m水头，衬砌内侧、衬砌厚度中部混凝土应变计的环向压应变读数分别减小0.55 με、0.47 με。

(12)由于洞内长期处于潮湿状态，衬砌混凝土又是粉煤灰混凝土，其自生体积变形（包括化学变形和湿度变形）为膨胀型，自生体积变形量随着时间的延长呈稳定增长的趋势，到2003年8月才进入稳定阶段。8支无应力计测得的自生体积变形发展变化规律相同，但变形量有所差别。考虑到衬砌为预应力混凝土结构，锚索张拉完毕后的自生体积变形将对衬砌混凝土的应力状态变化产生影响，本书对锚索张拉完毕至进入稳定期的自生体积变形进行了计算，2#排沙洞2支无应力计测得的最小值为36.6 με，最大值为75.1 με，平均值为55.9 με；3#排沙洞上游观测段3支无应力计测得的最小值为65.9 με，最大值为80.7 με，平均值为71.1 με；3#排沙洞下游观测段3支无应力计测得的最小值为152.8με，最大值为221.0με，平均值为184.8 με。自生体积变形出现如此大差别的原因有待进一步分析探讨。

(13)根据观测结果对运行期衬砌结构运行状态的分析，即使在最高运行水位（EL. 275.00 m）下，除锚具槽回填混凝土，其他部位混凝土均处于受压状态，上半环衬砌中的剩余压应力仍超过5 MPa，下半环也不会出现超过混凝土抗拉强度的拉应力。

(14)洞内水压力变化对衬砌混凝土轴向变形的影响很小，影响系数小于0.1 με/m。

(15)锚索测力计的应变读数变化是监测预应力锚索张拉力变化的重要依据，但其应变读数变化量并不是锚索的应变变化量，二者存在 $\varepsilon_{测力计} = \beta\varepsilon_{钢绞线}$ 的关系，β 约为

-0.086，即钢绞线产生 100 $\mu\varepsilon$，测力计才产生 -8.6 $\mu\varepsilon$。

(16)锚索测力计的应变读数变化主要由温度变化所引起，6 支锚索测力计的温度影响系数 α_T 比较接近，平均值为 2 $\mu\varepsilon$/℃，即温度升高 1 ℃，锚索测力计的应变读数增加 2 $\mu\varepsilon$。

(17)洞内水压力变化对锚索测力计应变读数的影响很小，几乎为零。若按锚索的钢绞线应变与衬砌混凝土应变相等进行推断，当洞内水位升高 100 m 时，钢绞线的拉应力增加也不会超过 20 MPa，与其标准强度 1 860 MPa 相比，这只是一个很小的数值。因此，可以认为，无论洞内水位变化与否，钢绞线的张拉力不会发生显著变化。

(18)锚索测力计应变读数的观测结果表明，6 支锚索测力计的应变读数具有相同的变化规律，即从锚索张拉完毕到 2006 年 7 月，锚索张拉力缓慢减小，到 2006 年 7 月，总减小量约为张拉荷载的 5%，锚索张拉力减小的原因是混凝土徐变和钢绞线的松弛。

(19)本工程所埋设的 6 支渗压计虽能正常工作，但每年只在温度最低月份出现一次峰值，与洞内水压力变化没有对应性，因此渗水压力的变化并非出现渗漏所致。

(20)小浪底排沙洞是我国第一个采用环锚无黏结预应力混凝土衬砌的水工隧洞，已经过了近 10 年的挡水过流运行考验，观测资料的监测结果表明，小浪底排沙洞的结构设计是比较合理的，运行状态是安全的，预应力锚索充分发挥了作用，在运行过程中锚索张拉力是稳定的。

(21)从排沙洞安全运行预警预报的角度看，小浪底排沙洞是否处于安全运行状态，取决于是否出现了以下两种状况：一是某束预应力锚索发生松懈或断裂；二是当水位升至某高程时，衬砌预应力不足以抵抗内水压力，从而出现开裂和渗漏。排沙洞现有观测仪器不能对上述第一种状况作出判断，但可对第二种状况预警预报，本书的第 5 章给出了以应变读数变化作为判据的预警预报方法。

参 考 文 献

[1] 林秀山 沈凤生. 小浪底工程后张法无粘结预应力隧洞衬砌技术研究与实践[M]. 郑州:黄河水利出版社,1999.

[2] 殷保合. 黄河小浪底水利枢纽工程　第三卷　工程技术[M]. 北京:中国水利水电出版社,2004.

[3] 俞祥荣. 双圈环绕无粘结预应力混凝土衬砌施工技术[M]. 北京:中国水利水电出版社,2000.

[4] 屈章彬 ,祁志峰,肖强,等. 小浪底排沙洞预应力分析研究[J]. 人民黄河,2009(S0):201-202.